Radios der 50er Jahre

Band 3

Dipl.Ing (FH) Eike Grund

Radios der 50er Jahre

Band 3

Mit einfachen Messverfahren zu selbst entwickelten Schaltungsvarianten

Bibliografische Information der Deutschen Nationalbibliothek:
Die Deutsche Nationalbibliothek verzeichnet diese Publikation in der Deutschen
Nationalbibliografie; detaillierte bibliografische Daten sind im Internet über
http://dnb.dnb.de abrufbar.

Herstellung und Verlag:

BoD – Books on Demand, Norderstedt

ISBN: 978-3-7494-9995-3

Inhaltsverzeichnis

Vorwort   8
Sicherheitshinweise   10

1.   Vorbereitende Übungen zur Messtechnik   11
1.1   Messungen an einer Netzdrossel   12
1.1.1   Die Eigenkapazität der Drossel   13
1.1.2   Die Induktivität der Drossel   15
1.1.3   Die wechselstrommäßige Betrachtung   16
1.1.4   Die Phasenlage 45^0 19
1.1.5   Die Induktivität einer Netzdrossel unter Betriebsbedingungen   19

1.2   Eisenlose Spulen im unteren Frequenzbereich   21
1.2.1   Verschiedene Messungen   21
1.2.2   Arbeiten mit den Zeigerdiagrammen   23
1.2.3   Weitere Übungen mit dem Oszilloskop   25

1.3   Eine Kritik der Messgenauigkeit   26
1.3.1   Messen wie früher?   31

1.4   Spulen für Tonfrequenzen   33

1.5   Spulen und Schwingkreise für den Hochfrequenzbereich   35
1.5.1   Eine Experimentierspule   37
1.5.2   Bandbreite und Verstimmung   39
1.5.3   Wozu gibt es Quadratische Gleichungen?   40
1.5.4   Gibt es ein *"richtiges"* L/C-Verhältnis?   42
1.5.5   Die Messung kleiner Kapazitäten im Eigenbau   44

1.6   RC-Koppelglieder   46

2.   Schaltungstechnik im Bereich der Tonfrequenzen   49
2.1   Die Endstufe   49
2.1.1   Die abgegebene Leistung   49
2.1.1941 Zimmerlautstärke mit Risiko im Jahr 1941   51
2.1.2   Leistung und Leistungsanpassung der Endstufe   52
2.1.3   Der Ausgangstransformator   55
2.1.3.1 Die Wahl des Ausgangsübertragers   57
2.1.3.2 Ein unbekannter Ausgangstransformator   59
2.1.3.3 Untersuchungen des Übertragungsbereiches   61
2.1.3.4 Weitere Messungen der Induktivitäten, Kapazitäten und Resonanzstellen   63
2.1.3.5 Anschluss von Hoch- und Tieftonlautsprechern   65
2.1.3.6 Die Tonmöbel (Musiktruhen)   67
2.1.3.7 Der Einsatz von Universaltransformatoren   69
2.1.4   Schirmgittergegenkopplung und Brummkompensation   70
2.1.5   Strom- und Spannungsgegenkopplung in der Endstufe   72

2.1.6   Was versteht man eigentlich unter "gehörrichtiger Lautstärke"?   74
2.1.6.1 Experimentieren mit der gehörrichtigen Lautstärke   76
2.1.6.2 Ein Lautstärkesteller im Eigenbau   77
2.1.6.3 Es muss nicht immer die Sekundärwicklung sein   82
2.1.6.4 Automatische Bassanhebung – ganz anders   82
2.1.7   Eine Versuchsanordnung für diverse Messungen   84
2.1.7.1 Der Aufbau von Brettschaltungen   87
2.1.8   Die Vermessung der Endstufe   89
2.1.9   Gegenkopplungsmaßnahmen in der Endstufe   92
2.1.9.1 An der Katode   92
2.1.9.2 Am Schirmgitter   96
2.1.9.3 Am Steuergitter   97
2.1.9.4 An der Katode der Vorröhre   98
2.1.10   Klangbeeinflussung durch Resonanzkreise   101
2.1.11   Versuch macht kl… und Dimensionierung von Endstufen   103
2.1.11.1 Die Röhrendaten   103
2.1.11.2 Die gemessenen Werte   105
2.1.11.3 Auf den Klirrfaktor   106
2.1.11.4 Gittervorspannungen   107
2.1.11.5 Versuche mit den Verbundröhren ECL   109
2.1.12   Ein Ausflug in die Fachliteratur der 50er/60er Jahre   111
2.2   Nützliche und unnütze Erweiterungen   114
2.2.1   Gleichspannungen aus der Heizspannung gewinnen   114
2.2.2   Gleichspannungen am Ausgangstransformator gewinnen   115
2.2.3   Anzeige von nichtlinearen Verzerrungen und Überspannungen   117
2.2.4   Regelung der Lautstärke und des Klangs   117
2.2.5   Dynamikregelung   118
2.25.1   Dynamikexpansion -und Kompression   119
2.3   Hi-Fi, Raumklang und Stereophonie   120
2.3.1   Raumklang im Wohnzimmer   120
2.3.2   Der perfekte Raumklang durch stereophone Wiedergabe   128
2.3.3   Übliche Klangregelnetzwerke und Schaltungsbeispiele   134
2.3.4   Der Umgang mit Schaltplänen   135
2.3.5   Einige schaltungstechnische Übungen *("Schaltplan lesen")*   137
2.3.6   Rückkopplung in der Klangformung   141
2.3.7   Die Klangtasten-Euphorie der späten 50er   142
2.3.8   Die weitere Entwicklung in den 60er Jahren   145
2.4   Schaltungen für Hf – und/oder Nf–Übertragung   147

3. Im Bereich der Hochfrequenzen   148

3.1   Bandfilter   148
3.1.1   Realisierungsbeispiele zur Bandfilteranordnung   154

3.1.2   Die Bandbreite bei Stereoempfang   156
3.2   Neutralisation, Regelung und Begrenzung im Hf-Bereich   157
3.2.1   Neutralisation   157
3.2.2   Regelung und Begrenzung im Hf-Bereich   160
3.3   Zf-Vertstärker(-stufen) selbst aufbauen   164
3.3.1   Das besondere Gerät? *Biennophone-Celerina*   164
3.3.2. Die Versuchsschaltung   167
3.3.3   Der Ratiodetektor   171
3.3.3.1 Symmetrisch oder unsymmetrisch   174
3.3.4   Varianten zur Abstimm-Anzeige   175
3.4   Der Stereodekoder …   177
3.5   Der UKW-Tuner   178
3.5.1   Blockschaltung, Prinzipschaltung und Schaltplan   183
3.6   Leitungen im Hf-Bereich – Begriffe und Klärung   185

A.   Grundlagen und deren Anwendung   186
A.1   Induktive und kapazitive Widerstände   186
A.1.1   Die Resonanzbedingung   186
A.1.2   Berechnung von Resonanzfrequenzen   188
A 1.3   Phasendrehung und Scheinwiderstand von R-L-C-Gliedern   188
A.2   Zur Darstellung in der Gauß'schen Zahlenebene, komplexe Zahlen.   190
A.3   Umrechnung Reihen-Parallelschaltung   191
A.4   Quadratische Gleichung und Bandbreite   191
A.5   Pythagoras und die Winkelfunktionen, Koppelkondensatoren   192
A.6   Der Differenzialquotient   194
A 7   Schreibweisen   194
A 8   Von der Mathematik   195
A.9   Analoge und digitale Oszilloskope im Vergleich   197
A.10   Mit der Fourieranalyse zum Klirrfaktor   198

L   Literaturverzeichnis – weiterführende Literatur   201

PDF-   Dateien zum Herunterladen   202

===

Aus dem Vorwort "Radiotechnik für Alle" von Heinz Richter (1951):
Sind nun die Vorgänge in der Radiotechnik wirklich geheimnisvoll? Diese Frage muß mit Ja, aber auch mit Nein beantwortet werden. Beispielsweise läßt sich die Ausbreitung der elektromagnetischen Energie in ihrem Wesen wohl mathematisch bis ins kleinste erfassen, und wir können heute das Verhalten einer Welle unter gewissen Bedingungen vorausberechnen. Eine bildliche Vorstellung, die in jeder Beziehung den Kern der Sache trifft, ist aber selbst dem bedeutendsten Fachmann nicht möglich!

Vorwort

Die ersten beiden Bände *"Radios der 50er Jahre"* konzentrieren sich auf die Erhaltung *(Restauration und Wiederinbetriebnahme)* der alten Radios. Der Restaurateur wird jedoch bald auch über einige Geräte, bzw. Chassis verfügen, die vornehmlich der Ersatzteilgewinnung dienen. Im Band 2 wurden bereits einzelne Teile zum Aufbau von Referenzbaugruppen verwendet. Der vorliegende dritte Band zeigt weitere Möglichkeiten der Verwendung dieser Komponenten auf, die nicht auf eine Wiederherstellung des Originalzustandes ausgerichtet sind: Selbst konzipierte Schaltungsvarianten und Anpassungen an heutige Gegebenheiten, die auch im digitalen Zeitalter die Nutzung der alten Gerätetechnik ermöglichen, bzw. noch interessanter machen. Denn in den Abendstunden ist der Fernempfang – neben dem KW-Bereich – auch eine Stärke des MW-Bereichs.

Zum vorliegenden dritten Band, der sich eng an den zweiten Band anschließt, findet der Leser unentgeltlich "zum Anklicken" **150 weiterführende Beiträge** aus der Fachliteratur der Jahre 1939 bis 1967, mit **ca. 650 Seiten** im Literaturverzeichnis und - wie gewohnt - bei den Hinweisen im Leserportal *(www.radios-der-50er-jahre.de)*.

Um mit der alten Fachliteratur kompatibel zu bleiben, wurden im vorliegenden Band auch die damals üblichen Darstellungen, einschließlich der Frakturschrift, gezeigt, ebenso wurden bis heute übliche unterschiedliche Schreibweisen z. B. *Katode (Kathode)* beibehalten.

Man möge sich nicht wundern, wenn bei manchen Literaturhinweisen bis in die 1930er Jahre zurückgegriffen wird, denn die Entwicklung der Empfängertechnik war bereits in diesem Jahrzehnt weitgehend abgeschlossen. Zielgruppe für die damals schon umfangreichen Publikationen war der interessierte Laie, daher waren die Beiträge auf Interessenten mit sparsamer Ausstattung an Messgeräten abgestimmt. Diese Tradition wurde später vor allem in der DDR weitergeführt, hatte man doch einen Bedarf an Nachrichtentechnikern in Wirtschaft und Militär. Daher gibt es in dem vorliegenden dritten Band auch zahlreiche Hinweise auf einschlägige Beiträge der Fachliteratur der ehemaligen DDR.

Band 3 beginnt zunächst mit messtechnischen Übungen, die allein die Beherrschung und die Einsatzmöglichkeiten verschiedener Messverfahren und Geräte im Fokus haben. Um den Leser nicht zu ermüden, sind die Beiträge in diesem Teil modular angeordnet, um nicht kontinuierlich lesen zu müssen. Man kann sich die ersten Abschnitte auch für später aufheben.

Der unmittelbare Bezug zu den Funktionseinheiten unserer Radios beginnt mit dem Abschnitt 1.5. Es werden keine Patentlösungen zum Nachbau angeboten, sondern vor allem einfache Wege zu eigenen Lösungen und Experimenten aufgezeigt. Wer komplexe Schaltungen bevorzugt, orientiert sich an der unerschöpflichen Menge von Schaltplänen aus den 50er und 60er Jahren, übernimmt oder variiert diese. Der praxisbezogene Umgang mit Schaltplänen wird erläutert. Schaltpläne und Gerätebeschreibungen findet man im Anhang ab P110 und P200.

Um auch jüngeren Jahrgängen den Einstieg in die Technik der alten Radios zu erleichtern, werden im vorliegenden dritten Band mathematische Ableitungen – jeweils im Anhang – ausführlich erklärt. Der Schwierigkeitsgrad entspricht, mit wenigen Ausnahmen, der schulischen Mittelstufe. Allgemeine elektrotechnische Grundlagen *(Volt, Ampère, Ohm und Kirchhoff)* werden vorausgesetzt, bzw. waren Gegenstand des ersten Bandes. Wie schon bei den ersten beiden Bänden, setzen wir keine *speziellen* Messgeräte *(Messbrücken)* ein, sondern kommen mit Multimeter, Signalgenerator und Oszilloskop aus, dem Etat des Amateurs angemessen. Wer erstmals mit einem Oszilloskop arbeiten möchte und mit der Digitaltechnik noch wenig vertraut ist, sollte mit einem einfach bedienbaren, evtl. gebrauchten, analogen zweikanaligen Gerät beginnen.

Für dieses Buch eingesetzte Softwarewerkzeuge: Word, Paint, IrfanView, MathType, PDF Create, Adobe.

Ein herzlicher Dank für das Lektorat geht an Ulrich Jaschek.

===

===

Es war einmal ... vor 80 Jahren ...
Der Deutsche Klein-Empfänger (DKE) 1938, ein preiswerter Gemeinschaftsempfänger der deutschen Rundfunkindustrie

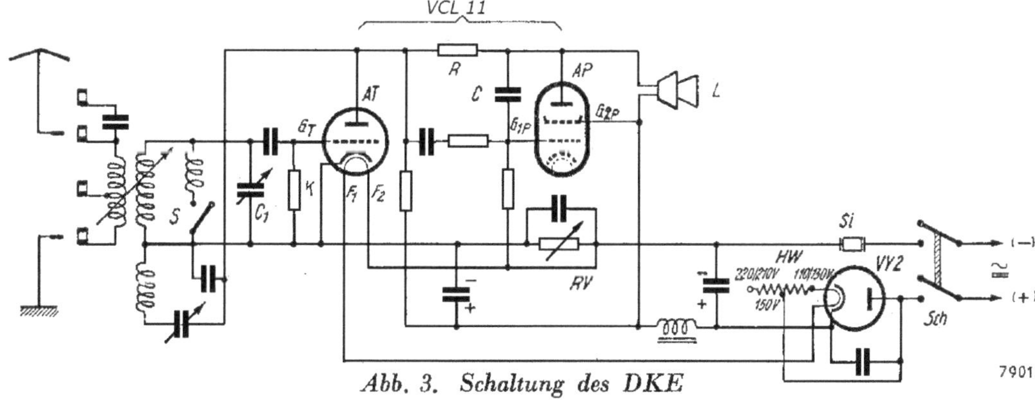

Abb. 3. Schaltung des DKE

9

Sicherheitshinweise

Sobald man die Schutzdeckel der alten Radios entfernt hat, sieht man sich mit spannungsführenden Teilen konfrontiert. Das ist der meist blanke Sicherungshalter mit der Netzspannung 230 Volt~ und an verschiedenen Anschlussstellen eine Gleichspannung **bis zu 300 Volt.**

Ignoriert man die Aufschrift auf der Rückwand, die zum Ziehen des Netzsteckers auffordert, arbeitet man quasi am offenen Herzen, und das ist bekanntlich lebensgefährlich. **Diese Arbeiten dürfen daher nur von Personen mit entsprechenden Kenntnissen der Elektrotechnik durchgeführt werden.** Das gilt ganz besonders für Freund-e/innen der Halbleitertechnik, die Kenntnisse der Elektrotechnik erworben, aber das Arbeiten mit Spannungen >60 Volt weniger kennen gelernt haben. Folgende Hinweise müssen beachtet werden:

- Temporär aufgebaute Mess- und Prüfschaltungen mit Spannungen >60 Volt dürfen nicht in fliegendem Aufbau zusammengeschaltet werden.

- Der Anschlussbereich des Netztransformators muss so angeordnet werden, dass eine Berührung der Netzspannung nicht möglich ist.

- Anschlüsse im Bereich der Anodenspannungen, die beim Hantieren berührt werden könnten, müssen isoliert werden.

- Die Schaltungen müssen mit einer Betriebsanzeige ausgerüstet werden.

- Der gesamte Aufbau muss über eine abschaltbare Steckdosenleiste versorgt werden. Diese muss beim Verlassen des Raumes ausgeschaltet werden, wenn sich weitere Personen im Haushalt befinden. Sind kleine Kinder im Haushalt, muss der Raum abschließbar sein.

- Es darf nicht in einem Raum gearbeitet werden, in dem Leitungen der Wasser- und Heizungsinstallation berührt werden könnten.

- Für die Länder mit unbegrenzten Möglichkeiten: kleine Bauteile dürfen nicht verschluckt werden

1. Vorbereitende Übungen zur Messtechnik
Der Umgang mit Phasenverschiebungen

Was man nicht versteht, besitzt man nicht.
(Johann Wolfgang von Goethe)

Folgend wollen wir das im Abschnitt 1.4 des zweiten Bandes (*"Scheinbar einfache Messungen"*) besprochene Thema weiter vertiefen. Dabei geht es um die Planung, Durchführung und Kontrolle des Vorgangs, sowie um eine kritische Bewertung der Ergebnisse. Kein einfaches Unterfangen, dauert doch ein Studium der Messtechnik mehrere Semester. Wir beginnen daher auch hier mit Messungen an einer Spule im unteren Frequenzbereich, der Einfachheit halber mit einer Netzdrossel, einer so genannten Drosselspule. Sie hat aufgrund ihrer Eigenschaften die Aufgabe, den restlichen Wechselstromanteil der bereits gleichgerichteten Wechselspannung zu drosseln. Vielleicht findet sich noch eine Netzdrossel bei den ausgebauten Teilen. Weil neu beschafften Ausgangstransformatoren die Wicklung zur Brummkompensation *(s. Seite 119, Band 1)* fehlt, könnte der Einsatz von Netzdrosseln wieder interessant werden.

Wir werden uns bei der mathematischen Darstellung der zu messenden Größen auf die in der Messpraxis relevanten Größen beschränken. Das heißt, dass wir uns nicht mit Größen beschäftigen, die ohnehin für uns nicht messbar – bzw. nicht exakt ermittelbar sind. Daher kommt eine ordnungsgemäße Berechnung einer Netzdrossel nicht in Frage, denn wir kennen weder die Windungszahl und den Drahtdurchmesser, noch die Daten des Eisens. Selbst mit diesen Daten wäre das Ergebnis nicht praxisnah, weil auch die Betriebsbedingungen *(Stromstärke und Frequenz)* berücksichtigt werden müssten.

Die folgenden Messungen / Prüfungen an verschiedenen Spulen mögen sehr umfangreich erscheinen, aber wir werden in späteren Abschnitten darauf zurückkommen. Finden wir doch in einem Gerät der Mittelklasse bereits mehr als 30 Spulenwicklungen. Dabei sollen nicht nur Einsatzmöglichkeiten aufgezeigt werden, ebenso wichtig sind Hinweise auf deren Grenzen aufgrund physikalischer Eigenschaften. Die Übungen beginnen im unteren Frequenzbereich *(Nf),* hier ist der Aufbau von Versuchsschaltungen eher unkritisch. Die Übungen haben folgende Schwerpunkte:

- Die wichtigsten Messungen im unteren Frequenzbereich, ohne besondere Anforderungen an den Versuchsaufbau *(Abschnitt 1.1 – Seiten 12 bis 20)*
- Wie 1.1, jedoch mit einer eisenlosen Spule mit Streufeld, weitere Übungen *(1.2)*
- Betrachtungen zur Messgenauigkeit und Übungen mit dem Wobbelgenerator.

- Anwendungen im Tonfrequenzbereich und im
- Hochfrequenzbereich mit Anwendungsbeispielen

Auch den Vorgehensweisen, die nicht zum Erfolg führen wird Raum gelassen, gehören sie doch auch zur Praxis. Mit dem Abschnitt 1.5 wird es ernst, wir reden dann über die im Hochfrequenzbereich realisierten Anordnungen, mit denen wir uns auch bei jeder Restauration auseinandersetzen müssen.

Weil jede Spule aufgrund der Eigenkapazität eine Resonanzfrequenz zeigt, werden einfache Schwingkreise in die Messungen einbezogen.

Spezialthemen, die sich aus der Kopplung von Spulen (→*Transformatoren*) und Schwingkreisen (→*Bandfilter*) ergeben, werden in den späteren Abschnitten behandelt, soweit für die Messpraxis relevant.

1.1 Messungen an einer Netzdrossel

Die Eigenschaften einer Spule mit Eisenkern unter Betriebsbedingungen können mit einem Ersatzschaltbild *(s. Bild 1-1)* verdeutlicht werden: Im Betrieb mit einer Wechselspannung bilden die Reihenschaltung des Wicklungswiderstandes und des induktiven Widerstandes mit der

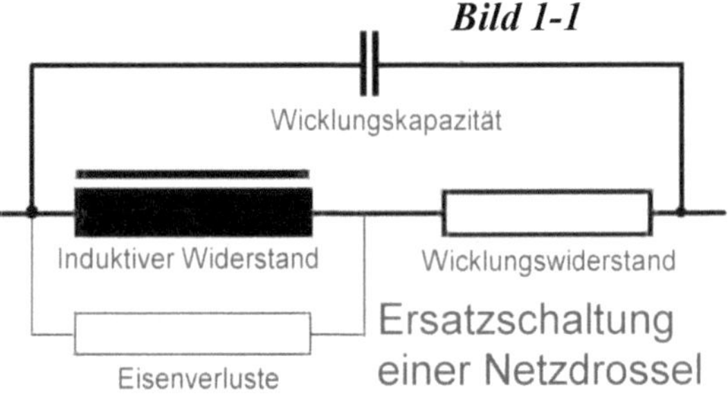

parallel angeordneten Wicklungskapazität einen Parallelschwingkreis, dessen Resonanzfrequenz weit über der Betriebsfrequenz der Netzdrossel *(50 Hz)* liegt.

Drosseln im Tonfrequenzbereich können mit Schalenkernen realisiert werden, Spulen im Hochfrequenzbereich haben justierbare Ferritkerne. Ab ca. 100 MHz werden auch Luftspulen ohne Kern bzw. ohne Spulenkörper eingesetzt.

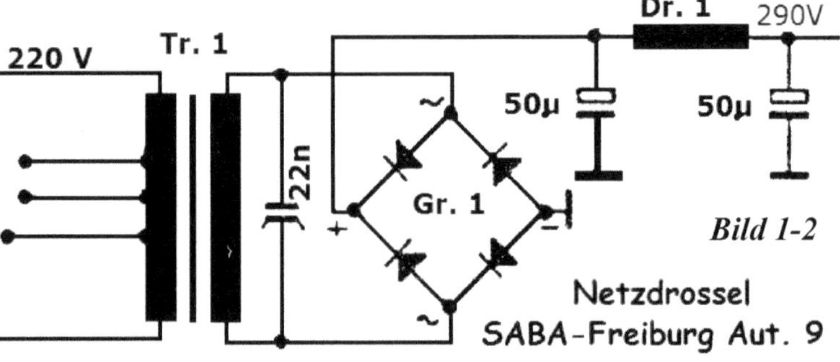

Bild 1-2 zeigt die Anordnung einer für 130 mA angelegten

Netzdrossel eines SABA Freiburg Automatic. Nun versuchen wir, die Daten der Netzdrossel abzuschätzen. Die Induktivität der Drossel schätzen wir auf einige Henry, bei der Eigenkapazität schätzen wir ca. 100 pF. Man darf sich bzgl. der Wicklungskapazität nicht von den Abmessungen der Drossel täuschen lassen, liegen doch die Windungen eng beieinander. Die Teilkapazitäten von Lage zu Lage kann man als hintereinander geschaltet betrachten, weshalb die Eigenkapazität häufig geringer als vermutet ausfallen wird. Bevor wir nun die Eigenkapazität und die Induktivität der Drossel ermitteln, messen wir noch deren **Wicklungswiderstand mit dem Multimeter: R = 182 Ω**, was bei einem Strom von 130 mA einen Gleichspannungsabfall von ca. 24 Volt zur Folge hätte. Den nahe liegenden Gedanken an eine weitere Messung mit einer 50 Hz – Wechselspannung verschieben wir auf später, denn wir wissen ja schon, dass der induktive Widerstand auch vom magnetischen Fluss, also von der Stromstärke, abhängt. Daher werden Netzdrosseln *(wie auch der Ausgangstransformator von Eintakt-Endstufen)* mit einem Luftspalt ausgeführt. Die folgend beschriebenen Messungen wurden daher nur bei Strömen < 1 mA durchgeführt.

Die einfache Messung der Resonanzfrequenz einer Spule wurde bereits im zweiten Band, Abschnitt 1.4 beschrieben. Die **Resonanzfrequenz** der SABA-Netzdrossel ergibt sich mit angeschlossenem Tastkopf und Signalgenerator zu **f$_L$ = 6,4 KHz**. Die Genauigkeit der Messergebnisse hängt auch von der Einstell- und Ablesegenauigkeit ab. Daher sind Messreihen vorteilhaft, auch eine Messung mit verschiedenen Messgeräten ist, soweit möglich, sinnvoll.

1.1.1 Die Eigenkapazität der Drossel ...

… ermitteln wir, wie schon im Band 2 *(S. 15)* gezeigt, mit Hilfe eines parallel geschalteten Kondensators. Dieses Verfahren wurde mehrfach in der Fachliteratur der 50er/60er Jahre beschrieben. Band 2 empfiehlt eine grafische Methode als sehr geeignet, aber zeitraubend. Dafür benötigt man eine vorher genau ausgemessene

C $_{pF}$	f$_{KHz}$	λ	λ^2
27,7	6,4	4,69	22
100	*5,45*	*5,50*	*30,25*
200	4,55	6,95	43,43
300	4,01	7,48	55,95
400	3,63	8,26	68,23
500	3,31	9,06	82,08
600	3,08	9,74	94,87
700	2,9	10,34	106,92
800	2,72	11,03	121,66
900	2,6	11,54	133,17
1000	2,49	12,05	145,2
1100	2,38	12,60	158,76

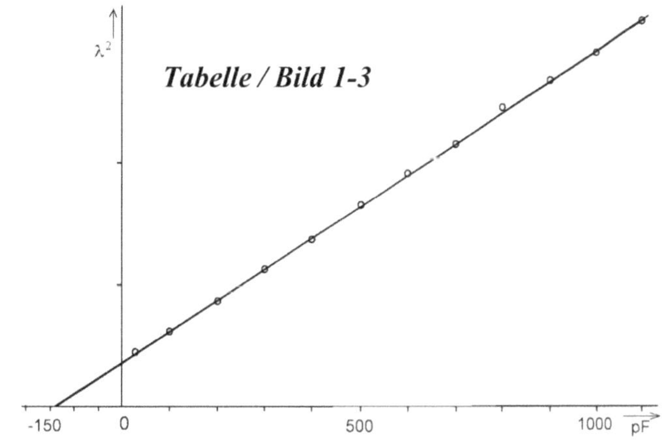

Menge von Referenzkondensatoren.

In der Tabelle / Bild 1-3 ist eine Messreihe samt grafischer Darstellung dokumentiert. Dabei wurde die Kapazität des Tastkopfes *(28 pF)* jeweils mit berücksichtigt und mit einem variablen Kondensator zu jeweils "runden" Werten ergänzt. Die noch erforderlichen Anschlusskabel wurden auf eine Länge <10 cm gekürzt, so dass deren Kapazität mit nur 5 pF berücksichtigt werden konnte. Die Ankopplung des Signalgenerators erfolgte, wie auch im Band 2 beschrieben, über einen 470 kΩ – Widerstand. Die gemessenen Werte trägt man zweckmäßig in eine Tabelle ein, so dass mit Hilfe der Tabellenkalkulation alle weiteren benötigten Werte fehlerfrei errechnet und gespeichert werden können.

Für diese Messungen wurden die im Band 2 *(Seite 20)* vorgeschlagenen Brettschaltungen mit auswählbaren Kondensatoren, Widerständen und einem variablen Kondensator verwendet. Das sind in der Messpraxis oft benötigte Vorrichtungen.

Für Einzelmessungen ist eine Methode mit zwei zusätzlichen Kondensatoren zu empfehlen. Dabei werden abwechselnd die Kondensatoren C_1 und C_2 parallel geschaltet. Verwendet man

$$C_L = \frac{f_1^2 C_1 - f_2^2 C_2}{f_2^2 - f_1^2}$$

aus der Messreihe die Kondensatoren 300 pF und 900 pF, so ergibt sich eine Wicklungskapazität von C_L = 143 pF im Vergleich zum Mittelwert der Messreihe *(140 pF)*. Die Abweichung liegt noch im Bereich der Darstellungsgenauigkeit.

Eine einfache Variante dieser Einzelmessung entsteht, wenn wir die **Bedingung f$_2$ = 2f$_1$** voraussetzen, wozu ein variabler Kondensator erforderlich ist. Dann wird aus dem oben stehenden Ausdruck:

Dabei schaltet man einen beliebigen Kondensator parallel zur Spule und misst die Resonanzfrequenz f_1. Dann stellt man am

$$C_L = \frac{C_1 - 4 * C_2}{3}$$

Signalgenerator die doppelte Frequenz ein und sucht mit dem variablen Drehkondensator wieder die Resonanzfrequenz. Passend dazu können wir die Kondensatoren C_1=800 pF und C_2=100 pF aus unserer Messreihe *(s. Tabelle 1-3)* auswählen, zu denen die Resonanzfrequenzen 2,72 und 5,45 kHz gehören. Daraus errechnet sich die Kapazität **C$_L$ zu 133 pF**, was ebenfalls noch im Bereich der Messgenauigkeit liegt. Diese Ergebnisse bestätigen den Vorteil der grafischen Methode mit einer Messreihe. Die Ableitung der hier gezeigten mathematischen Ausdrücke wird im **Anhang A.1** detailliert dargestellt.

Aufgrund der Streuung der Ergebnisse bei Einzelmessungen sollte die grafische Methode bevorzugt werden, wenn man auf sehr genaue Messergebnisse angewiesen ist, zumal ein Messfehler sofort als Ausreißer erkennbar wird. Verschiedene Methoden bei den Messungen zur Kontrolle der Ergebnisse sollte man vor allem dann anwenden, wenn man sich noch unsicher fühlt.

Es gibt für solche Messungen keinen Königsweg, die Einflüsse auf das

Messergebnis sind vielfältig. Eine Messgenauigkeit von 5% kann daher für diese Messungen als ausreichend bezeichnet werden.

Eine andere Methode, für die man ebenfalls einen variablen Kondensator braucht, kann als schnell und sicher empfohlen werden, dazu sollte man die erwartete Spulenkapazität vorher ungefähr abschätzen können. Für den zusätzlichen **Kondensator C = C$_L$** gilt der rechts gezeigte Ausdruck *(s. Band 2, S. 16).* $f = \dfrac{f_L}{\sqrt{2}}$ Die Resonanzfrequenz der Spule *(f$_L$)* wird gemessen, die Frequenz *f* wird errechnet. Wir schalten nun den variablen Kondensator parallel und stellen mit diesem den Wert der errechneten Frequenz *f* ein. So kann mit der errechneten Frequenz mit Hilfe eines variablen Kondensators die Eigenkapazität überschlägig ermittelt werden. Im aktuellen Fall ergab sich dieser Kapazitätswert zu 162 pF, abzüglich der Tastkopfkapazität verbleiben **134 pF.**

1.1.2 Die Induktivität der Drossel ...

... kann nun ermittelt werden, mit einem LCR-Meter und / oder mit dem hier ermittelten Wert der Wicklungskapazität. Wir nehmen zuerst das LCR-Meter, ein digitales *PeakTech 2175.* Für den erwarteten Wert von einigen Henry kann mit einer Messfrequenz von 1 kHz oder 100 Hz gemessen werden.
Bei 100 Hz erhalten wir 3,9 H, bei 1 kHz werden 3,8 H angezeigt.
Das könnte ein Hinweis auf die durch das Eisen bedingte Frequenzabhängigkeit der Drossel sein, in unserem Fall eher eine Ungenauigkeit wegen der unterschiedlichen Messfrequenzen, die aber an dieser Stelle normal ist. Deshalb muss der eventuelle Einfluss von verschiedenen Messbereichen auf das Ergebnis bei einem neu beschafften Gerät untersucht werden, bevor man es für genaue Messungen einsetzt. Aber wir haben ja noch die Möglichkeit der Berechnung. Haben wir uns bei der Ermittlung der Wicklungskapazität mit dem Wert des Zusatzkondensators nicht zu weit nach oben gewagt, um die Wicklungskapazität nicht in der Messgenauigkeit untergehen zu lassen, wählen wir nun deutlich höhere Werte für den Zusatzkondensator, um in der Nähe der Betriebsfrequenz der Netzdrossel zu arbeiten und die Wicklungs- und Leitungskapazitäten vernachlässigen zu können. Darüber hinaus ist auf einen großen Abstand zur Resonanzfrequenz zu achten, weil dort der lineare Zusammenhang zwischen der Frequenz und der Induktivität nicht mehr gegeben ist. Für weitere Messungen wählen wir deshalb einen Parallelkondensator mit mindestens der 100-fachen Wicklungs- und Leitungskapazitäten *(15nF)*, das entspricht den unteren vier Werten in der links

C (μF)	f$_{Res}$ (Hz)	L (H)
0,0105	800	3,78
0,329	143	3,77
0,675	100	3,76
1,0	82	3,75
2,7	50	3,75

gezeigten Tabelle.

Die Genauigkeit der erzielten Werte für die Induktivität der Drossel kann bei diesen Messverfahren als gut gelten. Weil aber bei der Darstellung der Ergebnisse die Messgenauigkeit nicht überschritten werden sollte, ist die Angabe **L=3,8 H** zu bevorzugen.

Um eine Resonanzfrequenz von 50 Hz zu erreichen, musste hier ein Parallelkondensator mit 2,7 µF gewählt werden. Mit diesen Erkenntnissen gehen wir in die nächsten Messungen mit dem Signalgenerator und einem Oszilloskop. Dabei geht es immer noch darum, verschiedene Messungen an Drosseln in einem unteren Frequenzbereich auszuprobieren, von den Betriebsbedingungen einer Netzdrossel sind wir noch weit entfernt.

In der elektrotechnischen Fachliteratur und den im Netz auffindbaren zahlreichen Unterrichtsmaterialien findet man überwiegend Darstellungen, die ideale Spulen und Kondensatoren zeigen. Diese Betrachtungen sind wichtig für ein grundsätzliches Verständnis, können aber für den Praktiker nur eine Starthilfe sein.

1.1.3 Die wechselstrommäßige Betrachtung ...

… bleibt uns nicht erspart. *„Machen Sie doch'ne Zeichnung!"* pflegte einer meiner Lehrer ungeduldig zu sagen, wenn man nicht so recht weiterkam. Genau das machen wir jetzt: Im Band 2 nur kurz betrachtet, gab es schon ein Beispiel für ein Zeigerdiagramm (*Bd. 2, S. 179*). Dass eine ideale Spule oder ein idealer Kondensator eine Phasenverschiebung um 90^0 bewirken würde *(s. auch Anhang A1.3)* ist uns bekannt, aber unsere Netzdrossel ist alles andere als ideal, hat sie doch diverse Verluste durch Kupfer, Eisen und Kapazitäten. ***Bilder 1-4 / 1-5*** →

Um das Diagramm praxisnah betrachten zu können, stellen wir uns die Drossel bei einer Frequenz von 50 Hz vor. Damit wird der induktive Widerstand $\omega L = 1,2$ kΩ, während der kapazitive Widerstand der Wicklungskapazität *(1/ωC)* im 3-stelligen MΩ-Bereich liegt. I_c ist praktisch "0", der entsprechende Zeiger im Leitwertdiagramm schrumpft zu einem Punkt. Wir können jetzt die schon bekannten Kapazitäten der Wicklung und des Tastkopfes vernachlässigen und haben es dann nur noch mit einer Reihenschaltung L / R

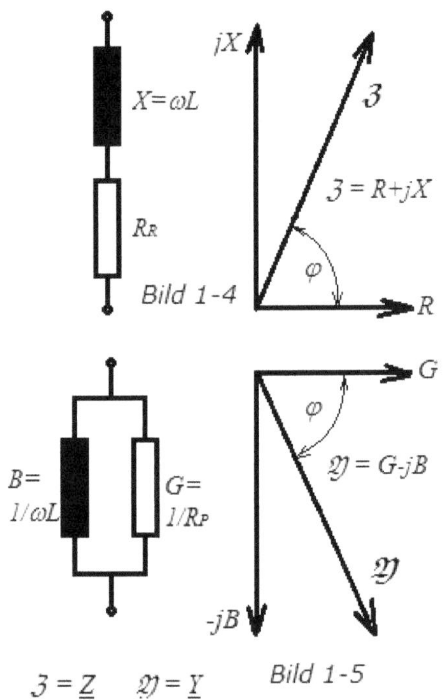

16

zu tun *(s. auch* **P11, P17***)*.

Ein auf die Betriebsfrequenz einer Netzdrossel *(ca. 50 Hz)* bezogenes **Zeiger-diagramm** *(s. auch* **P10**) könnte dann wie folgt aussehen *(Bild 1-4):* Eine R-L Reihenschaltung.

Bei Parallelschaltungen von Widerständen werden die Leitwerte dargestellt, was sich für die Messpraxis etwas mühsam darstellt. Man bevorzugt die Darstellung der Spannungen oder Ströme, denn diese verhalten sich wie die Widerstände bzw. wie die Leitwerte. Bei den Beträgen der Spannungs- und Stromwerte werden jeweils die Effektivwerte eingesetzt.

Das Diagramm im *Bild 1-5* zeigt das Beispiel eines Leitwertdiagramms: $1/\underline{Z}$ (3) wird zu $Y(\mathfrak{Y})$ und $1/X$ wird zum B*(lindleitwert)* *(s. auch Anhang A.2).* Man findet in der Fachliteratur verschiedene Darstellungsformen und Bezeichnungen.

Bei Parallelschaltungen werden die Leitwerte addiert, bei Reihenschaltungen die Widerstände. Spielt man gedanklich die Extremfälle *f = 0* und *f>>fresonanz* durch, wird man den Vorteil der Leitwertdarstellung bei Parallelschaltungen schnell erkennen.

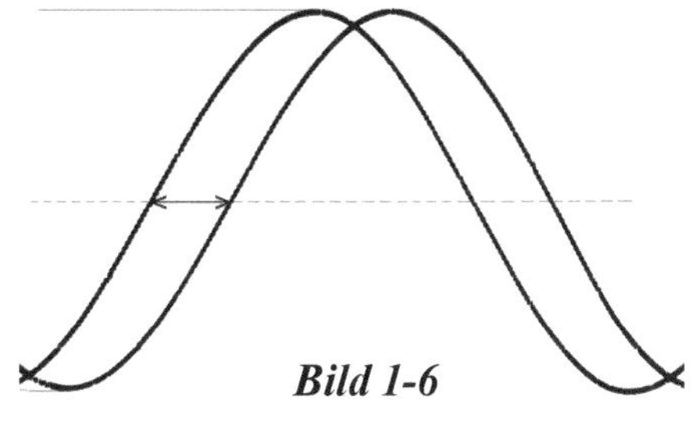

Für weitere Messungen beziehen wir den Vorwiderstand zur Ankopplung an den Generator mit ein, um die Phasen-verschiebung zwischen Strom und Spannung am Oszilloskop darstellen zu können (*s. im Bild 1-6*). Später schalten wir noch einen Kondensator *(ca. 200 nF)* parallel zur Drossel, so dass wir auch die Eigenschaften eines Parallelschwingkreises mit verschieden Größen der Kondensatoren kennenlernen können.

Bild 1-6

Wir machen uns nun mit der Sensibilität der einstellbaren Resonanzfrequenz vertraut, beobachten die Phasenverschiebung zwischen Strom und Spannung bei einer Frequenzabweichung nach oben und nach unten. Das sind wichtige Übungen, um Sicherheit zu gewinnen, die wir später bei Messungen im Hochfrequenzbereich brauchen. Zur Darstellung im Zeigerdiagramm können wir bei einer Reihenschaltung die Darstellung gemäß *Bild 1-4* verwenden, wobei Verlust- und Vorwiderstand zusammengefasst werden können, so lange wir die Wicklungskapazität noch außer Acht lassen.

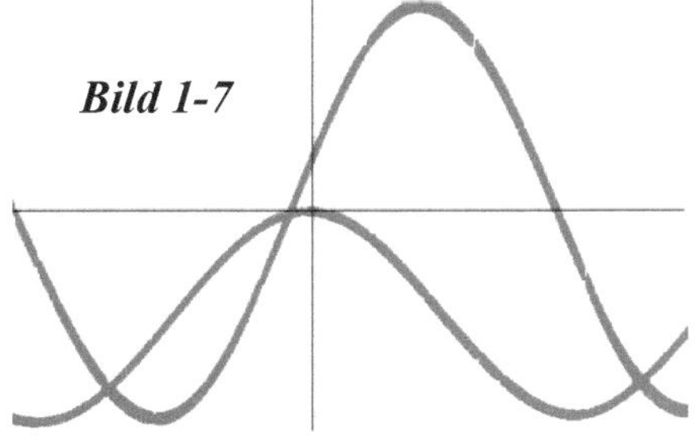

Bild 1-7

Es lassen sich Phasenverschiebungen bis fast 90^0 beobachten (*s. im Bild 1-7).*

Hier hat die Einstellgenauigkeit *(bzw. die Ablesegenauigkeit)* eines analogen Oszilloskops seine Grenzen. Im X-Y-Betrieb sieht man eine weit aufgeblähte Ellipse, aber zum Kreis reicht es nicht.

Der Phasenwinkel φ = 45^0 lässt sich genau ermitteln, folgt er doch *(dank Pythagoras und der Winkelfunktionen)* aus der Bedingung Blindwiderstand = ohmscher Widerstand *(Verlustwiderstand)*. Wir sind nicht mehr auf das Probieren angewiesen, sondern können die einzustellende Frequenz berechnen. Bei einem ohmschen Widerstand von R_v = 47 kOhm ergab sich eine Frequenz von ca. 2 kHz.

Bild 1-8 zeigt in **invertierter** Darstellung eines Signales *(φ=0 wäre sonst nicht überzeugend demonstrierbar)* links den Resonanzfall, rechts die mit dieser Versuchsanordnung maximal mögliche Phasenverschiebung bei einem ebenfalls invertiert dargestellten Signal.

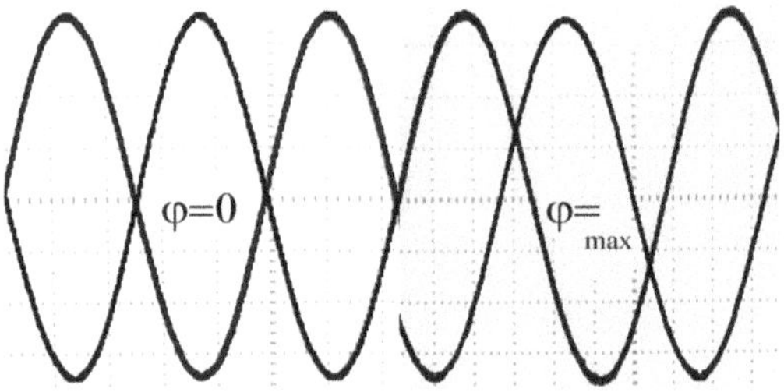

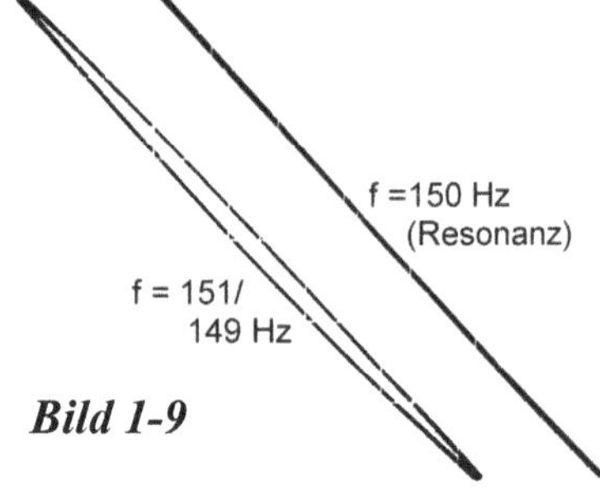

Bild 1-8

Sehr genau lässt sich der Phasenwinkel „0" *(Resonanzfall)* einstellen, weil schon eine äußerst geringe Frequenzänderung durch eine deutlich sichtbare Zunahme des Winkels am Oszilloskop sichtbar gemacht werden kann, wenn man in der X-Y-Einstellung arbeitet. Das Bild 1-9 zeigt die Lissajous-Figuren für die Resonanzfrequenz von 150 Hz und einer Frequenz von 149 und 151 Hz an einem analogen Oszilloskop *(Bildmontage)*. Eine Frequenzabweichung zur Resonanzfrequenz von nur 0,6 % wird deutlich sichtbar. Für diese Einstellungen verwenden wir wieder eine Anordnung gemäß *Bild 1-5*, sowie einen Generator für sinusförmige Signale und ein zweikanaliges Oszilloskop.

Bild 1-9

Eine sehr genaue Prüfung des Phasenwinkels bietet auch bei φ = 45^0 die x-y-Einstellung des Oszilloskops, bei der Betrachtung so genannter Lissajous-Figuren, deren Anwendung im Band 2 ausführlich über 10 Seiten beschrieben wurde *(φ = 0^0: Gerade, φ = 45^0: Ellipse, φ = 90^0: Kreis, s. auch* **P10, P11, P13**.

1.1.4 Die Phasenlage 45^0 ...

... wird hier noch einmal messtechnisch dargestellt:
Die Phasenlage 45^0 entspricht $\pi/4$,

$$\sin 45^0 = 0{,}7 \quad \text{bzw:} \quad = \frac{1}{\sqrt{2}} \qquad sin\ \varphi = b/a$$

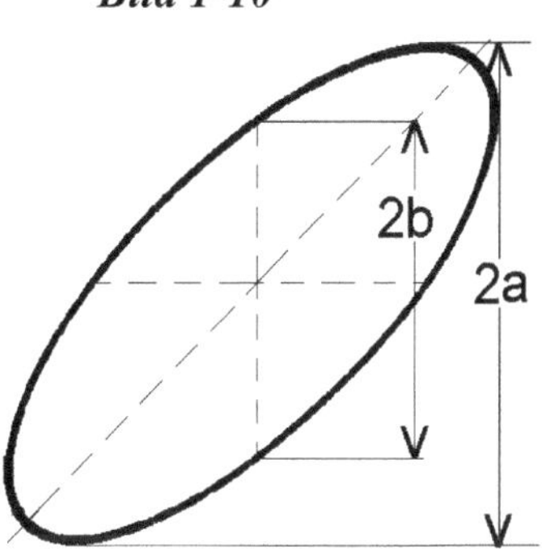

Bild 1-10

Zur Darstellung der Ellipse nach Lissajous müssen die Amplituden beider Signale vorher im Normalbetrieb auf gleich große Amplituden justiert werden. Bei sorgfältiger Einstellung und Ablesung sind die Ergebnisse gut verwertbar, hier ergab sich ein Wert von 0,69 für sin 45^0.

Das Arbeiten mit Lissajous-Figuren zur Phasenmessung wird in den Funktechnischen Arbeitsblättern der Zeitschrift Funkschau *Mv 01* und *Mv 02* ausführlich und gut verständlich beschrieben und steht als pdf zur Verfügung *(s.* **P1, P2***)*. Für den Praktiker ist der Phasenwinkel 45^0 nicht nur bei der Arbeit mit Zeigerdiagrammen interessant (*s. spätere Abschnitte*).

Es sei an dieser Stelle nochmals darauf hingewiesen, dass Messungen, bei denen es besonders auf die Ablesegenauigkeit ankommt, nur im betriebswarmen Zustand der Geräte durchgeführt werden sollten. Im X-Y-Betrieb kann es hilfreich sein, die Eingänge für eine schnelle Prüfung zu vertauschen.

Weitere Messungen, bei denen es auf die Messgenauigkeit ankommt sind mit einer Eisendrossel aufgrund der bekannten Eigenschaften des Eisens nicht sinnvoll.

1.1.5 Die Induktivität einer Netzdrossel unter Betriebsbedingungen ...

... ist mit den bisher beschriebenen, allgemeingültigen Messmöglichkeiten nicht ermittelbar, denn dieser Wert der Induktivität kann sich deutlich von dem bisher ermittelten Wert unterscheiden: Verursacht durch die Magnetisierungseigenschaften des Eisenkerns. Die Magnetisierung beeinflusst die Induktivität und generiert

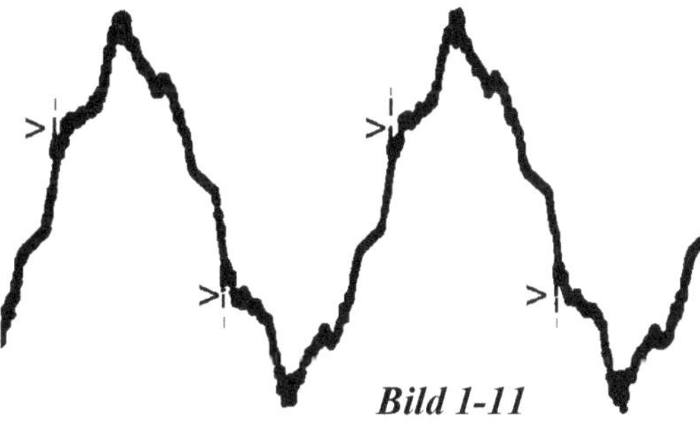

Bild 1-11

nichtlineare Verzerrungen, die am Oszilloskop durch eine deutliche Abweichung von der Sinusform sichtbar werden.
Die Markierungen (>) weisen vermutlich auf die Stellen des Nulldurchganges hin, der Richtungswechsel des Magnetfeldes erzeugt Anomalien, die mit einer Phasenverschiebung sichtbar werden. Für das Bild 1-11 wurde an einer

Spannungsquelle *(Anodengleichspannung ca. 250 Volt)* eine Wechselspannung (ca. 7 Volt) überlagert. Mit einem Vorwiderstand *(33 kΩ)* wurde ein Gleichstrom von ca. 10 mA eingestellt. Für jede Stromstärke ergeben sich andere Induktivitätswerte, so dass nur die Angabe des bisher *(s. Abschnitt 1.1.2)* ermittelten Induktivitätswerts sinnvoll ist. Die magnetische Sättigung des Eisens führt zu niedrigeren Induktivitätswerten. Diese Abhängigkeit lässt sich – trotz der genannten Einschränkungen – einfach überprüfen: Man legt eine Wechsel-spannung *(50 Hz von der Sekundärwicklung eines Trafos)* an die Drossel und vergleicht die Ströme nach einer Verdoppelung der Spannung. Während bei einer vergleichbaren Luftspule auch der doppelte Strom gemessen wird, fehlen bei der Drossel schon mehr als 10%. Wir reden aber hier nicht von einer Messung, sondern nur von einer Prüfung.

Wir werden nicht in die Verlegenheit kommen, eine Netzdrossel nach allen Regeln der Kunst durchmessen zu müssen. Hier sind die Belastungsgrenze, die Induktivität und der ohmsche Widerstand der Wicklung wichtig. Mit den Problemen der Magnetisierung des Eisens werden wir später auch bei Ausgangstransformatoren konfrontiert, s. auch **P75, P85**.

Zusammenfassung:

Wer erstmals einfache Messungen und Berechnungen an Spulen durchführt, kann diese an einer Netzdrossel versuchen, die sich oft in der Kiste mit ausgebauten Teilen findet. Messungen können dabei mit wenig Rücksicht auf die Kapazität der Anschlusskabel durchgeführt werden. Man kann sich auf die Handhabung der Messgeräte konzentrieren, denn zu erfolgreichen Messungen gehört auch die Überprüfung der Messgeräte durch Vergleichsmessungen und besonders bei einem analogen Oszilloskop auch dessen Kalibrierung. Das betrifft nicht nur den Abgleich der Tastköpfe, auch die Umrechnung der abgelesenen Spitzenwerte von sinusförmigen Signalen in deren Effektivwert kann mit den Ergebnissen eines Spannungsmessers verglichen werden. In der anderen Richtung kann überprüft werden, bis zu welcher Frequenz der Spannungsmesser die Effektivwerte sinusförmiger Signale anzeigen kann. Einfache Spannungsmesser sind auf die Frequenz von 50 Hz beschränkt, digitale Multimeter können auch bei höheren Frequenzen arbeiten *(s. Abschnitt 1.3)*

Messwerte müssen kontrolliert, bzw. auf Plausibilität geprüft werden. Hatten wir bei der Ermittlung der Wicklungskapazität eine Messreihe zur Verfügung, bei der bei jedem einzelnen Messwert eventuelle Abweichungen sofort sichtbar wurden, ist bei Einzelmessungen Misstrauen angebracht. Dabei geht es nicht nur um Rechenfehler, sondern auch um mögliche methodische Fehler. Die Kontrolle erfolgt daher durch verschiedene Messmethoden und Messreihen - oder rechnerisch. Jeder bereits in der Messtechnik erfahrene Amateur kennt daher den Spruch *„Wer misst, misst Mist"(s. auch* **P146** *und Abschnitt 1.3).*

1.2 Eisenlose Spulen im unteren Frequenzbereich ...

… finden wir in den Radios der 50er Jahre weniger. Hier wird eine Spule gezeigt, die als Relaisspule im Anodenkreis einer Triode keinen besonderen Anforderungen bzgl. der Tonfrequenzen unterlag. Sie ließ sich leicht vom massiven Eisenkern trennen. Relaisspulen mit Drahtdurchmessern < 0,1 mm können nicht mehr lagenweise gewickelt werden, sind aber daher auch leicht selbst wickelbar. Spulen dieser Größenordnung eignen sich für messtechnische Übungen. Die hier untersuchte Spule wurde für einen maximalen Gleichstrom von ca. 10 mA konzipiert.

1.2.1 Verschiedene Messungen

Bei unserer Luftspule können wir die durch Anschluss eines Tastkopfes bedingten Fehler vermeiden: Im Gegensatz zur bereits besprochenen Netzdrossel hat die Luftspule ein ausgeprägtes Streufeld, so dass wir statt des Tastkopfes eine so genannte Suchspule verwenden können *(s. Band 2, S. 19).* Die Eigenresonanz der Spule betrug mit Tastkopf ca. 12 kHz, mit der Suchspule 14 kHz.

Die wichtigsten Daten wurden wie folgt ermittelt:

Resonanzfrequenz f_{res} = 14,0 kHz,   Wicklungswiderstand R = 10,2 kΩ, Induktivität ca. 5 H, Eigenkapazität ca. 30 pF.

Die reine Wicklungskapazität ist vermutlich <30pF, die ermittelte Resonanzfrequenz ist ebenfalls ungenau, weil auch die hier verwendete Suchspule Rückwirkungen auf die zu vermessende Spule haben kann. Diese Einflüsse sind jedoch wesentlich geringer als beim Anschluss eines Tastkopfes. Die Wicklungskapazität wurde wieder mit der zeichnerischen Lösung ermittelt *(s. Abschnitt 1.1.1)*, die Induktivität mit einem LCR-Meter.

Aufgrund der bisher gemachten Erfahrungen, sind wir über die hohe Eigenresonanzfrequenz nicht überrascht, wissen wir doch bereits um den nichtlinearen Zusammenhang zwischen Wicklungskapazität und Resonanzfrequenz. Bei den Messungen ist darauf zu achten, dass keine Magnetfelder einstreuen können, zur Befestigung der Spule dürfen keine magnetischen Werkstoffe verwendet werden. Bei den Messungen mit der Netzdrossel haben wir bereits die Qualität der Messverfahren und der insbesondere des LCR-Meters bestätigen können. So können wir jetzt mit den ermittelten Messwerten die Eignung der verschiedenen Rechenmethoden nochmals prüfen. Der Zusammenhang zwischen der Frequenz und der Induktivität sollte jetzt bei einer eisenlosen Spule weitgehend linear nachgewiesen werden können.

Für die Bedingung $f_2 = 2f_1$ *(4 kHz / 2 kHz)* wurden die Parallelkondensatoren mit

1.450 pF und 340 pF ermittelt. Entsprechend des Ausdrucks $\quad C_L = \dfrac{C_1 - 4 * C_2}{3}$

erhalten wir: $\quad C_L = \dfrac{1450 - 4 * 340}{3} = \dfrac{90}{3} = 30 \; pF$

Hier werden nur die zusätzlich zur Wicklungskapazität angeschlossenen Werte eingetragen, die Wicklungskapazität ist bereits berücksichtigt.

Nach dieser ersten Bestandsaufnahme sollten wir jetzt die weitere Vorgehensweise nochmals prüfen:

Im Abschnitt 1.1 hatten wir eine Eigenkapazität von ca. 140 pF und eine Tastkopfkapazität von ca. 28 pF, das sind 20% von dem Wert der Wicklungskapazität. Beim Anschluss des Tastkopfes veränderte sich die Resonanzfrequenz um ca. 10%. Ist jedoch, wie im vorliegenden Fall, die Wicklungskapazität etwa so groß wie die Tastkopfkapazität, so würde die Änderung ca. 30% betragen. Mit zunehmender Größe des Parallelkondensators wird der Frequenzunterschied geringer. Bei einem Verhältnis $C_{parallel} = 10$ x $C_{Wicklung}$ beträgt der Fehler nur noch ca. 5%. Ab einer Größe von 1 nF des Parallelkondensators ist der durch den Tastkopf bedingte Fehler nicht mehr nachweisbar. Für weitere Messungen sollten die Parallelkondensatoren mindestens 30-fach über dem Wert der Wicklungskapazität liegen. Der Messfehler liegt dann im Bereich 1 – 2 %, was sich rechnerisch und messtechnisch bestätigen lässt.

Mit dem **nebenstehenden einfachen Ausdruck** *(s. S. 15)* haben wir ebenfalls die Möglichkeit, die gemessene Wicklungskapazität $\quad f = \dfrac{f_L}{\sqrt{2}}$ überschlägig zu bestätigen: Wir erhalten f = 9.9 kHz *(14 / 1,414)* mit einem Parallelkondensator C=32 pF. In Anbetracht der einfachen Messanordnung und der Kapazität von nur ca. 30 pF, kann das Ergebnis als ausreichend betrachtet werden.

Um weitere Messungen auch bei 50 Hz durchführen zu können, müssen wir die dafür erforderliche Parallelkapazität ermitteln. Wie oben bemerkt, erschließt sich damit die Möglichkeit zum Einsatz einfacher Multimeter bei Strom- und Spannungsmessungen. Wie bereits bei der Netzdrossel gezeigt, justieren wir die Resonanzfrequenz im X-Y-Betrieb des Oszilloskops auf +/- 1 Hz genau. Die erforderliche Parallelkapazität ergab sich *(gemessen)* zu $C_p = 2,05 \; \mu F$.

Zur Kontrolle unserer Messungen haben wir nun die Möglichkeit, diesen Wert mit der mehrfach gemessenen Induktivität L *(5H)* rechnerisch zu über- $\quad L = \dfrac{1}{\omega^2 * C}$ prüfen, wobei wir uns gleich noch mit der alternativen Schreibweise $\mathbf{L = (\omega^2 * C)^{-1}}$ vertraut machen. Mit dem Ergebnis kann man zufrieden sein: $L = (314^2 * 2{,}05*10^{-6})^{-1} = 4{,}95$ H, die Abweichung beträgt 1%.

1.2.2 Arbeiten mit den Zeigerdiagrammen ...

… ist, wie bereits in 1.1.3 dargelegt, gewöhnungsbedürftig, bzw. für den Praktiker eher ein Gedankeninstrument. In der Fachliteratur finden sich meist Beispiele für ideale Spulen und Kondensatoren, mit denen der Amateur nicht in Berührung kommt. Für die Messpraxis haben die Zeigerdiagramme eher informativen Charakter, müssten also in diesem Buch gar nicht behandelt werden. Es geht also hier nur darum, ein gewisses Verständnis zu vermitteln. Man sollte keinen Schreck bekommen, wenn man in der Fachliteratur auf diese Diagramme stößt.

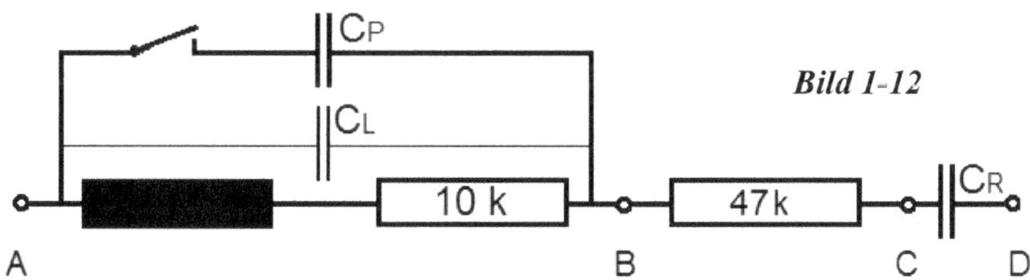

Zeigerdiagramme haben wir bisher nur prinzipiell kennen gelernt, nun wollen wir ein solches erstellen.

Dieses mal rechnen wir, gemessen haben wir genug. Wir orientieren uns an der zuletzt verwendeten Spule mit der im Bild 1-12 gezeigten Anordnung. Wir erkennen die Eigenkapazität C_L der Spule, den Wicklungswiderstand mit 10 kOhm und den Vorwiderstand *(jetzt 47 kOhm)* zur Ankopplung an den Signalgenerator. Wir haben die Möglichkeit, mit einem hinreichend großen Kondensator C_R ($\gg C_L$) mit einem Reihenschwingkreis zu arbeiten oder mit einem zuschaltbaren Parallelkondensator C_P einen Parallelschwingkreis zu vermessen.

Zunächst betrachten wir die Anordnung zwischen den **Punkten A – B**:

Wir arbeiten mit den Werten L = 5 H und C_L = 35 pF. Daraus errechnet sich eine Resonanzfrequenz f_{res} von 12 kHz. Zur Kontrolle des Messplatzes vor weiteren Messungen bestätigen wir dieses Ergebnis durch eine Messung. Weitere Messungen ohne eine zusätzliche Parallelkapazität sind nicht sinnvoll, bewirkt doch die Änderung von C_L um +/- 1 pF eine Frequenzänderung von bis zu +/− 200 Hz. Weil aber auch die Darstellung des Resonanzfalls im Zeigerdiagramm nicht sehr spannend ist, schalten wir C_P hinzu, **$C_P + C_L$ = 4,835 nF**.

Die Resonanzfrequenz errechnet sich jetzt zu f_0 = 1024 Hz.

Weil es sich um eine Parallelschaltung L/C_L handelt, betrachten wir die Leitwerte: Der Komplexe Leitwert einer R−L−C−Parallelschaltung ist $\underline{Y} = G + jB$

bzw.
$$\underline{Y} = \frac{1}{R} + j\left(\omega C - \frac{1}{\omega L}\right)$$

Die Maßeinheit für die Leitwertoperatoren Y, B und G ist **das *Siemens (S)*.**
Der Wicklungswiderstand *(10 k)* kann auch in einen parallel zu
L und C liegenden Widerstand R_P gewandelt betrachtet werden.
Diese Rechenvorgänge werden im Abschnitt 1.5.3 exemplarisch
behandelt. Bei den Literaturhinweisen (**P11**) findet sich ein Hin-
weis auf eine Beschreibung im *Funktechnischen Arbeitsblatt Uf
11* der Funkschau 1/1954. Diese Unterlage steht über das
Leserportal als PDF zur Verfügung. Die Umrechnung Reihen- /
Parallel- und Parallel- / Reihenschaltung wird sowohl mit
Formeln, als auch grafisch dargestellt.
Wir berechnen zunächst die Beträge der Leitwerte für den
Resonanzfall *(s: Tabelle in Anhang A.2)* für die Induktivität:
$1/\omega L = 31{,}1$ µS, die Kapazität: $\omega C = 31.1$ µS und den Wider-
stand: $1/(R_L + R_V) = 17{,}5$ µS.
Es kann hilfreich sein, jeden Schritt des Vorgangs durch
Kontrollen abzusichern.

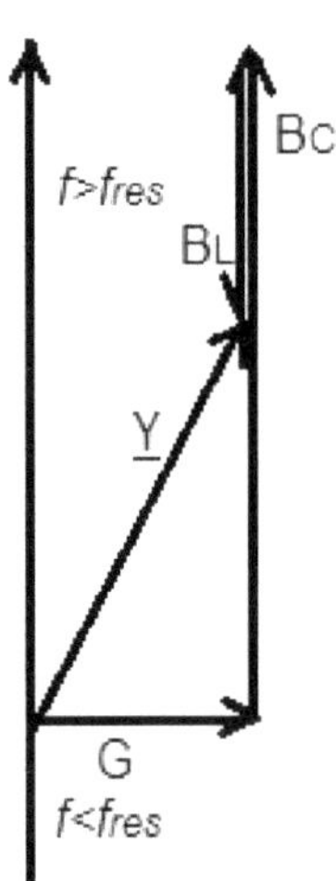

Bild 1-13

Nun ändern wir die Frequenz: Ist die Frequenz $>f_0$, wird der Leitwert Y ohmsch-
kapazitiv, bei einer Verminderung ohmsch-induktiv. Für die Darstellung des
Leitwertdiagramms *(s. Bild 1-13)* erhöhen wir die Frequenz auf 1,7 kHz, die
Schaltung wird ohmsch-kapazitiv. Prinzipschaltungen mit Zeigerdiagrammen
findet man in jedem Werk der einschlägigen Fachliteratur *(z.B. Taschenbuch der
Elektrotechnik - L2).*

Wie in 1.1.3 ausgeführt, müssen wir dabei die unterschiedlichen Darstellungs-
möglichkeiten in den Zeigerdiagrammen berücksichtigen.
Nun betrachten wir eine Reihenschaltung, der Kondensator *(4,8 nF)* wird als C_R
verwendet. Der komplexe Widerstand der
Reihenschaltung ist: $\quad \mathfrak{Z} = \text{R}+\text{jX} \qquad$ bzw: $\qquad \underline{Z} = \text{R} + \text{j}\left(\omega L - \frac{1}{\omega C}\right)$

Betrachten wir jetzt auch den Reihenresonanzkreis bei der höheren Frequenz von
1,7 kHz, so wird der komplexe Widerstand der Schaltung ohmsch-induktiv. Als
Induktivität ist eine Spule daher nur bei Frequenzen weit unterhalb ihrer
Resonanzfrequenz wirksam.
Wegen der Vernachlässigung des Parallelwiderstandes C_L und weiterer Verlust-
widerstände kann die jetzt ermittelte Resonanzfrequenz etwas neben der des
Parallelkreises liegen. Wir müssten eigentlich alle bisher nicht berücksichtigten
Verlustwiderstände in die Reihenschaltung überführen. Andernfalls würde man ein

24

mehr oder weniger verschachteltes Zeigerdiagramm vorfinden.

Beide Formen des Resonanzkreises werden in allen einschlägigen Fachbüchern eingehend diskutiert. Für den Reihenschwingkreis steht über das Leserportal ein solcher Beitrag als PDF zur Verfügung, s. **P19**.

Wir versuchen uns noch an einer weiteren, bisher nicht diskutierten Messung, die wir mit einer nachträglichen Rechnung kontrollieren können. In den Abschnitten 1.1.3 / 1.1.4 haben wir uns mit dem Phasenwinkel $\varphi = 45^0$ beschäftigt. Er folgt der Bedingung Blindanteil = Realanteil des komplexen Widerstandes. Überbrücken wir den Widerstand zwischen den Anschlüssen B-C *(Abb. 1-12)*, so verbleibt der, bzw. die Summe aller Verlustwiderstände als Realanteil, der wie folgt gemessen werden kann: An einem vorgeschalteten Widerstand ermitteln wir durch Spannungsmessung den Strom im Resonanzfall und messen dann die Spannung zwischen den Anschlüssen A-B. Zwischen diesen Anschlüssen lässt sich nun der Gesamtverlustwiderstand errechnen, das sind in unserem Fall 11,2 kOhm. Davon war uns der Anteil des Kupferwiderstandes der Spule *(10,2 kOhm)* bereits bekannt. Dann stellen wir die Frequenz ein *(den Vorwiderstand brauchen wir nicht mehr)*, bei der sich eine Phasenverschiebung von 45^0 nachweisen lässt. Das passiert in unserem Fall bei 1,22 kHz. Wenn sich nun die Differenz der Blindwiderstände zu 11,2 kOhm ergibt, haben wir gewonnen:

Beispiel: L=5 H, C=4,8 nF, f=1,22 kHz
Daraus wird: ωL = 38,3 kOhm, $1/\omega C$ = 27,19 kOhm, $\omega L - 1/\omega C$ = 11,11 kOhm, *(gemessen: 11,2 kOhm).*

1.2.3 Weitere Übungen mit dem Oszilloskop

 Wir messen zunächst weit unterhalb der Resonanzfrequenz mit Zuschaltung von C_P **bei 800 Hz** in Parallelresonanz zwischen den Anschlüssen A-C und können daher die Wicklungskapazität *(30 pF)* vernachlässigen. Die Wechselspannungen messen wir am Oszilloskop. Die größte Genauigkeit wird erreicht, wenn der Wert U_{SS} *(Spitze–Spitze)* abgelesen, und daraus der Effektivwert errechnet wird *(Amplitude / 1,41 – s. Anhang A.7)*. Spätestens jetzt nutzen wir die Gelegenheit, die Messergebnisse mit denen des Multimeters abzugleichen, sofern dieses für Frequenzen >50 Hz geeignet ist. Hier wurde ein *PeakTech 3440* verwendet, das Spannungsmessungen bis in den Kilohertzbereich zulässt *(s. nächster Abschnitt)*.

Anschließend messen wir wieder zwischen den Anschlüssen A-D *(s. Bild 1-12)*, ohne C_P. Den Vorwiderstand brauchen wir, wie bereits beschrieben, um den Strom einstellen und messen zu können. Wir messen die Spannung über dem Vorwiderstand *(B-C)*, errechnen daraus den Strom und beziehen dann den Wicklungswiderstand in die Berechnung der Spannung U_R mit ein, denn die

Serienschaltung bietet den Vorteil, dass durch alle Bauteile der gleiche Strom fließt. Den Betrag der Spannung über der Drossel errechnen wir nach der einfachen Formel: $\omega L * I_R$. Wenn wir nun auch die Phasenverschiebung messen, sind wir auf der sicheren Seite. Wir haben genügend Messergebnisse, um diese auch gegeneinander prüfen zu können. Haben wir nun einen Stromwert *(hier 0,15 mA)* eingestellt, bei diesem gemessen, können wir nun auch ohne Vorwiderstand arbeiten, den gewählten Stromwert stellen wir jetzt mit der Signalamplitude am Funktionsgenerator ein.

Beispiel: Spannung über B-C (Uss): 6 Volt, das entspricht einem Strom von 0,13 mA. Daraus resultiert eine Spannung von 7,28 Volt über 57 kΩ. Die Spannung über A-D bleibt bei allen Frequenzen konstant, so dass alle Spannungswerte auf einer so genannten Ortskurve liegen.

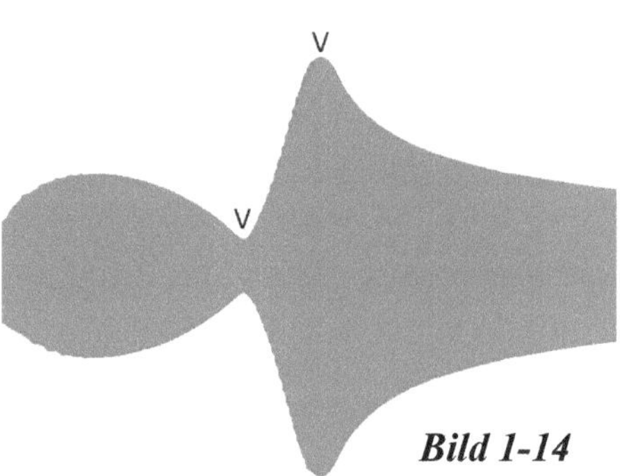

Bild 1-14

Nun hat unsere Messschaltung sowohl eine Reihen- *(mit C_R)* als auch eine Parallel-resonanz *(mit C_L)*, was im Bild 1-14 deutlich sichtbar wird. In dieser Schaltungsanordnung können auch Phasenwinkel > 90^0 erreicht werden.

1.3 Eine Kritik der Messgenauigkeit

Haben wir bisher Beispiele zur Übung betrachtet, versuchen wir nun mit bereits bekannten Messungen unter besonderer Beachtung der Messgenauigkeit belastbare Messergebnisse zu erzielen. Dazu gehört auch, dass immer wieder neue Konstellationen der Messaufbauten gewählt werden, damit ein prinzipieller Fehler frühzeitig entdeckt wird und sich nicht durch mehrere Messreihen hindurch auswirken kann. Auf die kritische Prüfung der Messgeräte und die Absicherung der Ergebnisse wurde hingewiesen. Dies soll die Messung einer Wechselspannung mit einer Frequenz > 50 Hz verdeutlichen:

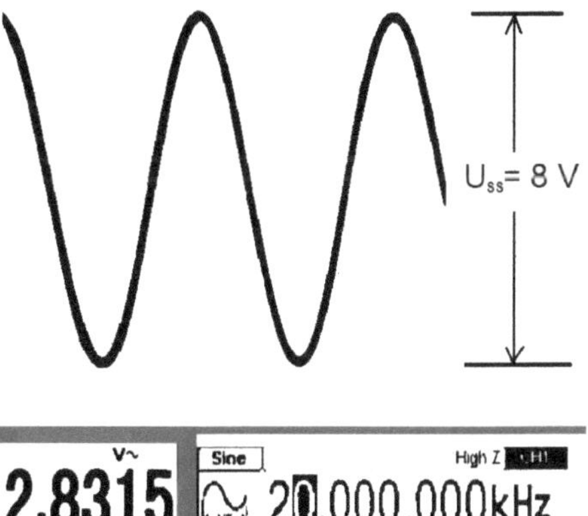

Bild 1-15

Zunächst lesen wir den Wert U_{SS} am *(analogen)* Oszilloskop ab, wozu möglichst die zur Verfügung stehende Höhe des Bildschirms ausgenutzt wird. Der Effektivwert errechnet sich wie folgt *(s. auch Abschnitt 2.1.1*:

$$U_{eff} = \frac{8}{2 \cdot \sqrt{2}} = 2,83 \text{ V}$$

Hier zeigt das digitale Multimeter (PeakTech 3440) eine Übereinstimmung bis zur zweiten Dezimalstelle, wir können zufrieden sein.

Sehr zufrieden sind wir erst, wenn die gleiche Messung am nächsten Tag durchgeführt, ebenfalls zu diesem Ergebnis führt.

Friedrich Kohlrausch weist jedoch darauf hin, dass das Ergebnis nicht genauer angegeben werden soll, als es die Messmethode ermöglicht. Diese liegt hier mit visueller Ablesung bei höchstens einer Dezimalstelle ($\hat{=}$ 2,8 Volt).

Für weitere Messungen verwenden wir nun die in 1.2.1 beschriebene eisenlose Spule, weil sich schon bei geringen Stromstärken die Magnetisierungsprobleme des Eisens, wenn auch geringfügig, bemerkbar machen können. Der Umgang mit der bereits im Abschnitt 1.1.4 gezeigten Phasendifferenz 45^0 aus der Perspektive der Mathematik weist uns den Weg.

Zum Zeitpunkt $\pi/4$ ist der 0,7 – fache Wert der Amplitude $\quad \sin\frac{\pi}{4} = \frac{1}{2}\sqrt{2} = 0,7$ erreicht. Betrachten wir die Durchlasskurve im Resonanzfall, messen wir die Bandbreite bei dem 0,7 – fachen Teil des Maximums. Stellen wir den Phasenwinkel $\varphi = 45^0$ im Zeigerdiagramm der Spannungen dar, so haben – laut Pythagoras – Blind- und Realanteil den Wert 0,7-fach der Gesamtspannung. Wir versuchen nun diese Zusammenhänge zu untersuchen. Wir schalten der Spule (5H) eine Kapazität parallel, so dass wir eine Resonanzfrequenz von 800 Hz erreichen. Das ist die klassische Messfrequenz, sie hat für uns den Vorteil, dass wir nicht nur bei der Frequenz einen "runden" Wert *(800)* haben, sondern mit ausreichender Genauigkeit auch bei dem Ausdruck ω *(=5000)*. Wir errechnen die erforderliche Parallelkapazität $C = (\omega^2 * L)^{-1}$ zu 7,81 nF. Davon müssen wir die Kapazitäten der Wicklung *(30 pF)* und des Tastkopfes *(28pF)* abziehen, wir schalten also zusätzlich 7,75 nF parallel *(s. Tab.1-16)*. Die Kapazitäten wurden mit einem seit Jahren bewährtem und genauestens überprüften Kapazitätsmessgerät *(YF-150)* gemessen und mit einem neueren digitalen Multimeter *(PeakTech 3440)* nochmals bestätigt. Die Resonanzfrequenz wurde mit einer Genauigkeit von +/- 1 Hz erreicht und mit Hilfe der Lissajous – Messung *(s. Abschnitt 1.1.4)* eingestellt. $\varphi = 45^0$ stellte sich bei den

Frequenzabweichungen		
U	+Δf	-Δf
0,7	230	230
0,625	420	350
0,5	640	470

Frequenzen 1030 Hz und 570 Hz ein *(+230 Hz / -230 Hz)*. Die ermittelten Frequenzabstände sollten ungefähr gleich groß sein, was aber bei Spannungen <sin π/4 nicht mehr gegeben ist, wie das *Bild 1-16* deutlich deutlich zeigt.

Dass diese Bedingung hier nicht mehr erfüllt ist, liegt hauptsächlich daran, dass der Blindanteil in der Größenordnung der realen Verlustwiderstände liegt. Es ist daher auch nicht üblich in diesem Frequenzbereich zu Wobbeln. Mit einer Ausnahme:

C ohne Korr.	f *resonanz*
7,75	806
3,28	1241
12,03	648
mit Korr.	f *resonanz*
7,81	**800**
3,34	1229
12,09	640

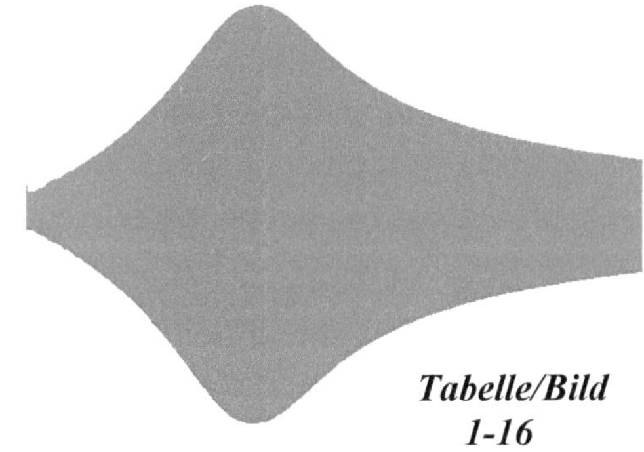

Tabelle/Bild 1-16

Wenn man weitere Resonanzstellen des Messobjektes aufspüren möchte. Das heben wir uns für später auf, bzw. schauen wir uns auf der nächsten Seite schon einmal an, wie so etwas aussehen könnte.

Dann wurden nach der schon beschriebenen Methode für beide Frequenzen wieder die erforderlichen Parallelkapazitäten für die Resonanzfrequenz ermittelt. Dafür müssen die Eigenkapazitäten *(Tastkopf und Wicklung)* wieder berücksichtigt werden. Die Tabelle 1-16 *(oben)* zeigt die Differenzen mit und ohne Korrektur.

Die dadurch bedingten Fehler liegen bei ca 1%, das ist für unsere praxis- orientierten Messungen mehr als gut. Um das beurteilen zu können, müssen wir aber diesen Unterschied kennen.

Nun kommt das versprochene Bild:
Es wurden einfach die bisher besprochenen Spulen mit einer Kapazität ergänzt und dann hintereinander geschaltet. Das *Bild 1-17* zeigt den Frequenzbereich von **50 Hz bis 20 kHz**, wir sind damit im Tonfrequenzbereich. Das Bild entspricht dem *Bild 1-14* was die Parallelresonanzen betrifft, die Resonanzfrequenzen betragen 6 kHz und 11 kHz. Im 6-kHz-Bereich sehen wir die Serienresonanz bei 2,2 kHz, die als Einschnürung sichtbar wird.

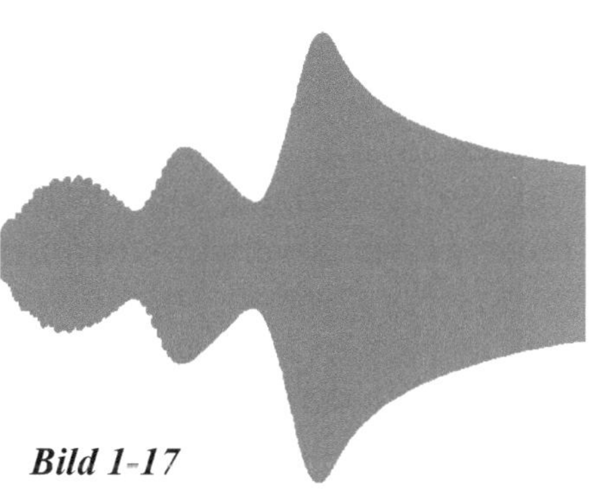

Bild 1-17

Wer noch Anregungen für den nächsten *"Partysound"* sucht, der wird hier fündig.

Einige ergänzende Anmerkungen zum Thema "wobbeln" …
… passen wohl an dieser Stelle, denn es kommen immer wieder Fragen von Lesern bzw. Seminarteilnehmern zu diesem Thema, das aber auch schon in den ersten beiden Bänden aufgegriffen wurde.
1) Wobbeln zu Fuß, bzw. per Hand:
Wir stellen die Resonanzfrequenz ein - prüfen diese - und markieren den höchsten Punkt der Spannung am Bildschirm des Oszilloskops. Dann suchen wir nach rechts und nach links die Frequenzen bei dem 0,7 – fachen Wert der maximalen Spannung. Deren Differenz ergibt die Bandbreite.
2) Wobbeln elektrisch, mit einfachen Mitteln. Im Band 1 wird *(Abschnitt 5.03)* eine einfach aufzubauende Schaltung eines Wobbelgenerators gezeigt, die als Anregung für eigene Lösungen gedacht war. Die Frequenz des Hf-Generators (10,7 MHz) wurde mit der Heizspannung (7 Volt, 50 Hz) frequenzmoduliert, der Frequenzhub beträgt ein Vielfaches der Bandbreite eines Zf-Filters. Der Schaltungsvorschlag verzichtet auf eine Dunkeltastung des Rücklaufs, aber eine Durchlasskurve konnte gezeigt werden. Die zum Modulieren verwendete Spannung muss auch an den X-Eingang des Oszilloskops gelegt werden. Man braucht keine Sägezahnspannung, es muss nur die Spannung, die die Modulation steuert, verwendet werden.
3) Mit dem Funktionsgenerator, klassisch: Der Generator ist jetzt etwas aufwendiger und hat ein Gehäuse mit Anschlussbuchsen. Die Spannung zur Steuerung der X–Ablenkung heißt jetzt *"sweep out"*, wenn es sich um einen analogen Funktionsgenerator mit Wobbelfunktion handelt.
4) Mit dem Funktionsgenerator, modern: Digitale Funktionsgeneratoren können

wobbeln, es steht nur nicht dran. An der entsprechenden Taste steht "sweep" und ermöglicht zunächst diverse fallgenaue Einstellungen. An der Buchse für das Signal zur Steuerung der Ablenkeinheit des Oszilloskops steht jetzt "Trigger out", ein Kabel verbindet mit der Buchse "Trigger ext." am Oszilloskop. Beide Geräte arbeiten mit einem exakten Sägezahnverlauf, so dass ein Triggersignal ausreicht.

Bei der Einstellung der Wobbelfrequenz muss darauf geachtet werden, dass es zu keiner Wechselwirkung mit den Resonanzfrequenzen kommt, was dann wie im Bild rechts aussehen kann. **Bild 1-18⇒**

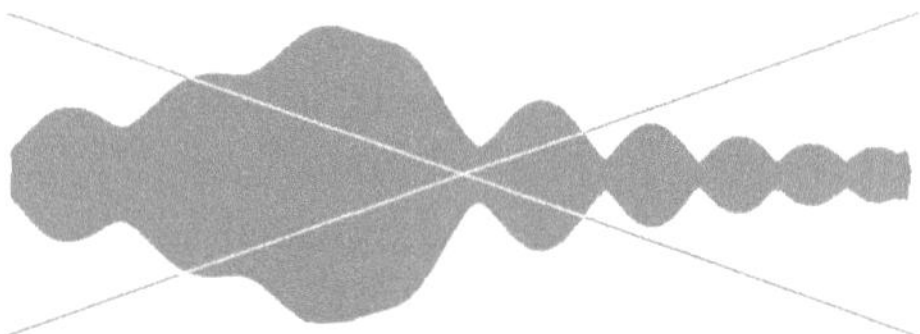

5) Digitale Funktionsgeneratoren und analoge Oszilloskope sind technologisch verschieden, was zu den im Bild 1-18 gezeigten Problemen führen kann. Ein digitales *(Speicher-)* Oszilloskop speichert das Bild, so dass es ausreicht, wenn die Wobbelfrequenz 1 Hz beträgt, das Bild wird im Sekundenabstand erneuert.

6) Die folgenden Bilder eines Speicheroszilloskops *(s. auch Anhang A.9)* zeigen vier Oszillogramme des Übertragungsbereichs einer Endstufe. Die Wahlmöglichkeit eines linearen oder logarithmischen Verlaufs des Wobbelns wurde

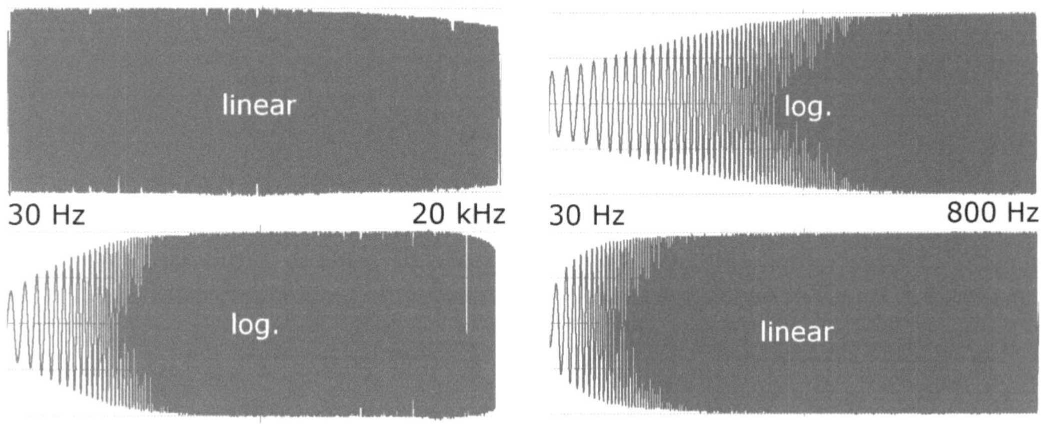

Bild 1- 19

noch nicht besprochen. Der lineare Verlauf versetzt uns in die Lage, Zwischenwerte der Frequenzen abzulesen. Der logarithmische Verlauf entspricht eher dem Frequenzempfinden unserer Ohren *(s. auch Abschnitt 2.1.6)*.

Die Wahl zwischen *logarithmisch* und *linear* wird am Signalgenerator getroffen, steht also am analogen Oszilloskop auch zur Verfügung.

1.3.1 Messen wie früher?

Dazu passt die folgende Fundstelle aus: *Josef Kammerloher: Hochfrequenztechnik*

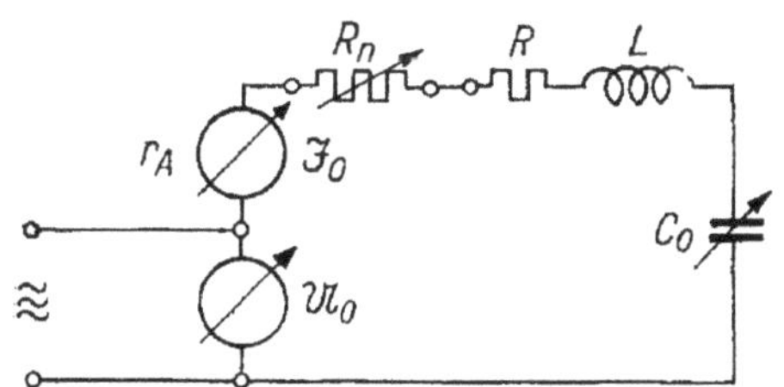

In der in Bild 3.4 gezeigten Schaltung soll der Verlustwiderstand eines Schwingungskreises gemessen werden. R_n ist hierbei ein für den verwendeten Frequenzbereich bekannter veränderbarer ohmscher Widerstand. Die Meßvorschriften sind anzugeben.

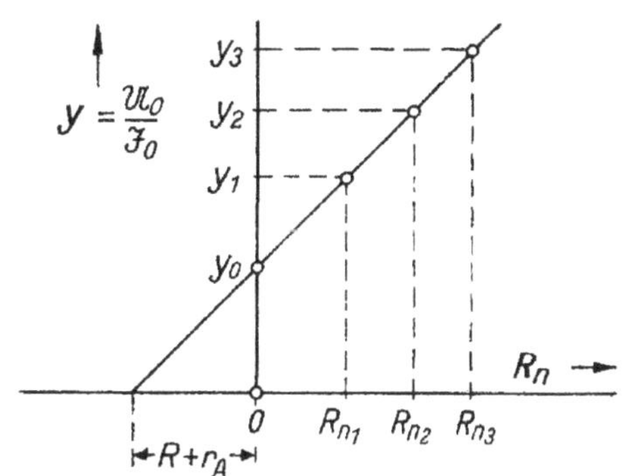

Bild 3.4. Zu Beispiel 3.5: Schaltung zur Messung des Verlustwiderstandes.

Bild 3.5. Graphische Ermittlung des Widerstandes $R + r_A$.

Teil I, C. F. Winter'sche Verlagshandlung/ Füssen, 1957 (L4)　　**Bild 1-20**

Wir haben zwar den Verlustwiderstand der Spulen gemessen, aber es handelt sich dabei, wie aus dem Ersatzschaltbild ersichtlich, nur um den Cu-Verlust. In der Fachliteratur der 1950er / 60er Jahre findet man kein Multimeter und selten den Hinweis auf ein Oszilloskop. In diesem Zusammenhang fällt die hier beschriebene grafische Methode auf, die der im Abschnitt 1.1.1 beschriebenen Messung der Wicklungskapazität sehr ähnlich dem gleichen Prinzip folgt und nicht weniger genau ist. *Rn (im Bild 1-20)* ist ein einstellbarer rein ohmscher Widerstand, mit dem variablen Kondensator C_0 wird der Reihenschwingkreis auf die Resonanzfrequenz abgestimmt. Für jede Einstellung des Widerstandes R_n werden die Strom- und Spannungswerte abgelesen. Der daraus resultierende, im Resonanzfall reelle Widerstand $y = U_0 / I_0$ wird an der Ordinate aufgetragen. Auch hier können Einzelmessungen vorgenommen werden, man wird aber mit einer Messreihe und der grafischen Ermittlung zu genaueren Ergebnissen kommen.
Weil wir den Verlustwiderstand kennen, können wir diese Messung als Übung betrachten und die Genauigkeit verschiedener Methoden und Instrumente überprüfen. Die Messfrequenz richtet sich nach den verfügbaren Messgeräten. Für Spannungsmessungen bei höheren Frequenzen ist ein digitales Speicheroszilloskop von Vorteil, weil auch die Spannungswerte angezeigt werden können. Bei einer

Spule mit einem Cu-Verlustwiderstand von 10,18 kOhm und einer Messfrequenz von 50 Hz wird sich dieser Wert bestätigen, weil weitere Verlustwiderstände des Reihenschwingkreises auch im Bereich der Messgenauigkeit liegen.

Die Messungen wurden bei 50 Hz durchgeführt, der Serienschwingkreis wurde, wie im Bild *(Kammerloher – S. 31)* gezeigt, auf die Resonanzfrequenz 50 Hz abgestimmt. Als Generator wurde die Sekundärwicklung eines Netztransformators bei 23,2 Volt und 46,2 Volt verwendet. Weil wir eine Luftspule verwenden, sollten die beiden zu zeichnenden Geraden exakt übereinander liegen. Mit dem Vorwiderstand R_n wurden die Einstellungen 10 k, 8 k, 6 k und 4 k verwendet. Der Strom wurde sowohl direkt gemessen, als auch – mit einem anderen Instrument – durch eine Spannungsmessung über dem Widerstand R_n errechnet. Beide Ergebnisse waren bis in die zweite Dezimalstelle identisch. Diese Messung eignet sich besonders für die Überprüfung unserer Messungen und Messgeräte, weil wir die Ergebnisse ungefähr kennen. Als Mittelwert aus den gewonnenen Daten ergab sich ein Verlustwiderstand von 10,27 kOhm, wovon wir den schon mit verschiedenen Messgeräten zu 10,18 kOhm gemessenen Widerstand der Wicklung abziehen. Es verbleiben 90 Ohm, das ist eine Abweichung < 1%. Da wäre aber noch der bisher nicht ermittelte Verlustwiderstand des Kondensators zu berücksichtigen, der aber bei einer Frequenz von 50 Hz, vernachlässigbar klein sein sollte.

Das heißt, dass der Phasenwinkel fast 90^0 betragen würde, wovon wir uns leicht überzeugen können. Wie schon bei den Spulen, schalten wir den Kondensator in Reihe mit einem ohmschen Widerstand und betrachten den Phasenwinkel.

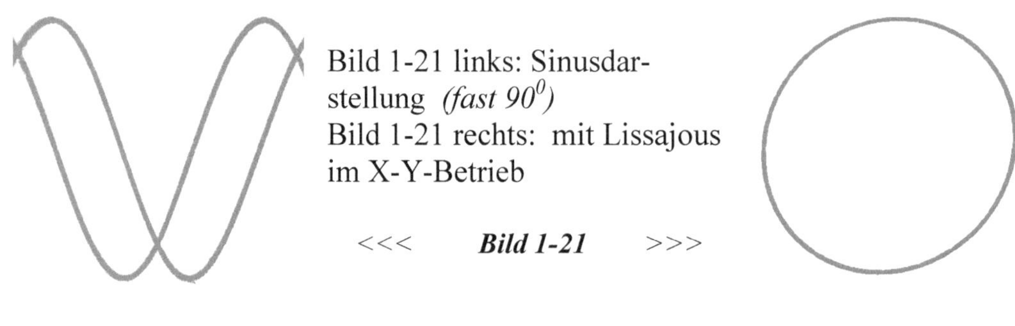

Bild 1-21 links: Sinusdar-
stellung *(fast 90^0)*
Bild 1-21 rechts: mit Lissajous
im X-Y-Betrieb

<<<   ***Bild 1-21***   >>>

Literaturvorschläge zur Vertiefung der Abschnitte 1.1.- 1.3

P10, P11, P13, P14, P15, P17, P19, P55, P70, P71, P74, P84, P93, P94, 106

1.4 Spulen für Tonfrequenzen

Die bisher besprochenen Spulen können – dem Wert der Induktivität entsprechend - im Tonfrequenzbereich eingesetzt werden. Dazu eignen sich Werte von 1 bis 10 Henry besonders. Spulen mit Eisenkern haben – neben der Größe - die besprochenen Nachteile. Luftspulen sind einfach selbst herzustellen, aber bezüglich des Streufeldes problematisch. Sehr geeignet sind Schalenkerne aus Ferritmaterial: Streuarm, geringe Größe, auch für hohe Frequenzen geeignet und noch relativ leicht selbst wickelbar.

Im Bild:

Links: 680 mH, R_{Wickl} 100 Ω, $C_{Wicklung}$ 33 pF, Resonanzfrequenz 33 kHz

Mitte: 5,2 H, R_{Wickl} 660 Ω, C_{Wickl} 95 pF, Resonanzfrequenz 7,7 kHz *(Dr. Böhm)*

Rechts: 16 H, R_{Wickl} 500 Ω, C_{Wickl} 41 pF, Resonanzfrequenz 6,3 kHz,

Bild 1-22

Die Aufgabenstellung:

Wir wollen nun versuchen, mit einer Spule im Ferrit-Schalenkern einen **Resonanzkreis zum Einsatz bei der Klangformung im Tonverstärker** aufzubauen. Rein rechnerisch findet man für jede Induktivität den passenden Kondensator für eine Resonanz im Tonfrequenzbereich. Daher versuchen wir es auch mit einer Spule mit der Induktivität 1 mH, bzw. wollen wir wissen, warum wir die Induktivitäten im einstelligen mH-Bereich für weniger geeignet hielten. Schon bei der Ermittlung der Eigenresonanz stoßen wir auf ein Problem: Wir schätzen die Eigenkapazität auf ca. 10 pF. Mit dieser Kapazität läge die Resonanzfrequenz bei ca. 1,6 MHz, das wäre am Ende des MW-Empfangsbereiches. Bei dieser geringen Eigenkapazität können wir keinen Tastkopf mit der fast 3-fachen Kapazität einsetzen. Die Suchspule hat ebenfalls eine Eigenresonanz, die hier bei 140 kHz liegt, der Abstand zu 1,6 MHz ist groß genug. Man hat daher besser mehrere dieser einfach herzustellenden Suchspulen. Weil aber im MW-Bereich die drahtlose Übertragung bestens funktioniert, legen wir einfach den Tastkopf neben die Spule und klemmen evtl. einige cm Draht an. Die Resonanzfrequenz wird mit **1,39 MHz** gemessen, woraus eine Eigenkapazität von 13 pF folgt. Im Gegensatz zu unseren ersten Messungen im kHz-Bereich, haben wir jetzt – trotz aller Vorsichtsmaßnahmen – einen Messfehler durch die nur wenige cm messenden Anschlusskabel, deren Kapazität wir auf ca. 5 pF schätzen. Das Messergebnis als Richtwert ist jedoch zunächst ausreichend, sodass wir den für eine Resonanz im Tonfrequenzbereich erforderlichen Parallelkondensator ermitteln können. Von den ersten Messungen mit Spulen wissen wir, dass diese Ungenauigkeit bei der ermittelten Eigenresonanz von 1,4 MHz im Tonfrequenzbereich ohne Bedeutung ist. Wir sollten aber noch die mit ca. 5 pF geschätzte Kapazität der kurzen Kabelverbindungen berücksichtigen, d.h. von den ermittelten 13 pF abziehen, was zu einem "vorläufigen Endergebnis" von ca. 8 pF führt. Weitere Messungen mit jeweils 2 Kondensatoren *(C1, C2)* zeigten ein Ergebnis von ca. $\mathbf{C_L = 7\ pF}$, *(s. auch Abschnitt 1.1.1).*

Diese Messungen zeigen deutlich, dass auch auf Erfahrung beruhende qualifizierte Abschätzungen - vor allem im Hochfrequenzbereich - wichtig sind.

Nun suchen wir den für eine Resonanz im Tonfrequenzbereich erforderlichen Parallelkondensator: Erst bei einer Kapazität $C_P = 100$ nF stoßen wir an die obere Grenze des Tonfrequenzbereiches bei 16 kHz. Aber es gibt noch ein Problem: Mit zunehmender Größe der Kondensatoren im nF-Bereich steigt der Verlustwiderstand bei den üblichen Folienkonden-satoren deutlich an, was zu einer starken Bedämpfung der Resonanzkurve führt. Bei 10 nF *(Styroflex)* ergab sich gegenüber dem normalen Folienkondensator

Bild 1-23

(ERO) der 3,5 fache Wert der Amplitude – aber wir wären erst bei 50 kHz.

Die untenstehende Grafik zeigt den gemessenen und durch Berechnung kontrollierten Verlauf der Resonanzfrequenz bei Parallelkondensatoren von 3 bis 220 nF.

Um den Verlauf auch rechnerisch nachvollziehen zu können, verwenden wir einen einfachen Ausdruck, der aber nur für die 1 mH – $f = 5\dfrac{1}{\sqrt{C_P}}$ Spule gilt *(s. dazu auch* **A.1.2***).*

Ab ca. 25 nF ändert sich die Tendenz der Resonanzfrequenz in Abhängigkeit von

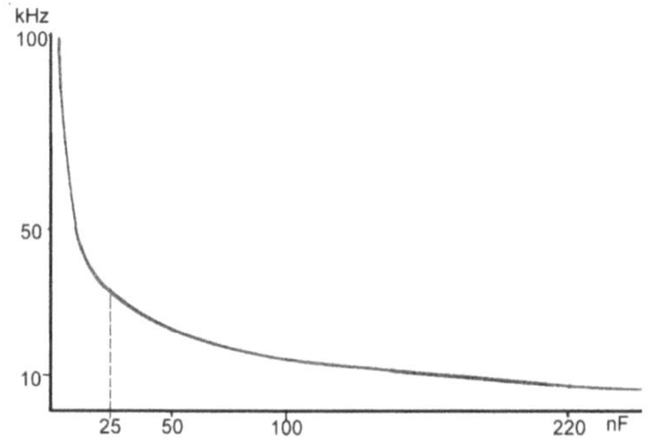

<<<**Bild 1-24** C_P deutlich.

In der Fachliteratur (**P20, P70**) wird die Dämpfung eines Schwingkreises als von der Quadratwurzel aus C/L bzw. L/C abhängig beschrieben, was wir bei der letzten Messung bestätigt fanden. Die Güte, bzw. die Selektivität eines Schwingkreises ist aber wegen der erforderlichen Trennschärfe erst im

Hochfrequenzbereich von Bedeutung. Eine Ausnahme im NF-Bereich finden wir in älteren Geräten bei einer 9 kHz – Sperre, ein selektiver Saugkreis zur Unterdrückung unerwünschter Schwebungsfrequenzen *(s. Band 2 im Abschnitt 9.3.3).*

Nun haben wir auch erste Erfahrungen bei Messungen im **Hochfrequenzbereich** gemacht und versuchen uns mit einer Induktivität von 680 mH im Tonfrequenzbereich. Diese Spule prüfen wir nur kurz, erreichen mit einer Parallelkapazität C_P = 47 nF eine Resonanzfrequenz von ca. 9 kHz. Wegen des deutlich günstigeren Verhältnisses C/L reicht jetzt ein normaler Folienkondensator aus. Das gilt auch für die letzte Messung mit einer Spule **L =16 H**, hier erreichen wir mit einer Parallelkapazität C_P = 0,47 µF eine Resonanzfrequenz im Bereich 50 bis 60 Hz mit ausreichender Selektivität.

Zusammenfassung:

Bis hierher haben wir auch mit einfachen analogen Messgeräten gearbeitet und ausreichende bis sehr gute Genauigkeiten erzielt. Der Einsatz von digitalen Messgeräten, die in den letzten Jahren für Amateure bezahlbar geworden sind, ermöglicht auch bei höheren Frequenzen die Anzeige von Effektivwerten, Speicherung von Signalproben und verfügen – je nach Preisklasse – über interessante zusätzliche Funktionen. Wir beenden nun die messtechnischen Übungen im niederfrequenten Bereich.

1.5 Spulen und Schwingkreise für den Hochfrequenzbereich …

… gibt es reichlich in unseren Radios. Meistens als Teil eines Parallel-schwingkreises. Serienresonanzkreise kennen wir als so genannte Saugkreise.

Haben wir die bisher besprochenen Spulen im Tonfrequenzbereich weit unterhalb ihrer Eigenresonanz betrachtet – denn nur dann verhalten sie sich wie Spulen – sind die Spulen im Hochfrequenzbereich Teil eines Resonanzkreises. Wir haben gesehen, dass bereits geringe Änderungen der Kapazitäten des Schwingkreises diesen deutlich verstimmen. Wir fertigen uns daher einige nur wenige cm lange Messschnüre an, deren Kapazität gemessen werden sollte. Im *Bild 1-25* sieht man außen ein typisches im Handel beschaffbares Kabel mit einer Länge von 50 cm, das zum Anschluss an die Spannungsversorgung verwendet werden kann, wenn die zu versorgende Schaltung mit einem Kondensator im nF-Bereich abgeblockt wird. Das ist eine zwingend notwendige Maßnahme, wenn wir Schaltungen im Hf-Bereich aufbauen.

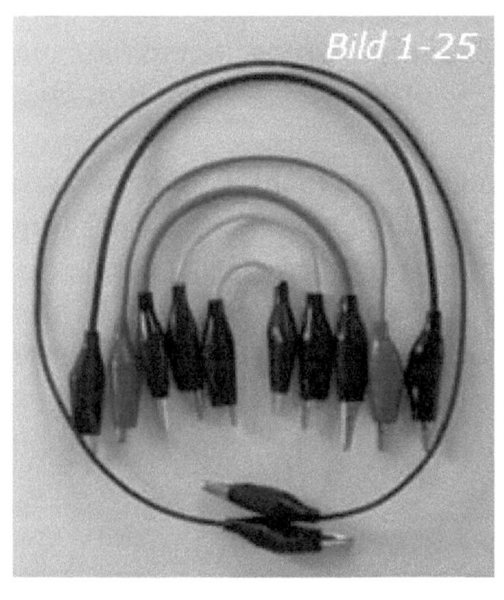

Die bisher besprochenen Grundlagen und Maßnahmen gelten grundsätzlich auch im Bereich der Hochfrequenz. Wir haben aber auch gesehen, dass jetzt besondere Anforderungen an die Messtechnik gestellt werden. Das betrifft hauptsächlich den Einfluss von Leitungs- und Tastkopfkapazitäten, aber auch das Problem der Streufelder.

Aber es gibt ein weiteres Thema zu besprechen, das grundsätzlich auch im Bereich der Tonfrequenzen beobachtet werden kann, aber erst im Hf- Bereich wichtig wird:

$$Q = \frac{1}{R}\sqrt{\frac{L}{C}}$$

Bandbreite, Güte ϱ (rho), Dämpfung und Verstimmung, durch Verluste bedingte und daher zusammenhängende Begriffe.

Es wird nun Zeit, dass wir den Verlustwinkel δ (Delta) kennen lernen, der den Phasenwinkel φ *(Phi)* zu 90^0 ergänzt. In dem Diagramm rechts erkennt man, dass der Verlustwinkel bei einer idealen Spule den Wert "0" hat. Der **Tangens des Verlustwinkels** wird als Verlustfaktor bezeichnet, aus dem der Gütefaktor oder die **Güte** abgeleitet wird.

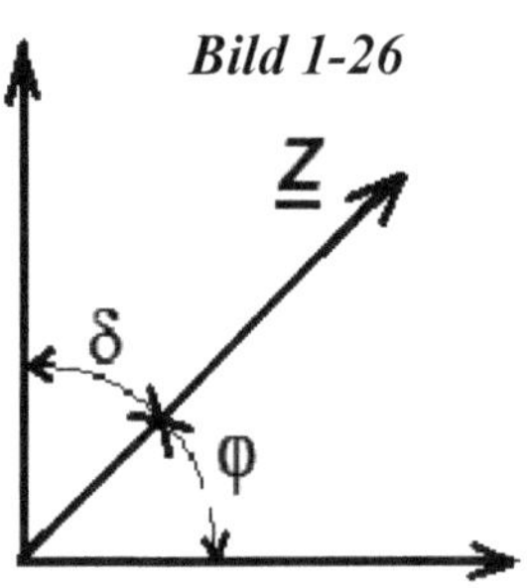

Diese ist bei Spulen: $Q_L = \omega L / R_R$ *(Verlustwiderstand in Reihenschaltung)*
Bei Kondensatoren: $Q_L = 1 / (R_R * \omega C)$ *(Verlustwiderstand in Reihenschaltung)*

Und bei Schwingkreisen *(Verlustwiderstand in Reihenschaltung)*

bei Parallelschaltung: $Q = R\sqrt{\dfrac{C}{L}}$

Der Verlustfaktor *(Dämpfungsfaktor)* ist, sowohl für Reihen- als auch für Parallelschwingkreise, der reziproke Wert des Gütefaktors: **d =1/Q**.
Dass ein Schwingkreis durch einen Parallelwiderstand bedämpft wird, ist uns schon länger bekannt, mit dem Verhältnis L / C werden wir uns noch beschäftigen müssen, wie auch mit dem Begriff der **Verstimmung**. Das ist die Abweichung von der Resonanzfrequenz, die durch Änderung der Frequenz, der Kapazität oder der Induktivität verursacht wird, s. auch Abschnitt 1.5.2, sowie **P10, P12, P20** für die Themen *Zweipole in Reihen- und Parallelschaltung, Bandbreite, Dämpfung und*

Wir wollen zunächst den Begriff des Parallelschwingkreises noch einmal näher betrachten: Das Bild 1-1 am Anfang des Abschnittes 1.1 zeigt die etwas vereinfachte, aber praxistaugliche Ersatzschaltung einer Spule, die durch die Eigenkapazität auch zum Schwingkreis wird. Wegen der relativ geringen Eigenkapazität kann man auf die Abbildung eines kapazitiven Verlustwiderstandes verzichten. Ein der Realität entsprechendes Schaltbild des Parallelschwingkreises müsste diesen Verlustwiderstand zeigen *(s. Bild 1-12)*. Das ergibt eine Mischung aus Reihen- und Parallelschaltung, die – wie wir schon im Abschnitt 1.1.3 gesehen haben – Probleme bei der mathematischen Darstellung machen würde. Wir müssen uns entscheiden und wandeln die Schaltung des realen Parallelschwingkreises in eine Ersatzschaltung um, in der alle Verlustwiderstände in einem einzigen parallel liegenden Verlustwiderstand zusammengefasst werden. Wir haben es dann, wie schon im Abschnitt 1.2.2 gezeigt, nur mit den bereits bekannten Leitwerten Y, G und B zu tun.

Auf die erforderliche Umrechnung zwischen Reihen- und Parallelanordnung wurde im Abschnitt 1.2.2 hingewiesen *(L2, und* **P10, P11***)*.

Bei der Anwendung von Formeln aus der Fachliteratur muss darauf geachtet werden, dass man diese auch dem richtigen Schaltbild zuordnet.

Damit der Stoff sich nicht zu abstrakt verdichtet, machen wir wieder einige Übungen, bzw. Experimente: Wir wickeln eine einlagige Spule, die wir zuerst zu berechnen versuchen.

Für Spulen ohne magnetische Werkstoffe hat die Fachliteratur verschiedene Formeln bereit, die sich vor allem an den Abmessungen orientieren. Man unterscheidet zum Beispiel zwischen kurzen und langen Spulen, wobei vor allem das Verhältnis des Durchmessers zur Länge der Spule von Bedeutung ist.

1.5.1 Eine Experimentierspule …

… soll uns nun an den Umgang mit Spulen im Hf-Bereich heranführen. Dazu wickeln wir eine einlagige Zylinderspule auf einen Körper aus Plastik. Die Abmessungen wurden bewusst sehr großzügig gewählt:

Mit dieser Spule probieren wir nun etwas aus, wovor eingangs gewarnt wurde: Wir berechnen die Induktivität mit den Daten der Wicklung. Über das Internet haben wir Zugang zu zahlreichen Portalen, die das Rechnen für uns übernehmen und nur nach den Abmessungen fragen.

Die Abmessungen: Durchmesser des Spulenkörpers: 81,5 mm, Länge der Wicklung; 95 mm, Windungszahl: 190
Die Berechnung nach dem im *Funktechnischen Arbeitsblatt Ind 21/22* (**P15**) beschriebenen Verfahren ergab eine Induktivität von 1,76 mH, nach einer in Wikipedia gefundenen Formel 1,79 mH und ein über das Internet erreichbarer Induktivitätsrechner zeigte das Ergebnis: L = 1,75 mH.   ***Bild 1-27*** $\Rightarrow$

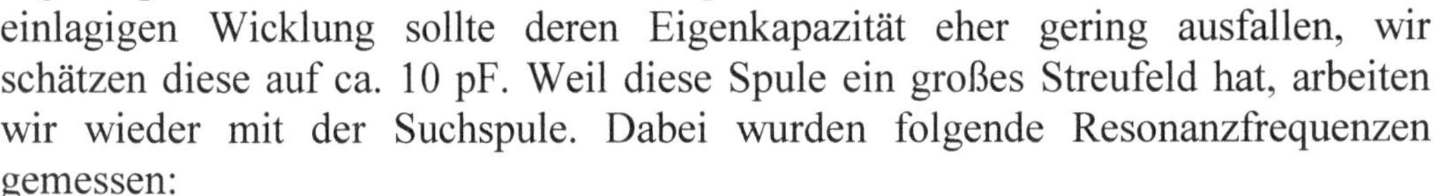

Wie im Bild rechts ersichtlich, wurde die Experimentierspule mit 3 Anzapfungen ausgeführt.

An diesen wurde nun – wie gewohnt – die Induktivität mit dem LCR – Meter gemessen: 0,38 – 0,86 – 1.33 – **1,7 mH**, eine überraschend gute Übereinstimmung mit den errechneten Werten.

Nun folgt – ebenfalls wie gewohnt – die Ermittlung der Eigenkapazität und der Resonanzfrequenz. Bei einer einlagigen Wicklung sollte deren Eigenkapazität eher gering ausfallen, wir schätzen diese auf ca. 10 pF. Weil diese Spule ein großes Streufeld hat, arbeiten wir wieder mit der Suchspule. Dabei wurden folgende Resonanzfrequenzen gemessen:

Resonanzfrequenz mit Tastkopf: 893 kHz

Mit Suchspule auf der Spule: 1478 kHz

Suchspule 10 cm entfernt: 1530 kHz

Wir sehen auch hier wieder die Wechselwirkung zwischen den beiden Spulen, aber eine Messung mit dem Tastkopf wäre hier nicht sinnvoll, was an den Messergebnissen ersichtlich ist.

Nun folgt – zur Kontrolle – die rechnerische Überprüfung mit den gemessenen Werten nach den bisher angewandten Methoden. Für diese Messungen justieren wir die Suchspule so, dass die Resonanzfrequenz f_L = 1500 kHz beträgt. Wegen des großen Streufeldes der Spule entfernen wir die in unmittelbarer Nähe liegenden Werkzeuge, auch auf die Hand in der Nähe reagiert die Spule noch in 30cm Entfernung.

Für eine zusätzliche Parallelkapazität C_P = C_L errechnen wir mit dem schon bekannten Ausdruck *(s. S. 15 oben rechts)* eine Resonanzfrequenz von f_{res} = 1060 kHz und stellen die dazu passende Parallelkapazität ein. Diese wurde mit C_P = 7,6 pF gemessen.

Weil wir die Induktivität vermutlich ziemlich genau ermitteln konnten, errechnen wir die zur Resonanzfrequenz 1500 kHz passende Kapazität C_L. Es werden nur 6,6 pF. Aber hier hat die Messgenauigkeit von kleinen Kapazitäten im einstelligen pF-Bereich seine Grenzen, wenn mit Anschlusskabeln gearbeitet wird.

Im Band 2 wird beschrieben, dass auch Störfelder im AM-Empfangsbereich mit Suchspulen geortet werden können. Genau dazu eignet sich die hier aufgebaute Spule mit ihrem ausgeprägten Streufeld. Verbindet man die Anzapfungen der Experimentierspule mit einem Drehkondensator und mit einem als Antenne wirkenden Draht, erreicht man den Lang- und Mittelwellenbereich und kann die Störsignale am Oszilloskop darstellen. Man wird ganz sicher fündig, haben wir doch im eigenen Haushalt jede Menge unsichtbare Elektronik in den modernen Geräten.

1.5.2 Bandbreite und Verstimmung …

… sind wichtig Themen, bzw. Messungen im Hochfrequenzbereich.

Wir ermitteln zunächst die Bandbreite mit der im Abschnitt 1.3 *(S. 29)* beschriebenen Methoden, das Ergebnis zeigt das Bild rechts. Die Bandbreite *(2 Δf)* wurde mit 62 kHz ermittelt. Im Bild wird nochmals deutlich, dass erst bei größerer Abweichung von der Resonanzfrequenz, +/– Δf ungleich werden. (Oszilloskop: analog, *Voltcraft 630*, Generator: digital, *RIGOL DG 1022*).

Weil die Dämpfung die Bandbreite beeinflusst, gilt auch die Beziehung $\Delta f = f_0 * d$ *(L7)* und für die Güte: $Q = f_0 / B$ *(hier: Q=24)*, so dass sich der parallele Verlustwiderstand *(=Resonanzwiderstand)* $R_0 = 384$ kOhm errechnen lässt *(s. Anhang A.4)*. Zur Kontrolle schaltet man diesen Widerstand nochmals zusätzlich parallel, dann sollte sich die Bandbreite verdoppeln.

Im Abschnitt 1.3.1 wird auf die uns schon bekannte grafische Methode zur Ermittlung der Verlustwiderstände hingewiesen, die auch auf den Parallel-schwingkreis angewendet werden kann. s. im *Bild 1-20* und *1-29 (rechts)*. Man findet für diese vielseitig anwendbare Methode auch die Bezeichnung "Pauli-Gerade".

Bild 1-29 $\Rightarrow$

Auf der Ordinate wird die Amplitude der Spannung bei konstantem Strom

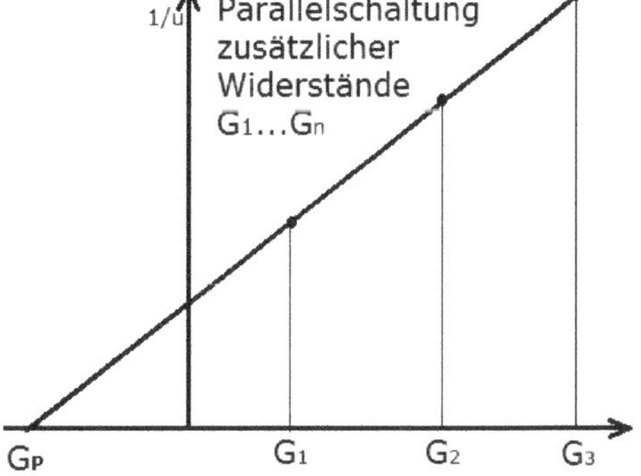

aufgetragen.

Als Verstimmung bezeichnet man jede Abweichung von der Resonanzfrequenz, die durch Veränderung der Frequenz, der Induktivität oder der Kapazität erfolgen kann, wobei jeweils die anderen beiden Parameter unverändert bleiben. Die soeben besprochene Bandbreite bei dem 0,7-fachen Wert der Amplitude entspricht auch einer Verstimmung, die wir im Abschnitt 1.3 als eine "45^0 Bedingung" kennen gelernt haben. Bei f_0 +/- Δf beträgt der Phasen- bzw. Verlustwinkel +/- 45^0. Als interessante Formel kennt man die **normierte Verstimmung Ω,**

$$\Omega = 2Q\frac{\Delta f}{f_{res}}$$

die sich zur Überprüfung von Rechenergebnissen eignet. Setzt man die bisher ermittelten Werte ein, so erhält man "0,99", das ist praktisch die erwartete "1". Bei Kontrollrechnungen sind geringe Abweichungen der Ergebnisse normal, was auch auf die Wandlung des realen Schwingkreises zum Ersatzschaltbild, zurückzuführen ist.

1.5.3 Wozu gibt es Quadratische Gleichungen?

Die Antwort liegt auf der Hand: Um die Bandbreite berechnen und damit die Messungen bestätigen zu können.

In den bisher abgehandelten Übungen wurde deutlich, dass durch richtiges Messen Resultate − das gilt auch für die Bandbreite − mit mehr als ausreichender Genauigkeit erzielt werden können. Quadratische Gleichungen haben also in einem praxisorientierten Buch nichts verloren.

Ich erlaube mir daher eine Anmerkung in eigener Sache: Quadratische Gleichungen haben mich schon während der Schulzeit beeindruckt, mit einer Gleichung zwei Resultate erzielen zu können, erschien mir genial. Ich versuche mich kurz zu fassen, Details findet man im Anhang A.4. Wer sich aber erstmals mit diesem Thema befasst, wird am Mathematikbuch oder einem einschlägigen Internet-Portal nicht vorbeikommen. In der Fachliteratur wird dieser Weg selten aufgezeigt *(in den neueren Auflagen von L3 wird man fündig).*

Die beiden Resultate, das sind hier die untere (fu) und die obere (fo) Grenzfrequenz der Bandbreite. Der Schlüssel liegt in dem Einfluss des reellen Wirkwiderstandes R auf die Bandbreite.

An die bereits im Abschnitt 1.5.1 gezeigte Experimentierspule wurde ein Tastkopf und ein Kondensator angeschlossen, so dass die gesamte Parallelkapazität ca. 270 pF beträgt. Folgende Daten wurden durch Messungen ermittelt:

Resonanzfrequenz fo = 233,7 kHz, Bandbreite B = 13 kHz, untere Grenzfrequenz fu = 227,2 kHz, obere Grenzfrequenz fo = 240,2 kHz, L = 1,72 mH, Q = 18 (fo/B). Auf eine erforderliche Umrechnung des realen Schwingkreises *(Bild 1-30a)* in

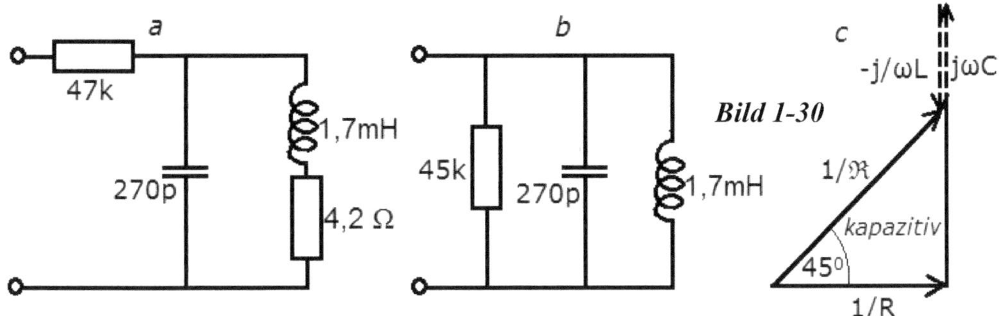

einen reinen Parallelschwingkreis *(Bild 1-30b)* wurde schon im Abschnitt 1.2.2 hingewiesen. Ohne diese Umwandlung können die für Parallelschwingkreise gültigen Rechenmethoden nicht angewandt werden.

Die Umrechnung wird im Anhang *A.3* näher erläutert, darüber hinaus findet man im Verzeichnis der weiterführenden Literatur (**P10, P11**) ausführliche Beschreibungen. Über das Internet findet man dazu zahlreiche einschlägige Veröffentlichungen der Hoch-, Fach- und Berufsschulen.

Bild 1-30 "**a**" zeigt die reale Schaltungsanordnung, "**b**" die äquivalente Parallelschaltung.

Weil sowohl bei der oberen als auch bei der unteren Grenzfrequenz die durch Blindwiderstände bedingte Phasenverschiebung exakt 45^0 beträgt (*Bild* "c"), haben die Schenkel des rechtwinkligen Dreiecks die gleiche Länge: Der reale ohmsche Leitwert 1/R ist gleich dem Betrag des Blindleitwertes (*s. auch Abschnitt 1.1.3*). Bei der oberen Grenzfrequenz sieht das dann so aus:

$$\frac{1}{R} = \omega_o \cdot C - \frac{1}{\omega_o \cdot L} \qquad (R = \text{Parallelwiderstand}, \omega_o = \text{obere Grenzfrequenz.})$$

Nach der bisher verwendeten Formel ergibt sich: R = 45 kΩ

Dieser Wert wurde nach der vorstehenden Formel errechnet und experimentell bestätigt: bei Zuschaltung eines Widerstandes gleicher Größe verdoppelt sich die Bandbreite *(siehe auch Abschnitt 1.5.2, S. 39)*.

Plausibilitätskontrolle: Bei dem im Bild 1-30a gezeigten ohmschen Widerstand (4,2 Ω) **handelt es sich um den Drahtwiderstand der Spule,** die Bedämpfung des Kreises ist relativ gering. Daher muss ein äquivalenter Parallelwiderstand relativ groß ausfallen, damit die Bedämpfung ebenfalls gering ausfällt: Je kleiner der Reihenwiderstand, desto größer der daraus resultierende Parallelwiderstand.

Weil es sich bei der Darstellung im Bild "c" um die Leitwerte handelt, ist der abgebildete Parallelkreis kapazitiv (f$_o$ > f$_0$) *(s. Abschnitt 1.2.2)*.

Nun zu den mit einer Quadratischen Gleichung erzielbaren Lösungen *(s. Anhang A.4):* Wir gewinnen eine weitere handliche Formel zur Kontrolle unserer

Messergebnisse, mit der sich vor allem, nach Messung der Bandbreite, der Parallelwiderstand R_P unkompliziert errechnen, bzw. überprüfen lässt.

$$B = \frac{1}{2\pi \cdot R_P C} = 13\,\text{kHz}$$

Für einen Reihenschwingkreis sieht diese Formel anders aus: $B = \dfrac{R_R}{2\pi L}$

Weil aber die Bandbreite in beiden Formaten gleich bleibt, können wir die beiden Ausdrücke gleichsetzen und R_R oder R_P auf einfache Weise errechnen, zum Beispiel: $R_P = \dfrac{L}{R_R C}$

Das L/C-Verhältnis eines Schwingkreises ist ein weiterer Punkt, der die Qualität eines Schwingkreises beeinflusst und auch den Anforderungen entsprechen muss:

1.5.4 Gibt es ein *"richtiges"* L/C-Verhältnis?

Im Hf-Bereich haben wir es sowohl mit abstimmbaren Schwingkreisen zu tun als auch mit solchen, für die eine absolute Frequenzkonstanz erforderlich ist. Das sind zum einen die Eingangs- und Oszillatorkreise und zum anderen die Bandfilterkreise, s. auch **P20**.

Im Abschnitt 1.4 *(Bild 1-23)* haben wir gesehen, dass man bei Schwingkreisen hochwertige Kondensatoren verwenden sollte, um den Kreis nicht zu sehr zu bedämpfen. Aus dem gleichen Grund sollte ein großes L/C-Verhältnis gewählt werden, aber ein zu großes L/C-Verhältnis gefährdet auch die Stabilität des Kreises. Man muss die Schaltungskapazitäten berücksichtigen, die bei einem einfachen Schwingkreis mit einem Trimmer-Kondensator oder mit einem einstellbaren Spulenkern ausgeglichen werden können. Für den parallel geschalteten Trimmer finden wir im AM-Bereich zum Beispiel die Größen 15 - 45 pF. Hier ent-

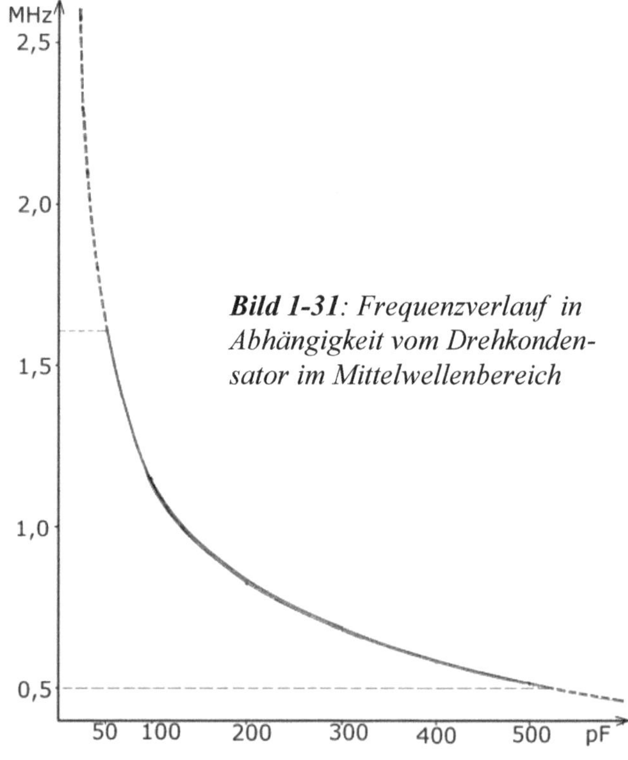

Bild 1-31: *Frequenzverlauf in Abhängigkeit vom Drehkondensator im Mittelwellenbereich*

spricht der untere Wert bereits einem Vielfachen der Wicklungskapazität. Wenn wir es dabei belassen, die wicklungs- und schaltungsbedingte Kapazität mit 10 pF ansetzen, hätten wir bei Mittelstellung des Trimmers ca. 40 pF zu berücksichtigen. Die Wicklungskapazität fällt jetzt vergleichsweise geringer aus, weil die Spulen der AM- Bereiche einen Ferritkern haben, der eine wesentlich höhere Induktivität pro Windung bewirkt.

Den Kapazitätsbereich des Drehkondensators für die AM- Vorkreise messen wir zu 15 bis 530 pF. Wir haben dann einen Bereich von $C_U = 55$ pF und $C_O = 570$ pF. Bei

$$C_O = \frac{f_O{}^2}{f_U{}^2} C_U = 570\,pF$$

Verwendung eines Drehkondensators zur Abstimmung des Kreises sind die Werte von evtl. zusätzlichen Parallelkondensatoren nicht frei wählbar, wie folgendes Beispiel zeigt: untere Frequenz $f_u = 0,50$ MHz, obere Frequenz $f_o = 1,61$ MHz Zu diesem Thema steht ein PDF zur Verfügung *(s. Anlage **P72**)*.

Wir befassen uns noch einmal mit der auch schon im Abschnitt 1.5.4 *(Bild 1-31)* dargestellten Problematik des L/C – Verhältnisses. Dazu nehmen wir jetzt eine aus dem AM-Bereich eines Radios ausgebaute Spule: 0,19 mH bei etwa zur Hälfte eingedrehtem Kern, Wicklungskapazität ca. 5 pF.

Bild 1-31 zeigt den Verlauf der Resonanzfrequenz bei einem parallel geschalteten Drehkondensator, den Betriebsbedingungen im MW-Bereich entsprechend. Man sieht deutlich, dass der durchstimmbare Bereich im *"richtigen"* Bereich liegt. Der nichtlineare Verlauf zwischen 500 und 1600 KHz wird durch die Geometrie der Rotorplatten linearisiert, so dass man – gefühlt – einen gleichen Kanalabstand über die ganze Skalenbreite hat (s. **P18**).

Die folgende bestens bekannte Formel rechts zeigt in diesem Zusammenhang zwei Dinge:

$$f_{res} = \frac{1}{2\pi\sqrt{LC}}$$

Den Verlauf einer Hyperbel als Funktion von C und die Abhängigkeit vom Wert der Induktivität L. Das bedeutet, dass die Skala des Radios nur für einen bestimmten Wert von L stimmt.

Also eine Warnung vor dem Herumprobieren an den Spulenkernen.

Wir sehen auch, warum es nicht sinnvoll ist, mit Tastköpfen Messungen an den Vorstufen der Empfangsbereiche durzuführen. Eine Funktionskontrolle ist dagegen möglich, sollte aber eher mit einer Suchspule durchgeführt werden. Ein Tastkopf kann im ungünstigen Fall einen noch schwingenden Oszillator verstummen lassen. Tastköpfe haben eine Kapazität von 15 (1:10) bis 47 (1:1) pF. Die Kapazität von Hf-Tastköpfen ist <10. Es versteht sich von selbst, dass man im Hochfrequenzbereich die Position 1:10 wählt.

Das zuletzt beschriebene Beispiel zeigt, dass in bestimmten Konstellationen bereits die Differenz von einem pF zu deutlichen Abweichungen führen kann. Erhöht man z.B. den Wert C_U um 1 pF, so reduziert sich die Frequenz um ca. 14 kHz, das entspricht der 1,5- fachen Bandbreite der AM-Bereiche. Wie wir aber festgestellt haben, ist die Kapazitätsmessung mit einer Genauigkeit von +/- 1 pF gar nicht so einfach.

1.5.5 Die Messung kleiner Kapazitäten im Eigenbau …

… ist auch möglich. In den 50er/60er Jahren standen dem Amateur keine Kapazitätsmessgeräte zur Verfügung. Man behalf sich mit selbst gebauten einfachen Vorrichtungen, die zum Beispiel die gerade beklagte Sensibilität der Resonanzfrequenz ausnutzten. Das Bild rechts (L11, **P146**) zeigt ein Beispiel für einen Bauvorschlag zur Messung von Kapazitäten und Induktivitäten. Es handelt sich um einen einfachen Detektorempfänger, der auf einen stark einfallenden Ortssender im Mittelwellenbereich eingestellt wurde. Der Drehkondensator erhält eine runde Scheibe aus Hartpapier, die in pF-Bereich geeicht und beschriftet wird. In der Schalterstellung

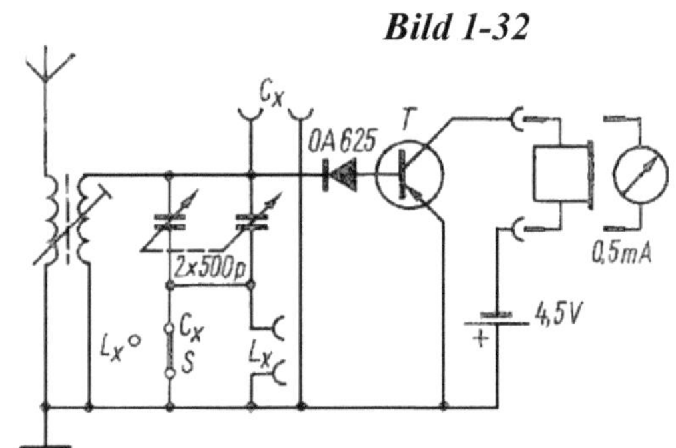

"C_X" wird der zu prüfende Kondensator an die Buchsen C_X angeschlossen und der Drehkondensator wieder auf den Ortssender eingestellt.

Wir ändern diese Schaltung so, dass die **Kapazität von Tastköpfen** gemessen werden kann, der Messbereich sollte im Bereich 3 bis 50 pF liegen. Dazu brauchen wir vermutlich andere Werte für den Drehkondensator und einen Ortssender im MW-Bereich. Letzteren haben wir schon, wenn wir dem Bauvorschlag im Band 2 *(Abschnitt 9.5.2, S. 163)* gefolgt sind *(s. auch im Bild 1-33 rechts)*. Der Preis für den verwendeten Oszillatorbaustein liegt bei ca. einem Euro. Für die Ermittlung der passenden Induktivität des Resonanzkreises kann der Drehkondensator vorübergehend durch einen hochwertigen Festkondensator *(Styroflex, Keramik oder Glimmer)* ersetzt werden, der genaue Abgleich kann durch den Ferritkern im Spulenkörper erfolgen. Diese Angabe und vor allem die Kurve

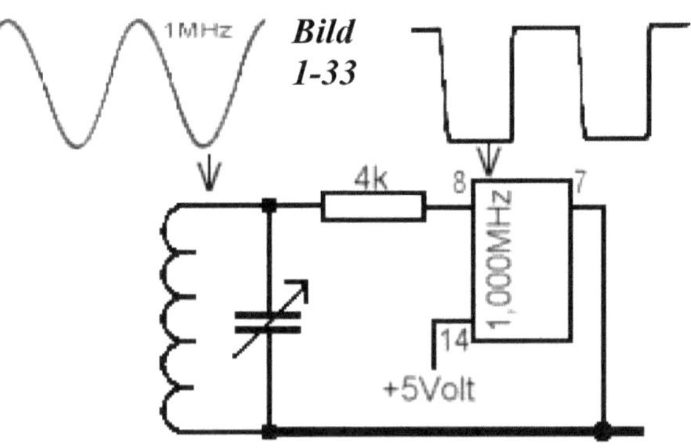

im Bild 1-31 sollten dem Leser ausreichen, um eine passende Schaltung zu entwerfen. Man kann den 1 MHz-Oszillator gesondert aufbauen oder in die Schaltung gemäß *Bild 1-33* integrieren. Bei gesondertem Aufbau kann der Oszillator auch für andere Zwecke verwendet werden, was in Anbetracht der Oberwellen des Rechteckpulses interessant sein könnte *(s. im Band 2, Abschnitt 4.9)*. Als eine weitere Variante kann der mit dem zu messenden Tastkopf zu verstimmende Schwingkreis als Oszillator aufgebaut werden, die Kompensation der Verstimmung erfolgt dann auf die Schwebungslücke *(s. Band 2, Abschnitte 4.2.2, 8.1 und 9.5.3)*

Bei allen Varianten ist auf eine Abschirmung der Schwingkreisspulen zu achten, um einer Beeinflussung der Streufelder entgegen zu wirken.

Ein Realisierungsbeispiel folgt trotzdem, eine einfache und nachbausichere Lösung. Wir ersetzen den Resonanzkreis im Bild 1-34

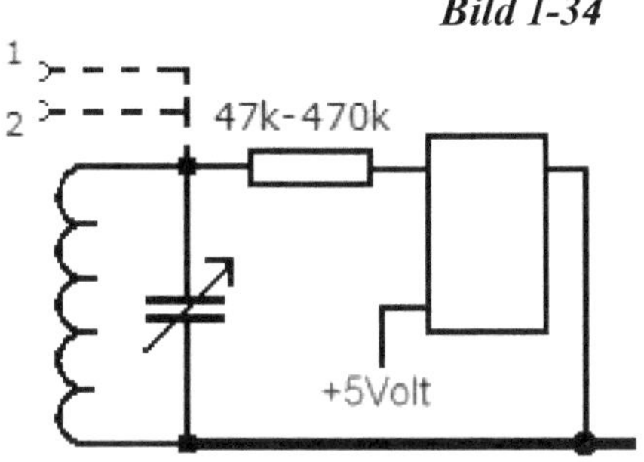

durch die im Abschnitt 1.5.4 verwendete Konfiguration, die Kopplung erfolgt durch einen Widerstand im zwei- bis dreistelligen kOhm-Bereich, um den Resonanzkreis nicht zu stark zu bedämpfen. Versuchsweise wurden Werte von 47 k bis 470 k verwendet. An den oberen Anschluss (1) des Resonanzkreises schließen wir einen Tastkopf in 1:10-Einstellung an und suchen mit dem Drehkondensator die Resonanzfrequenz bei 1 MHz *(maximaler Ausschlag am Oszilloskop)*. An dem Achsstummel des Drehkondensators montieren wir einen Einstellknopf mit einer runden Skalenscheibe, die für die Resonanzposition *(mit immer dem selben Tastkopf)* die Markierung *"0 pF"* erhält. Die Skala wird dann mit Hilfe von einigen Referenzkondensatoren geeicht. Diese werden – wie später auch die zu messenden Objekte - jeweils am unteren Anschluss *(2)* - unter Beibehaltung des bereits am Anschluss 1 liegenden Tastkopfes – angeklemmt. Der Messbereich kann durch Änderung der Kapazität des Drehkondensators variiert werden. Man kann einen Parallelkondensator oder einen seriellen *(Verkürzungs)*-Kondensator zuschalten, oder auch die Induktivität der Spule ändern.

Wie im Bild *1-32* gezeigt, kann die Schaltung auch für die Messung von Induktivitäten erweitert werden. Um die Testvorrichtung möglichst autonom verwenden zu können, fügt man eine – ebenfalls im Bild *1-32* gezeigte – Anzeigevorrichtung mit einem Drehspulinstrument hinzu. Weil die Spannung an unserem Resonanzkreis deutlich größer als an dem im Bild 1-32 gezeigten Detektorempfänger ist, kann der Transistor zur Verstärkung entfallen.

Wir schließen statt des Oszilloskops ein Drehspulinstrument im µA- Bereich in Reihe mit einer Diode an. Passende Drehspul*(einbau)*instrumente findet man preiswert auf Sammlerflohmärkten.

Damit hätten wir ein einfaches und preiswertes Prüfgerät mit ausreichender Genauigkeit. Der zusätzliche Nutzen durch das quarzgenaue Signal in Sinus- und Rechteckform bei der Fehlersuche wurde im Band 2 beschrieben.

Bild 1-35

Versuchsschaltungen baut man zweckmäßig mit Experimentierplatinen auf, um durch Verbindungskabel bedingte Probleme zu vermeiden. Bild 1-35 zeigt ein Beispiel mit einem einfachen ein/aus-Schalter. Der Drehkondensator wurde nicht mit aufgebaut, um verschiedene Exemplare testen zu können. Die fertige Schaltung mit Drehkondensator sollte eine Abschirmung erhalten.

Wegen des geringen Stromverbrauchs wird die Spannungsversorgung durch 4x AAA- Akkus empfohlen, evtl. mit einer 2 mA Leuchtdiode als Spannungsanzeige. Bei der Verwendung von Batterien wird die Spannung etwas zu hoch, man kann diese aber durch 2 Dioden in der Spanungszuführung reduzieren.

Um Missverständnisse zu vermeiden sei darauf hingewiesen, dass im Bild *1-28* im Gegensatz zu unserer Lösung, ein Serienresonanzkreis gezeigt wird.

1.6 RC-Koppelglieder

Die Kombination L-R *(s. Abschnitt 1.1),* ergab sich zwangsläufig, weil jede Spule auch einen ohmschen Widerstand hat. Im Bereich der Resonanzfrequenz, die mit der Eigenkapazität der Spule erreicht wird, hatten wir es dann mit Resonanzkreisen zu tun. Diese Kombination verhält sich aber nur weit unterhalb der Resonanzfrequenz wie eine Spule.

Der Einsatz von Kondensatoren erfolgt in verschiedenen Funktionen: Im Netzteil (s. **P90**) zur Glättung der Spannung, im Hf-Teil zum Abblocken der Spannungsversorgung gegen Hf-Signale oder in Resonanzkreisen, im Nf-Teil zur Klangformung und als **RC-Koppelglied.**

Typisch ist das Koppelglied zum Gitter der Endröhren. Diese Glieder sollten möglichst frequenzunabhängig arbeiten. Das ist gegeben, wenn der Widerstand *(1/ωC)* des Kondensators möglichst klein gegen den des reellen Widerstandes R ist, was im Bild *1-36* sichtbar wird. Die Darstellung entspricht dem Bild 1-4 im

Abschnitt 1.1.3, jedoch wird die Spule durch einen Kondensator ersetzt. *(Ck= Koppelkondensator, Rg = Gitterableitwiderstand einer Endröhre).*

Die Bedingung $\left(\dfrac{1}{\omega C} \ll R\right)$ wird bei hohen Frequenzen und / oder durch einen großen Wert des Kondensators

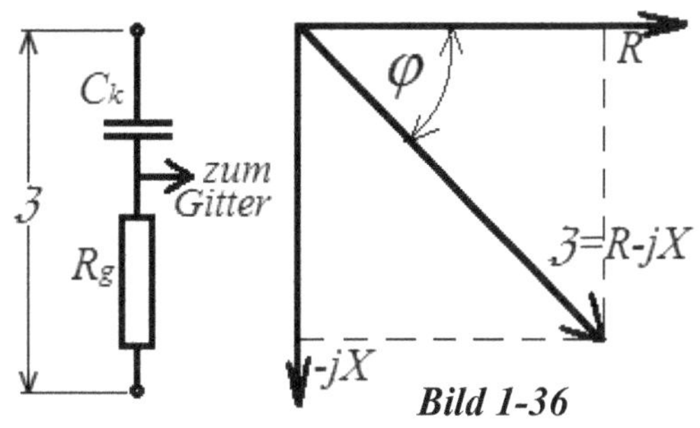

Bild 1-36

erreicht. Daher müssen wir besonders auf den unteren Frequenzbereich achten.
Auch bei Koppelgliedern gilt für die untere Frequenzgrenze des Übertragungsbcrcichcs dcr Wert "0,7 " *(sin45⁰)*, der bei der Bedingung **Rc = Rg** erreicht wird. Weil Rg und Ck vom gleichen Strom durchflossen werden, ist das Zeigerdiagramm im *Bild 1-36* identisch mit dem Spannungsdiagramm. Wir betrachten die am Gitter liegende Spannung U_R.

Beispiel: Ck = 15nF, Rg = 1 MΩ. Die untere Frequenzgrenze wird bei 10 Hz erreicht, hier sinkt die Amplitude des Signals (U_R) auf den 0,7-fachen Wert ab. (*s. Markierung* im *Bild 1-37*). Auch bei einem Wert von Ck = 10 nF, den wir in manchen Geräten finden, hätten wir mit fu = 16 Hz noch einen guten Abstand zum Beginn des tatsächlichen Übertragungsbereiches. Legen wir diesen Bereich mit 30 Hz fest, beträgt die Spannung am Gitter 85%, bei einer Frequenz von 50 Hz schon 95%. **Bild *1-37*** zeigt den prinzipiellen Verlauf *(gewobbelt)*, der Wert „0,7“ ist markiert.

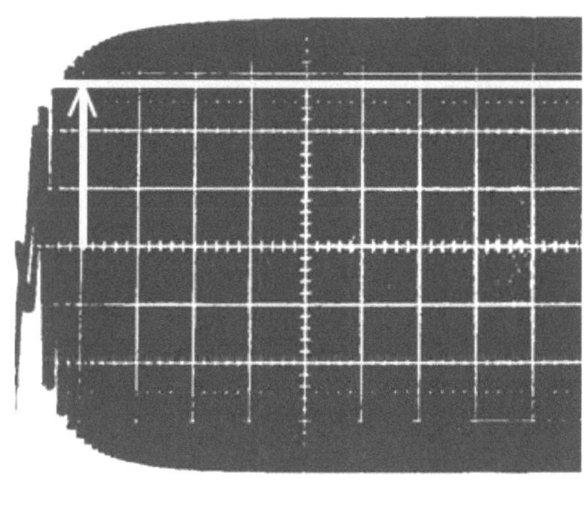

Bild 1-37

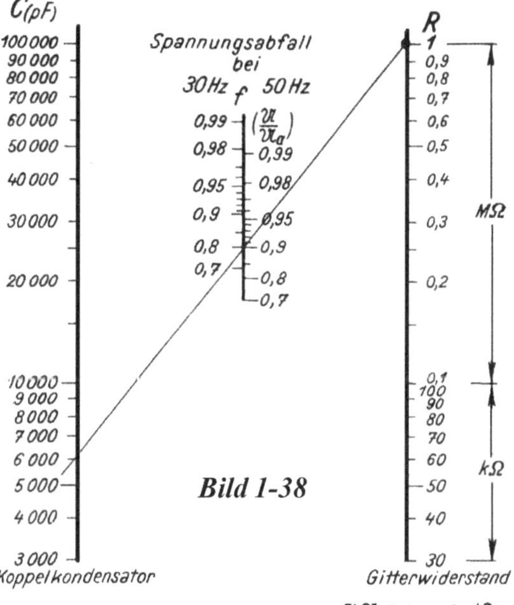

Bild 1-38

Fi 21, **2. Ausgabe** / 3 a
1. 1953

Diese Werte gelten jedoch nur für die im *Bild 1-36* gezeigte Versuchsanordnung, in der Praxis müssen eventuell die Widerstände der vorhergehenden Stufe einbezogen werden. Das ist im einfachsten Fall die Berücksichtigung des Widerstandes Ra der vorgeschalteten Röhre.

Weil diese Berechnungen für den Praktiker etwas aufwendig sind, hat man mit so genannten **Nomogrammen** gearbeitet, die eine einfache grafische Lösung mit dem Lineal ermöglichen. Das *Bild 1-38* aus den Funktechnischen Arbeitsblättern *(Anlage P7)* zeigt ein solches Nomogramm, das bereits in der Zeitschrift FUNK *(Heft 4, 1940)* veröffentlicht wurde. In der Anlage **P7a** findet man eine großformatige Darstellung dieses Nomogramms zum Ausdrucken und zum Üben.

Mit Pythagoras und den Winkelfunktionen können wir ebenfalls Rechenvorgänge vermeiden, wenn wir eine Tabelle der Tangens- und Cosinuswerte von 0 bis 45^0 zur Hand haben. Dabei kommt uns zu Gute, dass sich der Wert des Gitterableitwiderstandes ($1M\Omega$) nicht ändert. Wir ermitteln Tangens φ, das ist er Wert $1/\omega C$, und lesen die Größe des Winkels aus der Tabelle ab. Der Cosinus dieses Winkels ist der gesuchte Spannungsfaktor zwischen 0,7 *($\hat{=} 45^0$)* und 1,0 *($\hat{=} 0^0$)*.

Sind wir der Empfehlung gefolgt, die Koppelkondensatoren zwischen einer Anode und einem folgenden Gitter grundsätzlich zu ersetzen, haben wir den Kapazitätswert des Kondensators bereits geprüft.

Nun betrachten wir die Übergänge im Bereich der unteren Grenzfrequenzen *(s. Bild 1-37)* noch an einem Diagramm:

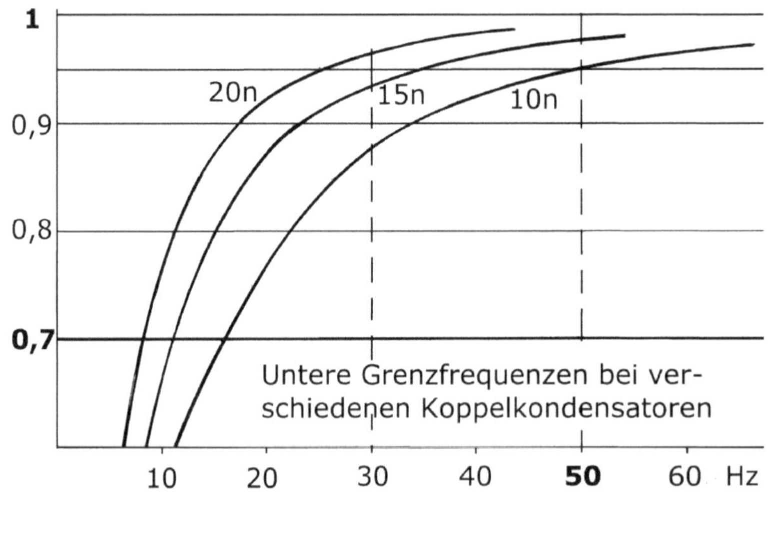

Bild 1-39

2. Schaltungstechnik im Bereich der Tonfrequenzen

Holzhacken ist deshalb so beliebt, weil man
bei dieser Tätigkeit den Erfolg sofort sieht.
Albert Einstein

Der grundsätzliche Aufbau des Nf-Teils wurde in den ersten beiden Bänden beschrieben. In den folgenden Abschnitten wird die Dimensionierung der einzelnen Schaltungsglieder behandelt, was auch hier vor allem die Messmethoden einschließt. Denn diese sind Voraussetzung für selbst geplante Änderungen zur Anpassung an heutige Gegebenheiten und individuelle Vorstellungen. Die Massenproduktion von Röhrenradios in den 50er und 60er Jahren hinterließ nicht nur eine bemerkenswerte Vielfalt erhaltenswerter Geräte, sondern auch solche mit erheblichen Schäden, einzelnen Baugruppen und Teilen. Letztere sind zu schade für den Schrottplatz, denn sie wurden überwiegend durch Handmontage zusammengefügt, was eine gewisse Achtung rechtfertigt. Im Fokus der folgenden Abschnitte stehen daher Baugruppen und Funktionseinheiten. Sie mögen zu eigenen, selbst konzipierten Schaltungsvarianten und zum Experimentieren anregen.

2.1 Die Endstufe …

… umfasst den Ausgangstransformator, den Lautsprecher und die Endpentode(n). Wir betrachten die Eintaktversion, die Unterschiede zur Gegentaktversion wurden bereits im zweiten Band abgehandelt. Vor allem wurde die Fehlersuche anhand von Spannungsmessungen mit dem Oszilloskop beschrieben. Wir machen dort weiter und versuchen nun die an den Lautsprecher abgegebene Leistung zu bestimmen, bzw. eine vorgegebene Leistung schaltungstechnisch umzusetzen. Obwohl sich die Endstufe mit ihren wenigen Bauteilen sehr übersichtlich darstellt, bietet sie dem fortgeschrittenen Restaurateur einige interessante Variationsmöglichkeiten. Sie wird daher ausführlich besprochen.

2.1.1 Die abgegebene Leistung …

… können wir mit einer Spannungsmessung *(an 5 Ω)* kontrollieren. Dabei haben wir die Wahl zwischen zwei Messmethoden: Die Messung der Amplitude mit dem Oszilloskop oder die Messung des Effektivwertes mit einem für die Frequenzen im Tonfrequenzbereich geeigneten Multimeter, denn wir messen jetzt bei 800 Hz. Steht nur ein einfaches Messinstrument zur Verfügung, misst man bei 50 Hz.

Bereits im ersten Band wurde die Beziehung $U_{eff} = 0{,}7 \cdot \hat{U}$ gezeigt. Weil die Ablesegenauigkeit am Oszilloskop bei der doppelten Amplitude (U_{SS}) größer ist, rechnen wir wie folgt: $U_{eff} = 0{,}35 \cdot U_{SS}$. Die Bezeichnung "Spitze-Spitze" *(ss)* ist heute der Bezeichnung "peak to peak" *(pp)*, die wir zum Beispiel an den Messgeräten finden, gewichen. Für die Bezeichnung "Effektivwert" findet man auch den *"quadratischen Mittelwert"*, was wie folgt *(Bild 2-1)* verdeutlicht werden kann:

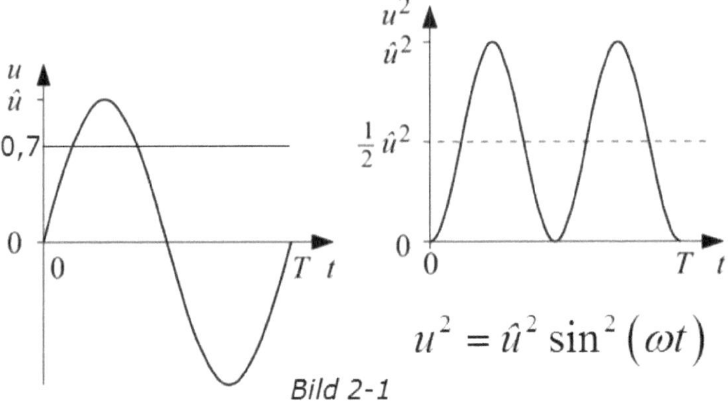

$$u^2 = \hat{u}^2 \sin^2\left(\omega t\right)$$

Bild 2-1

Frühere Messinstrumente haben die Leistung $(N, P) = \dfrac{U^2}{R}$ gemessen. Man erkennt diese Instrumente daher auch an den nicht linear geteilten Skalen in Volt oder Ampere. Stellt man den Bezug zur Amplitude her, folgt:

$$U_{eff} = \sqrt{\hat{u}^2 \cdot \frac{1}{2}} = \hat{u} \cdot \frac{1}{\sqrt{2}} = 0{,}7 \cdot \hat{u}$$

Wir versuchen nun, die tatsächlich abgegebene Schall-Leistung mit der empfundenen Lautstärke abzugleichen, damit bei dem Entwurf einer Endstufe praxisnah gearbeitet werden kann.

Das könnte – nach einem Selbstversuch – ungefähr wie folgt *(Bild 2-2)* aussehen:

    Zimmerlautstärke: $< 0{,}1$ W
    Etage: $0{,}1$ W
    Für die Nachbarn: $0{,}5$ W

Ein großer Teil der Leistung geht als Verlustleistung in der Endröhre verloren, so dass die übliche Angabe der Gesamt- leistung *("Verstärkerleistung")* manch- mal sehr großzügig ausfällt.

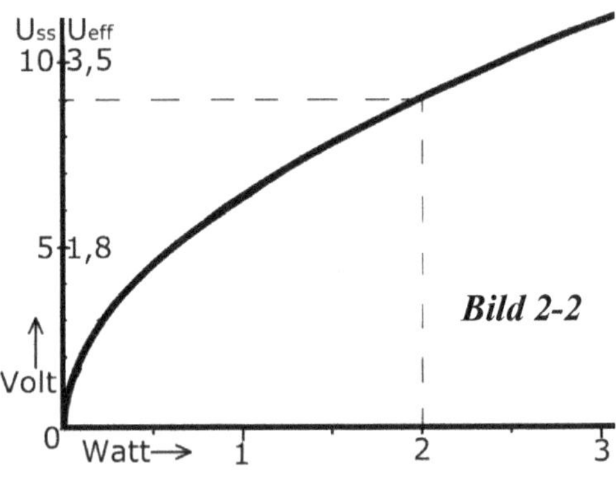

Wir messen bei erheblicher Lautstärke an einem 5-Ω-Lastwiderstand eine Wechselspannung mit $U_{SS} = 4$ Volt. Das entspricht einer Leistung von 0,4 Watt.

$$P_{\sim} = \frac{U_{SS}^{2}}{8 \cdot R}$$. Lassen sich Ergebnisse eigener Messungen nicht durch eine alternative Messmethode bestätigen, kann eine Plausibilitätskontrolle nützlich sein: Im *Taschenkalender für Rundfunktechniker 1941* findet man für einen Raum in Wohnzimmergröße *(ca. 100 m³)* die **erforderliche Schallleistung mit 0,06 Watt** angegeben. 16 Jahre später wurden *(Funkschau 10/1957)* für eine reichliche Zimmerlautstärke maximal 100 Milliwatt angegeben.

2.1.1941 Zimmerlautstärke mit Risiko im Jahr 1941

Sehr geehrte Leser(innen), bei der Nummerierung dieses Kapitels haben sich nicht die anhaltend hohen Temperaturen im Sommer 2018 ausgewirkt, es handelt sich um das Geburtsjahr des Verfassers, der im dritten Kriegsjahr das elektrische Licht der Welt in der Charité erblickt hat. Nach der nationalsozialistischen Propaganda war das *"kurz vor dem Endsieg"*.

In diesem Zusammenhang fällt ein paar Zeilen zurück die sparsame Angabe der Zimmerlautstärke von 60 Milliwatt im Jahr 1941 auf. Vermutlich wollten die Redakteure ihre Leser nicht verlieren, denn das Abhören von *"Feind"*-sendern wurde bestraft. Man lebte mit der Gefahr, dass ein mithörender Nachbar mit einer entsprechenden Meldung Punkte sammeln wollte. Aber auch damals gehörte der experimentelle Aufbau eines Senders zur Königsdisziplin des Radiobastlers. Schwarz senden ist heute immer noch verboten, aber in den Kriegsjahren war es lebensgefährlich.

Ebenfalls im Jahrgang 1941 findet man in der Beilage "CQ" zur Zeitschrift FUNK den folgenden Hinweis:

Schwarzsenden ist Landesverrat
Jedem Schwarzsender droht die Todesstrafe

Berlin, 23. Mai 1941

Die Erfahrungen des Krieges veranlassen das Oberkommando der Wehrmacht zu folgender Warnung:
Schon im Frieden ist das Schwarzsenden vermittels einer Funkanlage grundsätzlich mit Zuchthausstrafe bedroht. Wer im Kriege schwarz- sendet, stellt sich daher außerhalb der Volksgemeinschaft und hat damit zu rechnen, als Landesverräter mit Zuchthaus oder Todesstrafe bestraft zu werden. Dies gilt ohne Ansehen der Person und des Alters und besonders für schwarzsendende Funkamateure, selbst wenn sie glauben, nur belanglosen Text zu senden. Darum: Achtung, Schwarzsender — Schwarzsenden ist Landesverrat! Der Präsident des DASD gez. **Sachs.**

Was hat das nun mit den Radios der 50er Jahre zu tun?

Eine ganze Menge. Es erklärt zum Teil die stürmische Entwicklung der deutschen Radioindustrie in der Nachkriegszeit. Viele Haushalte hatten das Radio kriegsbedingt verloren oder nach Kriegsende unfreiwillig *"gespendet"*. Es gab daher nicht nur eine Nachfrage nach Empfangsgeräten, sondern vor allem nach verlässlichen aktuellen Nachrichten. Das waren die Jahre der Notradios, die auch aus Restbeständen der Wehrmachtsröhren aufgebaut wurden. Bastler hörten den Ortssender mit Kopfhörer und Detektorapparat *(s. Band 2, S.88)*.

2.1.2 Leistung und Leistungsanpassung der Endstufe

Sowohl im ersten als auch im zweiten Band wird auf die Bedingung $R_a = R_i$ für eine maximale Leistungsübertragung hingewiesen (*s.* **P5**). Betrachten wir zunächst die Verlustleistung der Endröhre, die durch den Anodenstrom und die Anodenspannung verursacht wird: $P_V = U_a \cdot I_a$. Beide Werte können in den meisten Stromlaufplänen *(Schaltbildern)* abgelesen werden.

Beispiel: $U_a = 248$ V, $I_a = 40$ mA). Die Anodenverlustleistung ergibt sich zu $P_V \approx$ 10 Watt *($P_{vmax} = 12$ Watt)*. Das ist die Leistung, die wir, zuzüglich der am Heizfaden verbrannten Leistung *(5 Watt bei einer EL84),* − unter Vernachlässigung des Schirmgitterstromes − bei der Berührung des Glaskolbens spüren.

Bei den meisten Geräten der Mittelklasse liegen die Werte für Strom und Spannung deutlich darunter, aber hier *(40mA)* arbeitet die Endröhre EL84 auf drei große Lautsprecher.

Wird nun der Anodenstrom durch eine am Steuergitter eingespeiste sinusförmige Tonfrequenz moduliert, so ändert sich an der Leistungsaufnahme der Endröhre zunächst einmal gar nichts, denn die Aussteuerung erfolgt symmetrisch nach oben und nach unten, die Summe ist "0". Wird dagegen ein Transformator mit der Bedingung *Innenwiderstand = Außenwiderstand* an die Anode gelegt, so fließt ein Wechselstrom durch den Außenwiderstand. Dort steht nun die Wechselstromleistung P_a zur Verfügung. Das Verhältnis Verlust- zu Nutzleistung im Anpassungsfall kann auf verschiedene Weise dargestellt werden:

a: durch Messung und Berechnung…

…aus den Strom- und Spannungswerten bei verschiedenen Lastwiderständen. Weil wir im mittleren Frequenzbereich die Induktivitäten des Ausgangstransformators vernachlässigen können, arbeiten wir mit zwei ohmschen Widerständen gemäß der

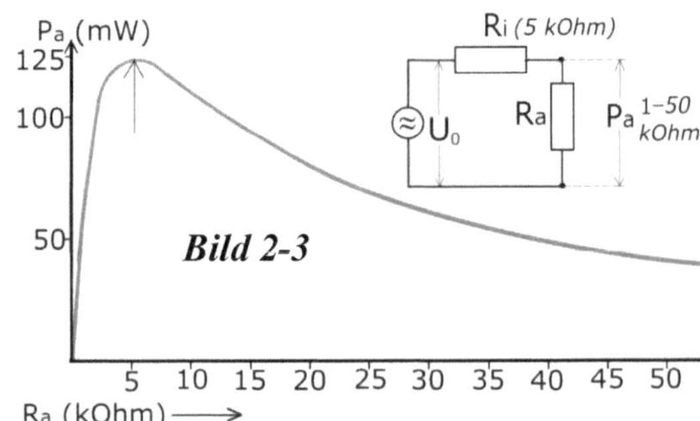

Anordnung im Bild 2-3. Ein Innenwiderstand R_i liegt, obwohl es wie eine Reihenschaltung aussieht, wechselstrommäßig parallel zum Außenwiderstand R_a. Tragen wir nun die bei verschiedenen Lastwiderständen die jeweils errechnete Ausgangsleistung als Funktion dieser Widerstände auf, so ist das Maximum dieser Leistung bei $R_a \approx 5$ kOhm deutlich sichtbar.

Dabei beträgt diese maximale Leistung am Lastwiderstand nur ¼ der maximalen *("inneren")* Generatorleistung, die am Widerstand R_i bei $R_a = 0$ zur Verfügung steht *s.* **P24, P26***)*.

Diese Generatorleistung stellt sich wie folgt dar: $P_i = U_0^2 / R_i$, die Leistung am Widerstand R_a dagegen: $\Longrightarrow$ $P_a = U_0^2 / 4R_i$, was wie folgt gezeigt werden kann:

$$P_a = R_a \cdot l_a^2 = \frac{U_0^2 \cdot R_a}{\left(R_i + R_a\right)^2} = \frac{U_0^2}{R_i} \cdot \frac{R_a / R_i}{\left(1 + \dfrac{R_a}{R_i}\right)^2},$$

mit $R_a / R_i = 1$ *(s. kleines Bild 2-3)* wird $P_a = \dfrac{1}{4}$ der Generatorleistung.

b: die elegante Lösung mit dem Differenzialkoeffizienten

(s. auch Anhang A.6 und **P22***)*. Setzt man die erste Ableitung des Differenzialquotienten des Ausdrucks $P_a = \dfrac{U_0^2 \cdot R_a}{\left(R_i + R_a\right)^2} = 0$, so wird daraus :

$U_0^2 \cdot (R_a + R_i)^2 - U_0^2 \cdot R_a (2 R_a + 2 R_i) = 0$ und schließlich: $R_i^2 = R_a^2$,

also: **Ri = Ra**

c: Die grafische Ermittlung der Wechselstromleistung …

… wurde von keinem Fachbuch ausgelassen: Das rechtwinklige Dreieck a,b,c *(s. Bild 2-4)* wird in das I_a / U_a – Kennlinienfeld *(s. Bild 2-5)* der Röhre eingezeichnet. Die Größe der Fläche des Dreiecks, die nur einem Viertel der gesamten Dreiecksfläche entspricht, ist der Wechselstromleistung proportional,: $P_\sim \triangleq ¼ \cdot F_\Delta$

$$F_\Delta = \frac{2 \cdot i_a \cdot 2 u_a}{2} = 2 \cdot i_a \cdot u_a$$

$$P_\sim = i_{a\text{-eff}} \cdot u_{a\text{-eff}} = \frac{\hat{i}_a}{\sqrt{2}} \cdot \frac{\hat{u}_a}{\sqrt{2}} = \frac{1}{2} \cdot \hat{i}_a \cdot \hat{u}_a$$

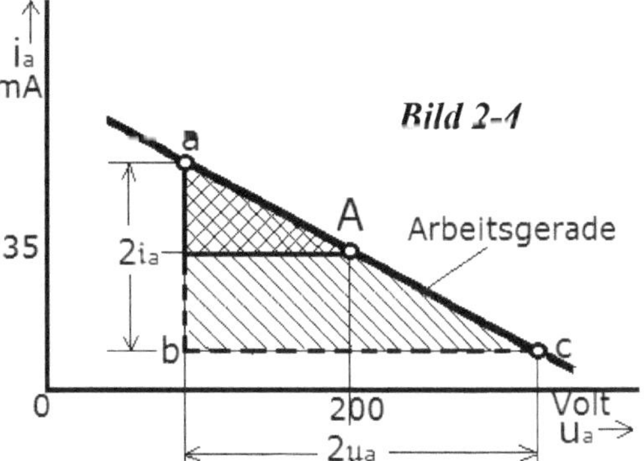

Die Darstellungen der Kennlinienfelder in der alten Fachliteratur sind unterschiedlich und oft auf den ersten Blick verwirrend. Das gilt zum Teil auch für die Bezeichnung der Spannungen und Ströme (Gleichstrom (I , i), Wechselstrom (J, i), Effektivwert, Spitzenwert *(Amplitude)*, doppelter Spitzenwert, Augenblickswert (u) Betrag (|U|), … *(siehe auch Anhang A.7)*

Stellvertretend für die vielen verschiedenen Darstellungen der Kennlinienfelder in der Fachliteratur betrachten wir die Kennlinien der EL84 im *Röhren-Handbuch von Ludwig Ratheiser (L14)* mit zwei möglichen Arbeitsgeraden *(s. Bild 2-5)*. Eine einfache Darstellung der Arbeitsgeraden *(Arbeitskennlinie)* finden wir bereits im zweiten Band, *(S. 38)*. Im *Bild 2-5* sehen wir sämtliche zum Entwurf einer Endstufe erforderlichen Daten. Vor allem ist auch die so genannte Leistungshyperbel *(Qa max)* eingezeichnet, die mit der Arbeitsgeraden nicht überschritten werden darf. Sie grenzt einen *"verbotenen Bereich"* ab.

Aus dem Diagramm geht auch hervor, dass der Innenwiderstand Ra von der Lage des Arbeitspunktes abhängt.

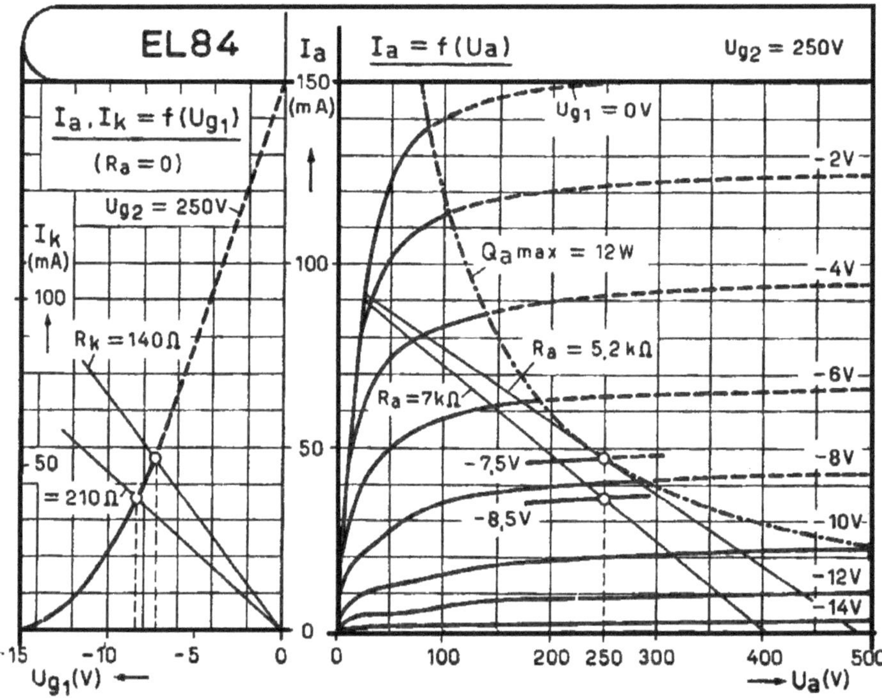

Bild 2-5: *Anodenstrom-Kennlinienfeld der EL 84 für 250 V Schirmgitterspannung. In das Kennlinienfeld sind die beiden in Betracht kommenden Arbeitspunkteinstellungen eingezeichnet (Kennlinien nach Tungsram, Watt).*

2.1.3 Der Ausgangstransformator

Bei der Dimensionierung ist die Festlegung der unteren
Grenzfrequenz des Transformators wichtig, weil der
frequenzabhängige Wechselstromwiderstand des Trafos
den Innenwiderstand der Endpentode nicht unterschreiten sollte. Das hat auch den Vorteil, dass wir
Wechselspannungs– und –strommessungen bis auf
weiteres mit einem einfachen Multimeter bei 50 Hz

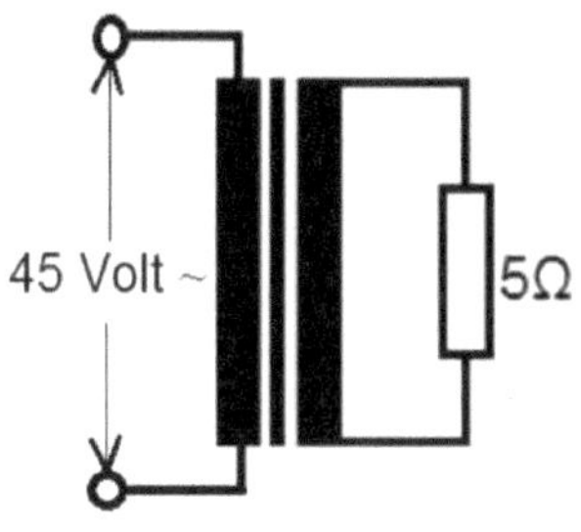

Bild 2-6

durchführen können. Die Sekundärwicklung eines vorhandenen Netztrafos liefert uns eine Wechselspannung ca. 45 Volt / 50 Hz *(s. Bild 2-6)*. Wir messen den Strom und erhalten den Wechselstromwiderstand $\underline{R}_{50Hz}$ = 5,5 kΩ, die
Induktivität errechnet sich zu **17,6 H**.

$$= \frac{\underline{U}}{\underline{I}} = \frac{45}{8,3} \left[\frac{V}{mA} \right] = 5,4\ k\Omega \qquad [R \approx 400\ \Omega, \quad \omega L = 5,4\ k\Omega]$$

$$L = \frac{\omega L}{\omega} = \frac{5400}{314} = 17,2\ H \quad (bei\ f = 50\ Hz) \qquad \left(\underline{R} \mathrel{\hat=} \mathfrak{R} \right)$$

Der Ausgangstransformator gehört zur Siemens Schatulle H42 **(P130)**, ein Gerät
der Mittelklasse mit einer EL84. Als Spannungsquelle für derartige Messungen bei
50 Hz eignen sich beliebige Transformatoren aus dem Vorrat. Spannungen bis ca.
60 Volt gelten als ungefährlich und eignen sich daher für den *"fliegenden Aufbau"*.
Bei diesen Messungen kommt es besonders darauf an, dass der sekundäre
Lastwiderstand genau passend gewählt wird. Wie man sieht, ist der durch den
Wicklungswiderstand von ca. 400 Ω bedingte Verlustwiderstand vernachlässigbar
klein. Die Differenz zwischen $\mathfrak{R}$ und ωL ist *(laut Pythagoras)* < 1%.

Wir messen noch einen Universal-Ausgangstransformator aus zeitnaher Fertigung
(TBT/ATR14), der für eine maximale Leistung von 10 Watt ausgelegt wurde
(primär: 1,3- 2- 3- 4- 5,2- 6,6 - 8,2 kΩ, sekundär: 4- 8 Ohm, s. Abschnitt 2.1.3.7).
Die Messung mit 45 Volt / 50 Hz ergibt am 5,2 kΩ-Anschluss einen Strom von
7,8 m A, was auf einen etwas größeren *(ca. 5%)* Wechselstromwiderstand *(5,8
kOhm)* bei 50 Hz hinweist. Damit liegt die untere Grenzfrequenz tiefer als bei
dem zuvor gemessenen Transformator. Der Zusammenhang erklärt sich wie folgt:
In der Funkschau 1-5,7,8/1958 ist ein gut verständlicher Aufsatz von *Otto
Limann* **(P36)** abgedruckt. Ein Berechnungsbeispiel bei der unteren
Grenzfrequenz f_u = 50 Hz enthält einen Sicherheitszuschlag von 1,3, um die
tieferen Frequenzen besser übertragen zu können.

$$\omega \cdot L = R \quad ====\!\!=> \quad 2 \cdot \pi \cdot f_u \cdot L = \mathbf{1,3} \cdot R_a \quad ====\!\!=> \quad L = \frac{\mathbf{1,3} \cdot 5200}{2 \cdot \pi \cdot 50} = 21,5\ H$$

Das ergibt eine gute Übereinstimmung mit der zuerst *(ohne den Faktor 1,3)* gezeigten Messung, entsprechend einem Sicherheitszuschlag von 1,2.

Ausgangstransformatoren für Röhrenendstufen wurden in der Fachliteratur der späten 1930er bis in die 1960er Jahre ausführlich und vielfältig beschrieben (s. **P88**) Die folgende Skizze finden wir in dem bereits erwähnten Beitrag von *Otto Limann*:

Wir betrachten diese Skizze stellvertretend für die unzähligen in der Fachliteratur gezeigten Varianten:

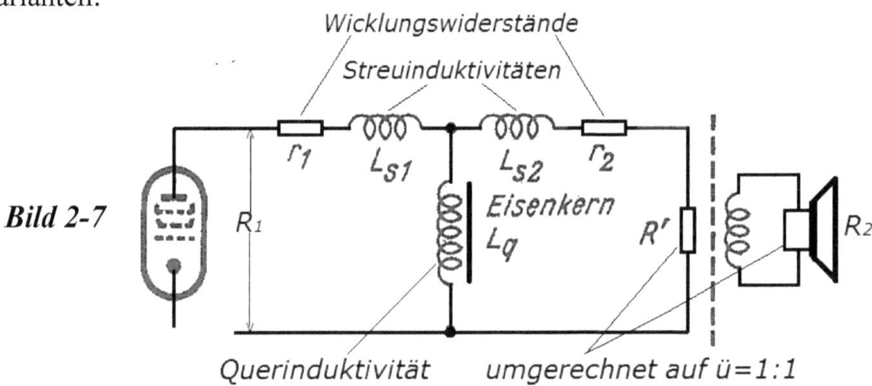

R' = mit dem Übersetzungsverhältnis *ü* hochgerechneter Lastwiderstand ($ü^2 \cdot 5\ \Omega$)

Aus der Skizze lässt sich ablesen, dass die Querinduktivität bei tiefen Frequenzen und die Streuinduktivität bei hohen Frequenzen problematisch werden kann.

Für den Raum dazwischen gilt die oft verwendete Floskel, dass die Endröhre auf einen *reellen, mit dem Übersetzungsverhältnis hochgerechneten Lautsprecherwiderstand* blicken würde.

Man begnügt sich daher mit der Prüfung bzw. Festlegung der unteren Grenzfrequenz des Übertragungsbereiches. Diese wird erreicht, wenn der Wechselstromwiderstand des Transformators gleich dem reellen Innenwiderstand der Endröhre wird. Was dann passiert, kennen wir schon von den Koppelgliedern im Abschnitt 1.6: Die Amplitude des übertragenen Signals sinkt auf den 0,7-fachen Wert, wir haben es wieder mit einem rechtwinkligen Dreieck zu tun!

Wir sind also gut beraten, wenn wir bei der Berechnung des Wechselstromwiderstandes für die untere Frequenzgrenze f_u einen Sicherheitsfaktor *(1,3)* berücksichtigen, wie wir das bei dem Berechnungsbeispiel von *Otto Limann* gefunden haben.

Betrachten wir nun die im Bild 2-7 gezeigte Ersatzschaltung für verschiedene Übertragungsbereiche:

a) unterer Frequenzbereich bei 50 Hz

Der Widerstand R′ berechnet sich mit einem für die EL84 typischen Übersetzungsverhältnis von 35 wie folgt: $35^2 \cdot 5\ \Omega$: R′ = 6,1 kΩ, was sehr gut zu dem bei 50 Hz mit einem Sicherheitszuschlag *(1,3)* berechneten induktiven Widerstand ωL_u = 314 · 21,5 H *(= 6,7 kΩ)* passt.

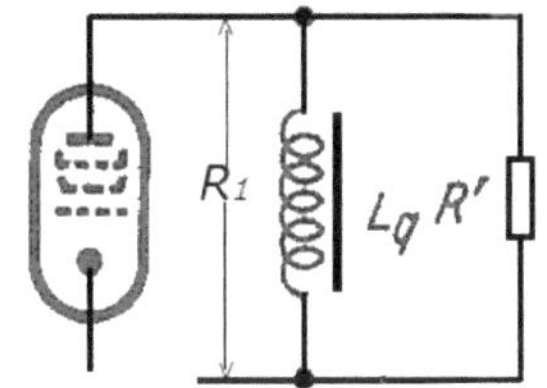

Die Streuinduktivitäten L_S und der sekundäre Wicklungswiderstand r_2 sind vernachlässigbar. Der primäre Wicklungswiderstand r_1 wurde mit 400 Ω gemessen, ein für die in unseren Radios verbaute Röhre EL84 typischer Wert. **Bild 2-8a** ⇒

Ausgangstransformatoren für höhere Leistungen, wie der bereits beschriebene Universaltransformator *(10 Watt),* haben aufgrund des größeren Drahtdurchmessers deutlich geringere Wicklungswiderstände *(z.B. 250 Ω).* Bei einer Frequenz von 50 Hz beträgt die Größe des Wicklungswiderstandes r_1 nur ca. 6% der Querinduktivität, bei 100 Hz nur noch 3%, so dass wir auch im unteren Frequenzbereich r_1 vernachlässigen können. Wir können daher für den unteren Bereich mit einer Ersatzschaltung gemäß *Bild 2-8a* arbeiten.

b) mittlerer Frequenzbereich ab 800 Hz   **Bild 2-8b** ⇒

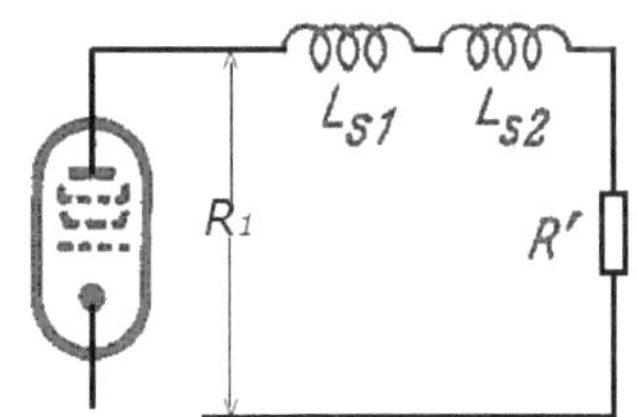

Der Wechselstromwiderstand beträgt bei 800 Hz bereits mehr als 100 kΩ, das ist fast das 20-fache des Widerstandes R′.

Wir können daher die im **Bild 2-8a** gezeigte Querinduktivität weglassen, und betrachten nun den Lastwiderstand R′ als reell.

c) oberer Frequenzbereich   **Bild 2-8c** ⇒

Im kHz-Bereich, ist die Querinduktivität bedeutungslos *($\omega Lo >> R′$),* die Streuinduktivitäten beginnen zu wirken.

2.1.3.1 Die Wahl des Ausgangsübertragers …

… ist demnach einfacher, als man sie oft beschrieben findet, ist doch die Bedingung Ri = Ra nur für die untere Grenzfrequenz, die wir selbst festlegen, wichtig. Das *Bild 2-3* im Abschnitt 2.1.2-a zeigt eine messtechnische Übung, die diesen Zusammenhang untersucht. Der Verlauf von Pa als Funktion von Ra ist bei Ra = Ri ziemlich flach, so dass wir auch – in Grenzen – mit Ra > Ri arbeiten können, was uns auch einen Vorteil an anderer Stelle beschert. Dazu betrachten wir Ra in den Grenzen von 0 − 10 kΩ, Ri sei 5,2 kΩ, was einer EL84 im A-Betrieb entspricht *(s. Bild 2-9).*

Hier sehen wir den Verlauf der Ausgangsleistung als Funktion des Lastwiderstandes im Bereich Ra von 0 bis 2 x Ri. Es wird deutlich, dass man ohne Probleme den Wechselstromwiderstand größer wählen kann, um den unteren Frequenzbereich zu erweitern. Die Leistungsverluste sind im Bereich Ra bis ca. 7 kΩ minimal, zum Ausgleich erhalten wir einen höheren Wirkungsgrad, der das

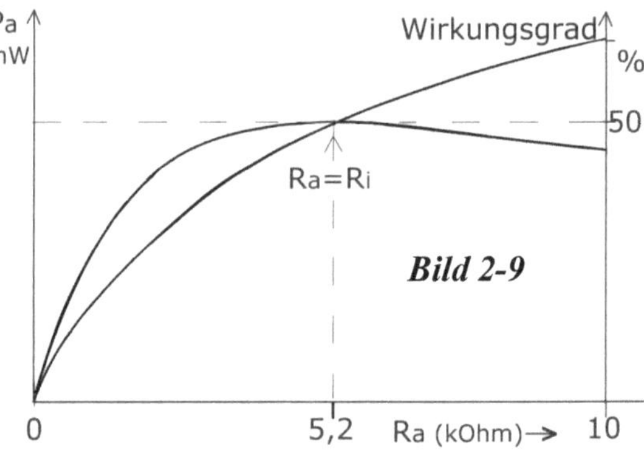

Verhältnis der Ausgangsleistung zur Gesamtleistung ausdrückt, also: Pa / (Pi+Pa)
Der Wirkungsgrad η *(eta)* wird als das Verhältnis der Wechselstromleistung zur Gleichstromleistung verstanden $P_\sim$ / $P_=$.

Bei sehr hohen Frequenzen stoßen wir auch auf eine obere Grenzfrequenz, wenn der Wechselstromwiderstand der Streuinduktivitäten in die Größenordnung des Anpassungswiderstandes kommt. Bei hochwertigen Gegentaktverstärkern findet man auch verschachtelt ausgeführte Wicklungen, um die Streuinduktivitäten zu reduzieren.

Die Streuinduktivität messen wir mit einem LCR-Meter bei kurzgeschlossener Sekundärwicklung, die Querinduktivität wird bei offener Sekundärwicklung gemessen. Der bereits erwähnte Ausgangstransformator eines Mittelklassegerätes hat – nach diesen Messungen – eine Querinduktivität von ca. 10,5 H, die Streuinduktivität ergab sich zu ca. 0,4 H.

Aufmerksame Leser werden sicher die **Eigenkapazität der Wicklungen** vermissen, mit der wir uns in den ersten Abschnitten eingehend befasst haben. Die gibt es beim Ausgangstransformator auch, sind aber bei richtig dimensioniertem Lastwiderstand an der Sekundärwicklung ohne Bedeutung, bzw. liegen deren Resonanzfrequenzen außerhalb des Übertragungsbereichs. Die Messung bei dem schon erwähnten Universaltransformator ergab eine Wicklungskapazität von einigen hundert pF. Die *(Parallel-)*Resonanz zur Querinduktivität *(hier: 2,2 kHz)* lässt sich jedoch nur bei offener Sekundärwicklung nachweisen. Bei kurzgeschlossener Sekundärwicklung lassen sich die *(Reihen-)* Resonanzfrequenzen zu den Streuinduktivitäten zeigen, die jedoch weit über dem Übertragungsbereich liegen (s. **P36**). Diese *(theoretische)* obere Grenzfrequenz würde in unserem Fall zwischen 60 und 70 kHz liegen.

Zusammenfassend: Schon im zweiten Band findet man den Hinweis, dass man wenig Chancen hat, einen Ausgangstransformator so genau zu berechnen, dass das gewickelte Ergebnis auf Anhieb brauchbar wäre. Das liegt vor allem an den Eigenschaften des Eisens, dem Einfluss des Luftspalts und …. *Otto Limann* schrieb in seinem Beitrag, dass auch in der Industrie probegewickelt wurde, weil dies billiger sei, als die Ingenieure rechnen zu lassen.

Weil wir keine Transformatoren wickeln werden, sondern nur die Eignung vorhandener Trafos prüfen wollen, können wir uns auf die hier beschriebenen Maßnahmen beschränken. Dazu müssen wir die Anschlüsse des Trafos zuordnen, was meist mit einer einfachen Messung des ohmschen *(Cu-)* Widerstandes gelingt. Die Primärwicklungen haben Widerstände von einigen hundert Ohm, die Anode der Endröhre wird an den Anfang der Wicklung angeschlossen. Der Widerstand der meistens vorhandenen Wicklung zur Brummkompensation liegt deutlich unter 100 Ohm. Anzapfungen für eine Schirmgittergegenkopplung findet man eher bei Gegentakttransformatoren. Die Sekundärwicklung zum Anschluss des Lautsprechers fällt durch einen deutlich dickeren Draht auf. Für die Gegenkopplungsnetzwerke der Klangformung kann es ein bis zwei weitere Sekundärwicklungen geben, die ebenfalls mit dünnen Drähten ausgeführt wurden.

Bei der Lokalisierung der Wicklungen können die gleichen Methoden angewandt werden, die im Band 2 – Abschnitt 3.3 – für Netztransformatoren beschrieben wurden.

2.1.3.2 Ein unbekannter Ausgangstransformator …

… *(aus der Kiste)* kann wie folgt geprüft werden:

Bei den dickeren Drähten *(schwarz und braun)* könnte es sich auch um die Heizwicklung eines Netztransformators handeln, aber die Prüfung der übrigen Drähte führte zu einem anderen Ergebnis. Zu den Farben ist folgendes anzumerken: Drähte gleicher Farbe werden zusammengeschaltet, sonst wäre die Vorgehensweise bei der Montage unklar. Das Ohmmeter zeigt zwischen den beiden roten Drähten keinen Widerstand an, das bedeutet hier, dass die Drähte zu verschiedenen Wicklungen gehören. Nun prüfen wir mit dem Ohmmeter, welche der übrigen Drähte jeweils mit einem der **Bild 2-10→** roten Drähte Kontakt haben. Es ergab sich folgendes Bild: Wicklung a: *rot-gelb-blau,* Wicklung b: *rot-grün-violett.* Die Wicklung mit den

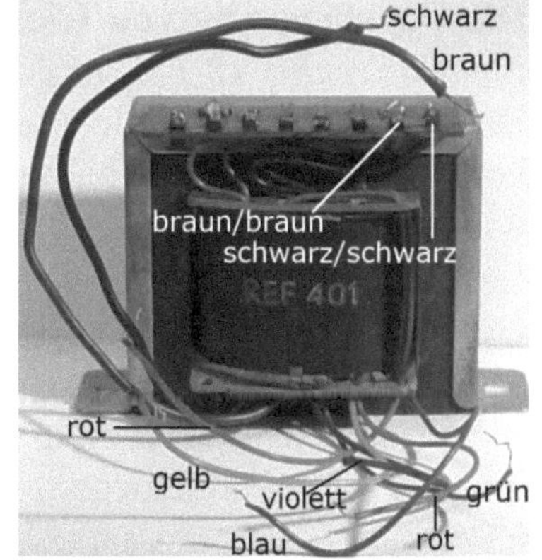

dicken schwarz-braunen Drähten liegt außen, es handelt sich daher um die Sekundärwicklung des Ausgangstransformators. Dazu passen die mit den roten Drähten verbundenen Wicklungen als Primärwicklung für eine Gegentaktendstufe.

Weil bei einer Gegentaktendstufe keine Anzapfungen für die Brummkompensation erforderlich ist, werden hier die Schirmgitter an den Anschlüssen *gelb* und *violett* versorgt. Die Sekundärwicklungen haben die Farben *schwarz-braun*. Hier werden zwei Wicklungen in gleichen Anschlussfarben ausgeführt. Die Gefahr einer Verwechslung bei der Montage besteht aufgrund der unterschiedlichen konstruktiven Ausführung nicht. Der Transformator wurde – wie abgebildet – für die Montage bereitgestellt.

Nun müssen die Wicklungen noch geprüft werden. Mit dem Ohmmeter messen wir bei der Primärwicklung sehr unterschiedliche Gleichstromwiderstände, weil die Wicklungshälften übereinander gewickelt wurden. Die Wechselstromwiderstände messen wir, indem wir an der für den Lautsprecheranschluss vorgesehenen Wicklung eine Wechselspannung einspeisen und die Spannungen an den farbigen Anschlüssen der Primärwicklung vergleichen. Die im Band 2 bei der Prüfung von Netztransformatoren vorgeschlagene Methode kann hier ebenfalls angewandt werden: Die Einspeisung einer 7 Volt Wechselspannung aus einem Heizstromkreis kann hier an der Lautsprecherwicklung erfolgen. Das sollte aber – wegen der hohen entstehenden Spannungen – nicht in fliegendem Aufbau durchgeführt werden. Alternativ speisen wir das Signal von einem Signalgenerator ein. Damit die Spannung nicht an dem niedrigen Gleichstromwiderstand der Lautsprecherwicklung *(<1 Ohm)* zusammenbricht, messen wir bei einer höheren Frequenz. Im Leerlauf hat die Lautsprecherwicklung eine Induktivität von 8,5 mH. Bei einer Messfrequenz von ca.1 kHz beträgt der Wechselstromwiderstand ωL ca. 50 Ω, passend zum Innenwiderstand des Signalgenerators. Wie erwartet, stimmten die Teilspannungen der beiden Wicklungshälften exakt überein.

Die Überlagerung von Gleich- und Wechselspannungen im Anodenkreis kann im ***Bild rechts*** *(2-11)* verdeutlicht werden. Die Darstellung ist jedoch elektrotechnisch nicht korrekt. Die Reihenschaltung von Wicklungswiderstand *(430 Ω)* und Induktivität ist als Ersatzschaltung *(s. Bild 1-4)* zu verstehen. Die Gleichspannung *(270 V)* kann nicht, wie gezeichnet, abgegriffen werden, aber die Induktivität hat für Gleichstrom den Wert „0", ist quasi nicht vorhanden.   ***Bild 2-11→***

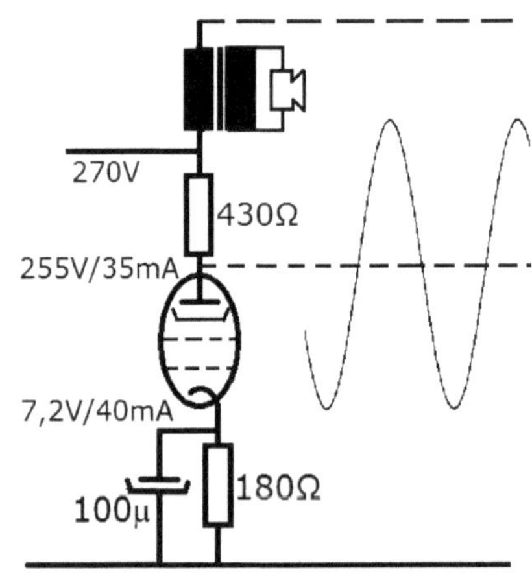

Aber wir sind noch nicht fertig:
Wir sollten uns noch den Übertragungsbereich der Endstufe anschauen, nach Phasenverschiebungen und eventuellen Resonanzstellen suchen.

2.1.3.3 Untersuchungen des Übertragungsbereiches ...

... können mit der Wobbelfunktion, aber auch nur mit dem Tongenerator durchgeführt werden *(s. auch Band 2, S. 65)*. ***Bild 2-12*** → zeigt den Übertragungsbereich des Ausgangstransformators eines Mittelklassegerätes, ohne Gegenkopplungswege.

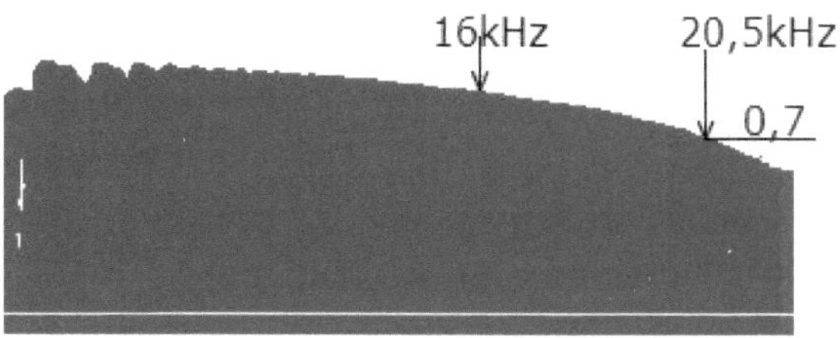

Die Bilder **a** und **b** zeigen eine bei 2 kHz beginnende Phasenverschiebung zwischen der Primär- und Sekundärwicklung.

Im Idealfall *(s. Bild 2-8b)* sollten wir im Bereich 800 – 1600 Hz einen reellen Abschlusswiderstand nachweisen können, der sich mit einer

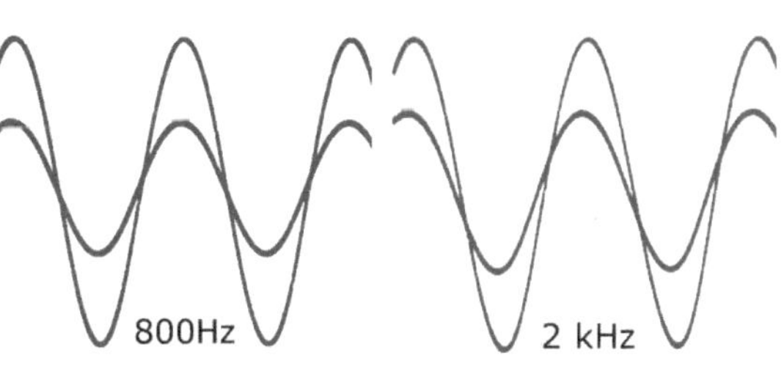

Bild 2-12a   ***Bild 2-12b***

Phasenverschiebung von „*null*" zur Primärwicklung darstellt. Der schon mehrfach erwähnte Bezug zur Messfrequenz *800 Hz* ($\omega_{(800)}$ = 5000 Hz) bietet hier eine weitere Möglichkeit bei der Eignungsprüfung ausgebauter Ausgangstransformatoren.

In späteren Jahren findet man die Bezugsgröße *800 Hz* auch durch den Wert *1000 Hz* ersetzt ($\omega_{(1000)}$ = 1,25 $\omega_{(800)}$).

Die mit zunehmender Frequenz entstehenden Phasenverschiebungen an der Sekundärwicklung können bei komplexen Klangregelnetzwerken problematisch werden, wenn die sekundäre Ausgangsspannung zur Klangbeeinflussung in die Vorverstärkerstufen rückgekoppelt wird. Man führt daher die Gegenkopplungsspannung über höchstens 2 Stufen zurück, weil ja auch die frequenzabhängigen Phasenverschiebungen der RC-Koppelglieder *(s. Abschnitt 1.6)* berücksichtigt werden müssen. Mit zunehmender Phasenverschiebung kann die Gegenkopplung zur Mitkopplung werden, wir haben es dann mit den so genannten unerwünschten Schwingungen zu tun *(s. auch Band 2, Abschnitt 4.7)*

Weil der Phasenunterschied zwischen Primär- und Sekundärwicklung durch die frequenzabhängigen Induktivitäten und Kapazitäten des Ausgangstransformators verursacht wird *(s. Bilder 2-8a-c)*, kann dieser auch entsprechend manipuliert werden, *s. auch* **P60 / P61**.

In manchen Schaltplänen sieht man die Anode der Endröhre über einen Kondensator auf Masse gelegt. Typisch finden wir einen Wert von *1nF* vor, z.B. bei SABA-Geräten. Wir haben diesen Kondensator schon in beiden vorhergehenden

Bänden kennen gelernt, kann er doch im Falle eines Defektes Folgeschäden verursachen. Dieser Kondensator ist hohen Gleich- und Wechselspannungen ausgesetzt, was dessen Alterung beschleunigt. Alternativ finden wir diesen Kondensator daher auch parallel zur Primärwicklung des Ausgangstransformators verbaut. Das hat die gleiche Wirkung, liegt doch das kalte Ende der Sekundärwicklung wechselstrommäßig auf Masse.

Betrachtet man nun die Bilder 2-8a bis c wird klar, dass dieser Kondensator die Phasenlage und Amplitude frequenzabhängig beeinflusst. Im einfachsten Fall wird er als Tonblende zugeschaltet, wie z. B. bei der Philetta 54 *(s. Bild S. 121)*, was man aber nur bei Geräten ohne weitere frequenzabhängige Regelwerke machen sollte. Dass dieser Kondensator schon mit den Induktivitäten des Ausgangstransformators wechselwirkt, sieht man rechts am **Bild 2-13** →

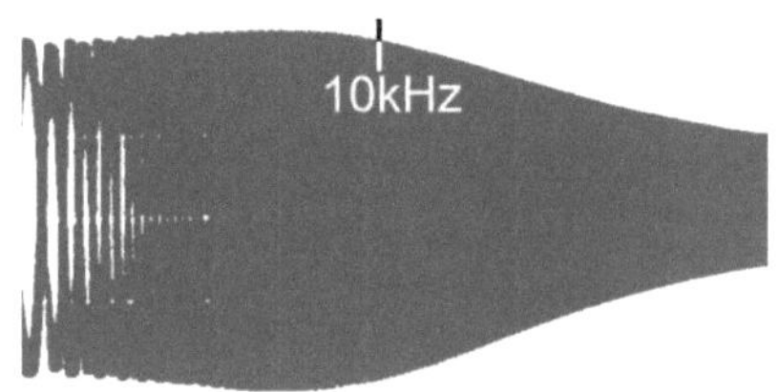

das den Frequenzverlauf von 30 Hz bis 20 kHz an der Sekundärwicklung eines Ausgangstransformators zeigt: ein Kondensator *(1 nF)* allein würde sich über den gesamten Frequenzverlauf auswirken. Aber auch die mögliche Wirkung als Tonblende *(bei der Philetta 54: 25nF)* wird deutlich sichtbar. Die Amplituden werden oberhalb 10 kHz kleiner, bleiben aber bei 16 kHz noch > 0,7 *(s. Bild 2-12)*.

Das Bild macht aber auch deutlich, dass vor allem die im zweistelligen kHz-Bereich liegenden Harmonischen sehr stark gebremst werden. Ein Kondensator parallel zur Primärwicklung wirkt daher den nichtlinearen Verzerrungen, also dem Klirrfaktor, entgegen.

Das kann an den folgenden Bildern deutlich gemacht werden: Das Bild links zeigt bei 10 kHz und größerer Aussteuerung eine deutliche Abweichung von der Sinusform an der Sekundärwicklung. Ein der Primärwicklung parallelgeschalteter 2nF-Kondensator schließt die unerwünschten Harmonischen weitgehend kurz, so dass das Ausgangssignal wieder zur Sinusform findet, aber eine deutlich stärkere Phasenverschiebung erfährt. Das Ausgangssignal eilt nun gegenüber dem Signal am Gitter nach. Die gemäß dem Bild 2-13 erfolgte Reduzierung der Amplitude

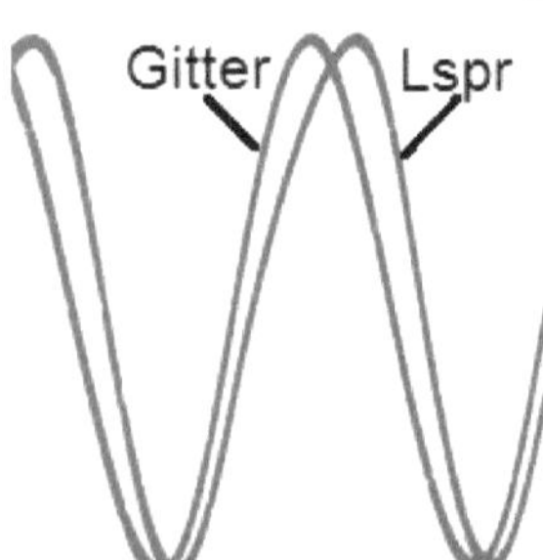

wurde im Bild 2-15 durch ein höheres Eingangssignal am Gitter ausgeglichen.

⇐Bild 2-14   Bild 2-15⇒

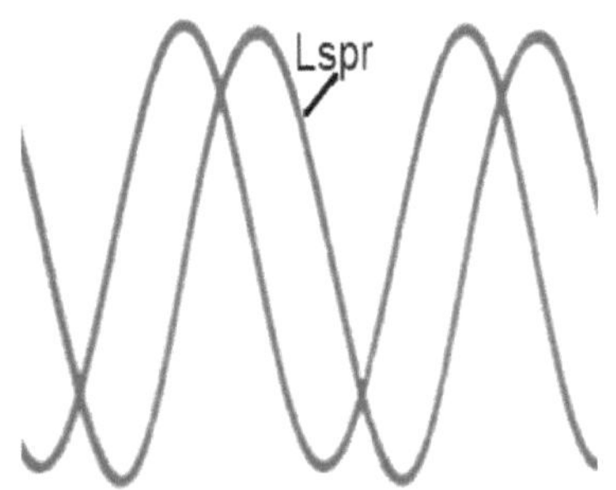

2.1.3.4 Weitere Messungen der Induktivitäten und Kapazitäten bzw. Resonanzstellen

Haben wir uns bisher vor allem mit den Schaltungen zur Klangformung befasst, liegt ab Mitte der 50er Jahre der Fokus verstärkt auf den – bzw. der Anordnung der Lautsprecher. Vor allem wurden auch die Lautsprecher weiter entwickelt.

In der Praxis lassen sich bei einigen Messungen nicht immer auf Anhieb die gewünschten Ergebnisse erzielen, was besonders die beim Wobbeln entstehenden Bilder betrifft. Hier ist besonders auf eine korrekte Anpassung der 5-Ohm-Last zu achten *(s. Bild rechts).* ***Bild 2-16*** ⇒

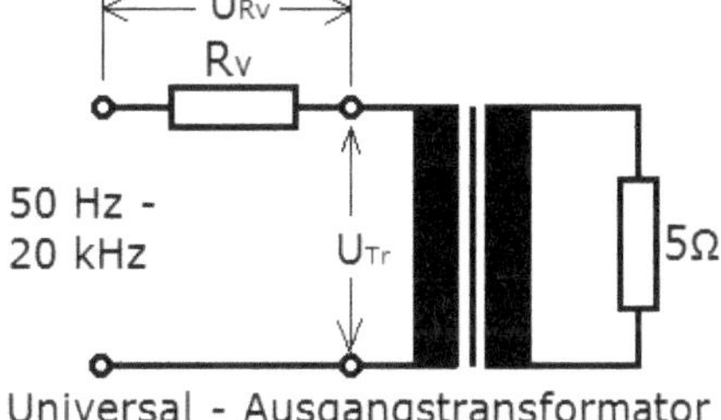

Eine grobe Prüfung des Übertragungsbereiches kann bei einem ausgebauten Ausgangstransformator direkt am Signalgenerator durchgeführt werden.

Den – bzw. die Lautsprecher haben wir bisher mehr oder weniger – als 5Ω-Modul – zur Kenntnis genommen. Das ist für den Praktiker ausreichend. Der Standardwert für die Impedanz der in den 50ern verwendeten Lautsprecher liegt bekanntlich bei 5 Ω. Dieser Wert ist selten im Schaltplan oder auf der Rückseite des Lautsprechers vermerkt, bzw. ist nicht mehr lesbar. Wenn wir nun versuchen, diesen Widerstand mit dem Ohmmeter nachzuweisen, werden wir einen Wert < 4 Ohm ablesen, denn die Impedanz der Lautsprecherspule ist frequenzabhängig und diese Abhängigkeit muss zusätzlich, gemäß der Darstellung im *Bild 1- 4*

berücksichtigt werden. Wir können, im Vergleich mit der im Abschnitt 1.5.1 gezeigten Spule vermuten, dass die Induktivität der Lautsprecherspule *(s. im Bild rechts)* < 1mH ist.

Die Spule wurde 2-lagig mit 0,2 mm Cu-Lackdraht gewickelt. ***Bild 2-17*** ⇒ Für eine Messung haben wir zwei Möglichkeiten: Mit dem LCR-Meter oder die Ermittlung der Resonanzfrequenz mit einer zugeschalteten bekannten Kapazität gemäß *Abschnitt 1.1.2.* Die Induktivität ergab sich hier

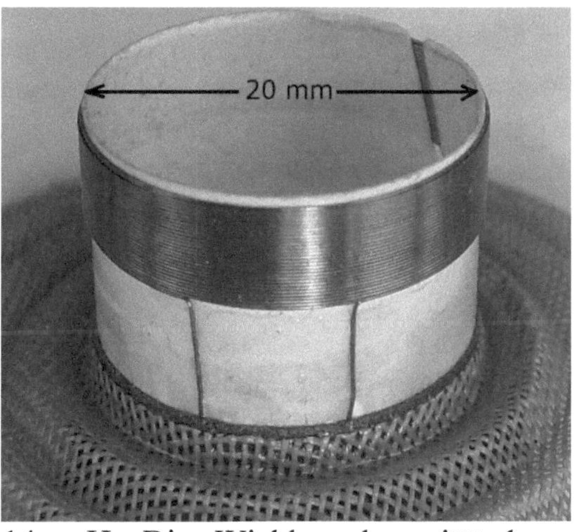

mit dem LCR-Meter gemessen zu 0,14 mH. Die Wicklungskapazität kann unberücksichtigt bleiben, die Eigenresonanz der Lautsprecherspule liegt im MHz-

Bereich. Im vorliegenden Fall erreicht der Lautsprecherwiderstand im Bereich 1-2 kHz den Sollwert von 5 Ω.

Es gibt eine weitere Resonanz, die bei dem hier untersuchten Lautsprecher bei 85 Hz liegt. Das ist die mechanische Resonanz der schwingenden Lautsprechermembran. Wenn die Membran nicht beschädigt ist, ist diese Resonanz nicht hörbar, lässt sich aber gut am Oszilloskop darstellen: Man steuert die Schwingspule mit dem Signalgenerator an. Ein Vorwiderstand kann entfallen, weil der Innenwiderstand des Signalgenerators (50 Ω) bereits in Reihe mit der Schwingspule liegt. Da nun ein geringerer Wechselstrom für die Bewegung der in mechanischer Eigenresonanz schwingenden Membran erforderlich ist, bleibt am vorgeschalteten Widerstand eine größere Wechselspannung stehen. Weil aber der Strom geringer wird, erhöht sich auch die Auslenkung des Lautsprecherkorbes *(Abmessung: 25 x 17 cm)* nicht, dh. diese Resonanz wird nicht zusätzlich hörbar, aber beim Wobbeln am Oszilloskop sichtbar *(s. im Bild 2-18)*. Weil wir aber beim Wobbeln zweckmäßig mit einem 5 Ω − Lastwiderstand arbeiten, ist uns dieser Effekt bisher nicht begegnet.

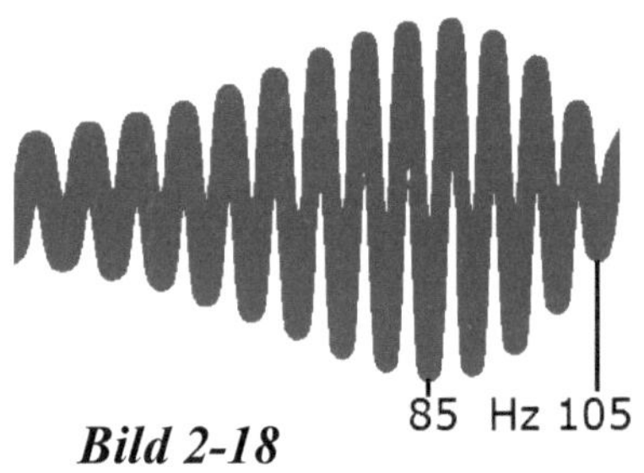

Bild 2-18

Bei baugleichen gealterten Lautsprechern kann die im Bild 2-18 gezeigte Darstellung durch Vergleiche helfen, den Zustand der Lautsprechermembran zu beurteilen.

Nun verlassen wir die heile Welt und ersetzen den rein ohmschen Lastwiderstand durch einen Lautsprecher und untersuchen den Bereich 30 Hz bis 20kHz. Dazu dient eine Endstufe *(EL84)* im Versuchsaufbau mit passendem Ausgangsübertrager, ohne Gegenkopplungs- wege.

Weil der Wechselstromwiderstand des Laut- sprechers bei 20 kHz nun bei ca. 20 Ω liegt, erhalten wir *Bild 2-19*.   ***Bild 2-19*** ⇒

Weil aber auch hier wegen des 4-fachen Wertes des Lastwiderstandes der Strom geringer ausfällt, kommt es zu keiner Leistungssteigerung. Wir werden also auch weiterhin bei unseren Messungen mit einem reellen Lastwiderstand von 5 Ω arbeiten. Andernfalls erhalten wir interessante, aber nicht verwertbare Oszillogramme. Im vorliegenden Fall können wir lediglich nachweisen, dass die Impedanz des Lautsprechers, wie erwartet, frequenzabhängig ist.

Aber diese Frequenzabhängigkeit begünstigt auch die Zusammenschaltung mehrerer Lautsprecher an einem Ausgangstransformator.

2.1.3.5 Anschluss von Hoch- und Tieftonlautsprechern

Insbesondere bei Musiktruhen findet man komplexe Anordnungen der Lautsprecher, die auch als *Netzwerk* bezeichnet werden können. Aber schon bei den Lautsprechern kennt man die Bauformen Tief-, Mittel- und Hochton. Sie unterscheiden sich in der Größe und in der Festigkeit der Membran.

Am häufigsten findet man die Anordnung „a" im *Bild 2-20* für eine Hervorhebung der hohen Töne. Typisch ist eine Kapazität von 4 µF, das entspricht bei 800 Hz einem Vorwiderstand von ca. 50 Ω, aber bei 8 kHz nur noch 5 Ω. *(„ca.", weil wir ja mit Pythagoras addieren müssen)*.

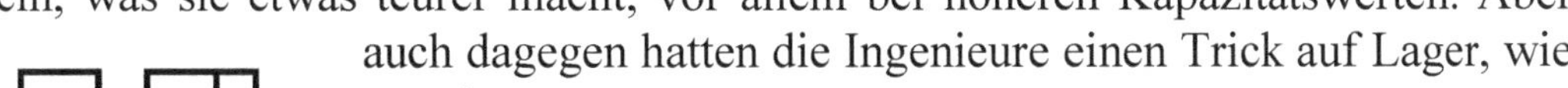

Bild 2-20⇒

Diese Kondensatoren sollten vom Typ *„bipolar"* sein, was sie etwas teurer macht, vor allem bei höheren Kapazitätswerten. Aber auch dagegen hatten die Ingenieure einen Trick auf Lager, wie man im

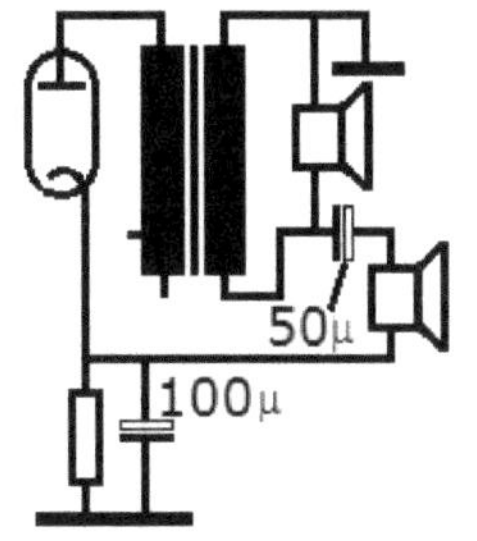

⇐***Bild 2-21*** sieht: Die Polarisationsspannung wird von der Katode der Endpentode *(EL84)* abgegriffen. Der obere Lautsprecher ist ein Tieftöner, über 50µF wird ein Mitteltöner versorgt. Nicht abgebildet ist der übliche statische Hochtöner, der über 20 nF an der Anode liegt. Die Schaltung gehört zum Gerät *Kaiser W1145 (1955)* s. **P237.**

Seltener findet man die im *Bild 2-23* gezeigte Variante b, bei der die hohen Töne vom Mitteltöner ferngehalten werden.

Das Bild rechts zeigt die Beschaltung der vier Lautsprecher der Siemens Kammermusiktruhe TR67. Die räumlich weit auseinanderliegenden Schallwände im massiven Holzmöbel sorgen für einen vollen (Raum)-Klang.   ***Bild 2-22⇒***

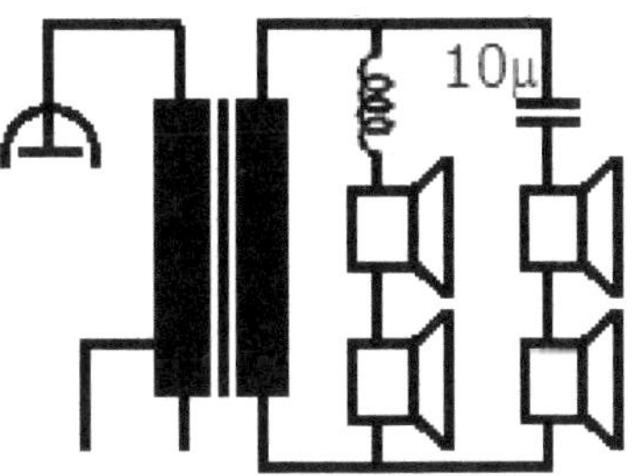

Noch seltener stößt man auf die Variante *2-20c.* Sie wurde im Blaupunkt Salerno *(s. S.124,* **P51** und **P123**) gefunden: zwei in Reihe geschaltete „*Dynamische Seitenstrahler"* liegen über einen 2µF-Kondensator an der Sekundärwicklung des Ausgangstransformators.

Vor den Lautsprechern angeordnete Spulen haben jedoch nicht immer klangformende Wirkung. Es handelt sich oft um einlagige CuL-Luftspulen, deren

Induktivität im µH – Bereich liegen dürfte.

Bild 2-23a zeigt noch einmal, dass ein großer Frontlautsprecher und zwei kleinere seitlich angeordnete, mit einem Hochpass angesteuerte Hochtöner und übersichtlichen Klangregelnetzwerken gute Ergebnisse liefern können. **Bild 2-23a⇒**

Diese Lautsprecheranordnung gehört zum Blaupunkt Granada 20300 – eine Beschreibung findet man im FUNKSCHAU-Gerätebericht in der Anlage **P127**.

Die Radioindustrie überraschte auch mit besonderen Lösungen, die sich aber meist nur ein bis zwei Modelljahre hielten. Dazu gehörten zum Beispiel Druckkammersysteme in Verbindung mit besonderen Maßnahmen zur Schallführung. Aber man kann sich auch mit einer sehr komplexen Lösung von der Hi-Fi-Definition entfernen. Denn die Musik soll einfach nur im eigenen Wohnzimmer authentisch klingen.

Im Beitrag **P98** werden weitere Beispiele für Schaltungen mit Lautsprecher-weichen zur Tonbereichstrennung gezeigt, die vor allem in Lautsprecherboxen erforderlich werden. Dabei kommt es auch auf die Anordnung der Lautsprecher an *(Bilder 2-23b-d)*.

⇐ Bild 2-23b   **Bild 2-23c⇒**

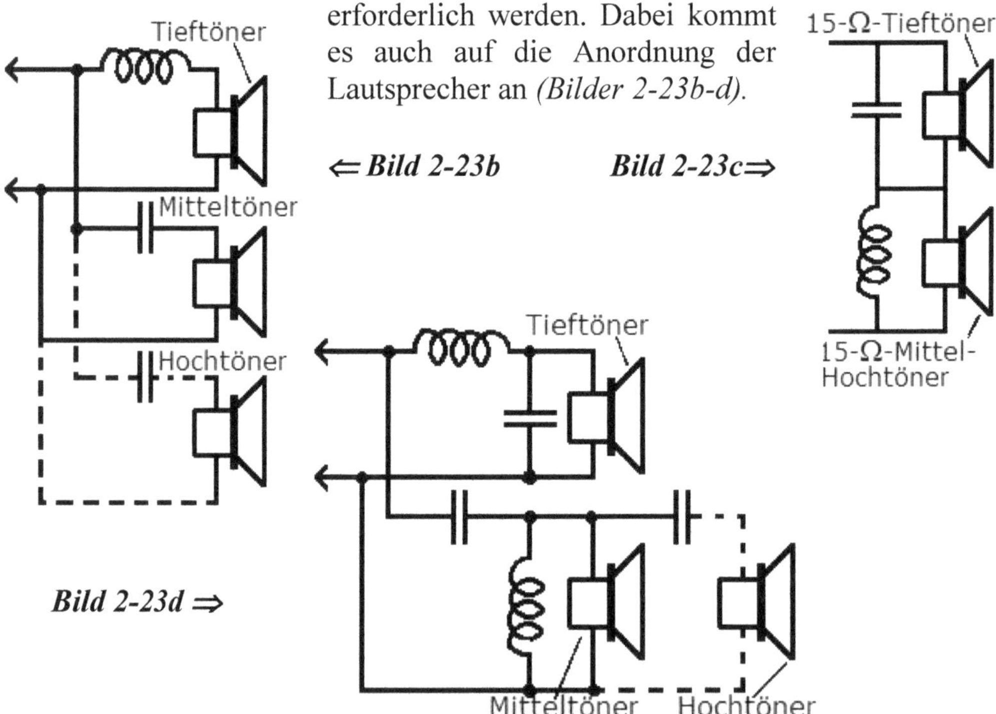

Bild 2-23d ⇒

(Die Kennzeichnung der Bilder 2-23 in der Anlage P98 wurde geändert: c⇒a,d⇒c)

Für Erstaunen sorgte auch eine öffentliche Demonstration von größeren Lautsprechern, die an **kleine Transistorgeräte** mit zum Beispiel **75 mW** Ausgangsleistung *(s. dazu Abschnitt 2.1.1)* angeschlossen wurden.

In der FUNKSCHAU 3/1960 findet man dazu die folgende Abbildung:

Anmerkung der Redaktion: Bereits ohne Zusatzverstärker ergibt ein Taschensuper mit zusätzlichem größerem Lautsprecher eine bedeutend höhere Schall-Leistung.

Dies nutzte Grundig bei seinem Zusatz-Kleinlautsprecher für den Micro-Transistor-Boy aus, wie in FUNKSCHAU 1959, Heft 7, Seite 159 beschrieben (Taschensuper wird „salonfähig"). Siemens führte auf der Funkausstellung 1959 einen Taschensuper mit einem 15-W-Lautsprecher auf einer mannshohen Schallwand vor (s. Bild links). Die Wiedergabe war dabei so verblüffend laut und gut, daß man fast ein Heimgerät mit mindestens 2,5 W Sprechleistung dahinter vermutete!

⇐**Bild 2-24** Das bestätigt nochmals die Angabe des Wertes von 60 mW für eine ausreichende Zimmerlautstärke im Abschnitt 2.1.1, aber auch den Einfluss der Lautsprecherboxen auf den Raumklang, der im Abschnitt 2.3 besprochen wird. (*Siehe auch Literaturverzeichnis* **P98**)

2.1.3.6 Die Tonmöbel (Musiktruhen) …

… boten weitere Möglichkeiten der Klangbeeinflussung:
Da wäre die Vermeidung einer gegenseitigen Beeinflussung der Schwingungen durch die Größe und Masse des Möbelstücks zu nennen und die Anordnung und zu- oder Abschaltung einzelner Lautsprecher: Hochton-, Mittelton- Tiefton-lautsprecher. Die Kombination der verschiedenen Systeme kann mit den Wellenbereichstasten oder gesonderten Klangtasten gewählt werden (*zum Beispiel "Bass, 3D"… usw.*) Der hier gezeigte Musikschrank aus der Mitte der 50er Jahre machte mit 5 Lautsprechern und einer EL 84 *(s. im Bild 2-25)* das Wohnzimmer – noch vor dem Stereozeitalter – zum Konzertsaal. Sofern man ca. Tausend D-Mark übrig hatte. Das war Mitte der 50er Jahre noch sehr viel Geld und entsprach fast dem 2,5 – fachen eines durchschnittlichen Monatseinkommens oder einem Viertel VW Käfer.

Den Lautsprechern standen drei Sekundärwicklungen am Ausgangstransformator
zur Verfügung, was auch verschiedene Spannungen zur Rückkopplung auf die

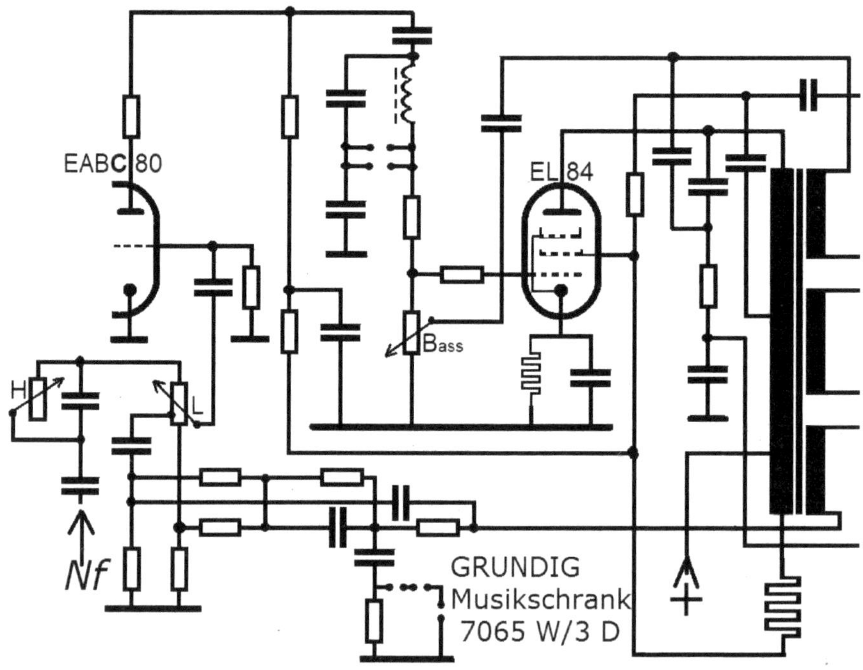

Klangbeeinflussung ermöglichte.   ***Bild 2-25*** ⇑

"15 Watt Sprechleistung" bringt dagegen die Truhe "Bayreuth-Hi-Fi" von
Telefunken ein Jahr später mit einer Gegentaktendstufe in einem 5-stufigen
Tonverstärker (s. **P131**) für 1.500 DM.

Aber in der Funkschau Heft 23/1960, also nur 5 Jahre später, gab es bei Grundig
ein **"Spitzen-Empfangsgerät mit UKW-Tasten und Hochleistungs-Stereo-
Gegentaktverstärker"** mit **14 Röhren (s. P147)** mit zwei 10-Watt-Endstufen. Die
Dauerleistung wird mit 2 x 8,5 Watt angegeben. Dazu waren die passenden
Raumklang-Boxen lieferbar. Wie dargelegt, braucht man diese Leistung nicht,
aber sie beruhigt. Man erzielt bei einer hohen abgegebenen Schalleistung
außerordentlich niedrige Klirrfaktoren, die aber in einem normalen Wohnzimmer,
bedingt durch Einrichtung, Decke und Wände, nicht zur Geltung kommen können
– vergleichbar mit einem 200 PS-Auto, mit dem man entspannt bei Tempo 80
unterwegs ist.

2.1.3.7 Der Einsatz von Universaltransformatoren …

… bietet interessante Möglichkeiten für individuelle Schaltungsvarianten.

Für eine Eignungsprüfung stehen meistens nur die an den Anschlüssen aufgedruckten Widerstandswerte zur Verfügung *(s. Bild 2-26)*. Im Abschnitt 2.1.3 wurde die Messung der Wechselstromwiderstände besprochen. Wir können auch die Heizspannung (ca. 7 Volt~) an die Sekundärwicklung legen und die Wechselspannungen an den primären Anschlüssen messen *(s. auch Band 2, Abschnitt 3.3)*. Um verschiedene Möglichkeiten auch messtechnisch untersuchen zu können, sollte man einen Universaltransformator zunächst in einer Brettschaltung mit einer Endpentode aufbauen. Man arbeitet zweckmäßig mit konfektionierten Anschlusskabeln *(s. Abschnitt 1.5)*.

Zuerst brauchen wir ein Konzept für den/die anzuschließenden Lautsprecher. Man schaltet zum Beispiel gleiche Lautsprecher in Reihe oder Parallel, zwei Reihenschaltungen parallel, usw. Es muss nur auf die richtige Anpassung geachtet werden. So kann eine Parallelschaltung zweier in Reihe geschalteter 8 Ω – Lautsprecher an den 8 Ω – Ausgang angeschlossen werden. Man experimentiert mit einem über eine Drosselspule angeschlossenen Tieftöner oder mit einem über einen Kondensator angeschlossenen Hochtöner, evtl. auch mit Piezokapseln, die mit Klangtasten ab- und zugeschaltet werden ***Bild 2-26⇒*** können. Dabei ist darauf zu achten, dass alle Lautsprecher phasengleich arbeiten *(s. auch Band 2, Abschnitt 4.2). Bild 2-27* zeigt ein Beispiel mit vier 5 Ω –Lautsprechern. Die Drosselspule und der Kondensator werden so ausgelegt, dass deren Widerstände bei einer Frequenz von 800 Hz gleich groß sind und der Klang ausgewogen, bzw. neutral ist und der Anpassungswiderstand zur Sekundärwicklung insgesamt stimmt. ***Bild 2-27⇒***

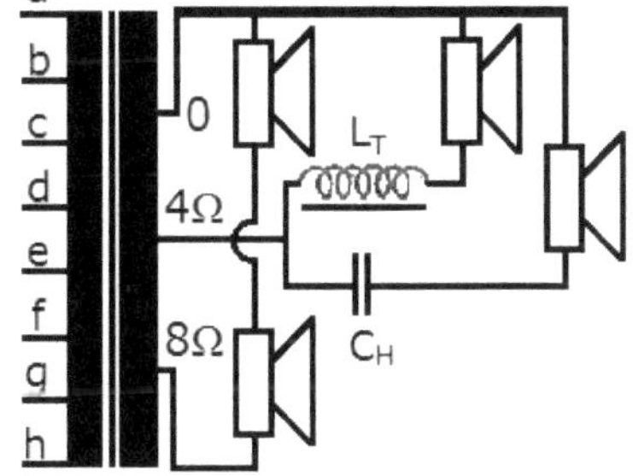

Die Bedeutung der 800 Hz-Frequenz bei der Konzipierung der Klangregelung wurde auch im *Band 2, Abschnitt 4.6*.3 gezeigt.

Mit der Berechnung erhält man eine Startposition, denn der Klang ist auch von den Lautsprechern, von deren Montageplatz im Gehäuse und von der Art des Raumes abhängig. Leere Räume haben einen Nachhall, was durch die Schallabsorption der Polstermöbel reduziert wird. Beim Studium der Schaltpläne von Radios in der zweiten Hälfte der 50er Jahre wird man eine unendliche Vielfalt der Lautsprecherkombinationen finden.

Warum liegt die Mitte des Übertragungsbereiches bei 800 Hz?

Sucht man die Mitte des Übertragungsbereiches *(ca. 20 Hz bis 16 kHz)*, so läge diese bei 8kHz. Unsere Ohren haben aber keine lineare Charakteristik, die Empfindung orientiert sich an Oktaven, die jeweils bis zur Verdopplung der Anfangsfrequenz reichen. Bei zwei aufeinander folgenden Oktaven *(z.B: 400 – 800– 1600)* vermuten wir die Mitte bei 800 Hz. Beginnend mit 50 Hz liegt die Mitte der folgenden 8 Oktaven aber bei **800 Hz** *(Funkschau 2/57)*. Das hat für uns den nicht unerheblichen Vorteil, dass wir für ω den Wert **5000** einsetzen können.

Weitere Messungen

Während unserer Arbeit rund um den Ausgangsübertrager gewinnen wir Daten zu den Wechselstromwiderständen, experimentell und laut Herstellerangaben. Nur die Windungszahlen fehlen uns meistens. Aber die Impedanzen verhalten sich zueinander wie die Quadrate ihrer Windungszahlen *(s. **P36**)*.

Der quadratische Zusammenhang gilt auch für die Scheinwiderstände und Induktivitäten. Darüber muss man sich im Klaren sein, wenn man zum Beispiel nach Messung der Teilinduktivitäten diese addieren möchte. Das Messgerät ist nicht unbrauchbar, man muss nur wie folgt addieren.

Die Messungen: $L_{df} = 0,78$ H, $L_{de} = 0,2$ H, $L_{ef} = 0,2$ H   *(nach Bild 2-26, 2-27)*

und die rechnerische Kontrolle: $L_{df} = \left(\sqrt{L_{de}}+\sqrt{L_{ef}}\right)^2 = \left(0,44+0,44\right)^2 = 0,77\,\text{H}$

Damit sehen wir auch wieder die Qualität unserer Messungen und Messgeräte bestätigt.

Wir wollen nun prüfen, ob sich eine Anzapfung des Universaltrafos für eine Schirmgittergegenkopplung eignet.

2.1.4 Schirmgittergegenkopplung und Brummkompensation

Die verzerrungsmindernde Wirkung einer Schirmgittergegenkopplung macht sich erst bei größeren Leistungen bemerkbar, weil dabei auch die nichtlinearen Verzerrungen zunehmen. Daher findet man diese so genannte "Ultralinear-schaltung" erst bei Gegentaktendstufen Mitte der 50er Jahre. Es spricht aber nichts gegen die Realisierung dieser Schaltungsvariante im Eintakt-Betrieb.

Der gegengekoppelte Anteil der Anodenwechselspannug bleibt dabei deutlich unter 50% *(s. **P43**, **P122**)*. In der Fachliteratur findet man die Empfehlung von 20 bis 30 %, *weniger ist mehr* gilt auch hier. Denn das Schirmgitter wird bei höheren Anteilen mehr und mehr zur Anode – und die Endröhre damit zur Triode. Bei modernen Röhrenverstärkern gehört die Schirmgittergegenkopplung eher zur Grundausstattung.

Das *Bild rechts* zeigt unseren Universaltransformator mit Schirmgittergegenkopplung. Es kommen die Anzapfungen e und d in Frage. Den Widerstand R_S findet man im Bereich 0 bis einigen hundert Ohm vor.

Die Anzapfung "g" kann für eine Brummkompensation genutzt werden, der dafür erforderliche Strom muss ausgemessen werden. Je nach Lage des Arbeitspunktes kann die Anode einer EL84 auch an die Anzapfung "b" gelegt werden, die übrigen Anschlüsse rutschen entsprechend nach unten.

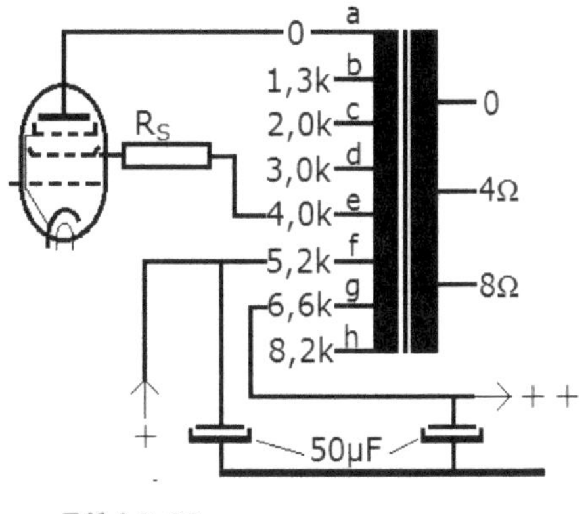

Bild 2-28

Es gibt aber Alternativen zur **Brummkompensation:**
Die einfachste Variante besteht in der Erhöhung der Kapazität der Siebkondensatoren auf 2 x 100 µF. Die Verwendung von 50 µF ist ein Relikt aus der Zeit der Gleichrichterröhren: Die Röhrenhersteller hatten 50 µF als Maximalwert angegeben. Um den Garantieanspruch der Kunden nicht zu gefährden, wurden generell nur 50 µF verbaut. *(gefunden in: Funkschau 15/1960/S. 393).* In privaten Anwendungen wurden durchaus auch 2 x 100µF verbaut *(s. Bauvorschlag in Funkschau 19/1959,* **P115***),* zumal in der Praxis keine Probleme festgestellt wurden. Es ging um den Schutz vor dem Einschaltstromstoß. Weil wir bei Ersatz eines Selengleichrichters durch Si-Dioden ohnehin mit Vorwiderständen arbeiten, können wir ohne Bedenken 2 x 100 µF verbauen. Nach früheren Geräteberichten ist damit keine Restwelligkeit mehr feststellbar. Notfalls legen wir noch etwas drauf.

Wir können daher, falls erforderlich, auch unbesorgt bei einer Instandsetzung der Stromversorgung mit 100 µF Kondensatoren arbeiten. Handelt es sich um eine Sanierung des Originalzustandes, hinterlässt man eine Dokumentation der Änderungen im Gehäuse. *Bild 2 29* ⇒
Bei Gegentaktendstufen in Geräten der Oberklasse oder in Eintakt-Endstufen mit höherer Leistung findet man eine weitere Variante der Brummkompensation, die der klassischen Siebkette entspricht. Eine gut gesiebte Gleichspannung am Schirm-

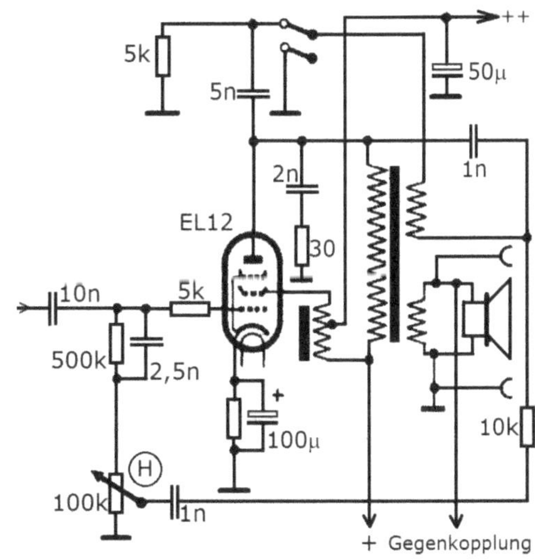

71

gitter wirkt sich besonders glättend auf den Anodenstrom aus, ist der üblichen Brummkompensation an der Pimärwicklung des Ausgangstransformators überlegen, weil die 50 Hz-Restwelligkeit zusätzlich gegenkoppelnd wirkt. Bild 2-29 zeigt eine Grundig-Schaltung *(540W)* mit einer EL12, der Anodenstrom beträgt 62 mA bei einer Anodenspannung von 270 Volt.

Was soll das Ganze? könnte man nun fragen. Eine maximale, an den Lautsprechern zur Verfügung stehende Leistung von einem Watt bietet bei einem zehntel *(100 mW)* eine ausreichende, verzerrungsarme Lautstärke. In der *Funkschau 9/1958* wird ein Rundstrahler besprochen, der mit einer Leistung von nur **25 Watt** eine kreisförmige Freifläche mit einem Durchmesser von **100 m** beschallt.

Aber warum kaufen Menschen in einem Land mit einem Tempolimit 80/120 einen Maserati? Die moderne Röhrenverstärkerfraktion beginnt mit der Leistung bei *2 mal zweistellig* und reicht bis *2 mal dreistellig* und reicht beim Preis bis *einmal vierstellig*. Auch das sind Glücksgefühle auslösende leuchtender Hingucker, bzw. Hinhörer *(aber ein Maserati hört sich auch nicht schlecht an)*.

2.1.5 Strom- und Spannungsgegenkopplung in der Endstufe

Der Gedanke liegt daher nahe, eine scheinbar überdimensionierte Endpentode durch eine starke, frequenzneutrale Gegenkopplung herunterzubremsen. Band 2 zeigt im *Abschnitt 9.3.1* ein Beispiel *(Braun SK 2/2)* mit einer EL84. Ein weiteres Bespiel für eine starke frequenzneutrale Gegenkopplung findet sich in der *Funkschau 10/1957* **(P112)** – s. *Bild 2-30*. Hier läge auch der Gedanke an ein Weglassen des Katodenelkos der Endröhre nahe, aber die *(16-fache)*

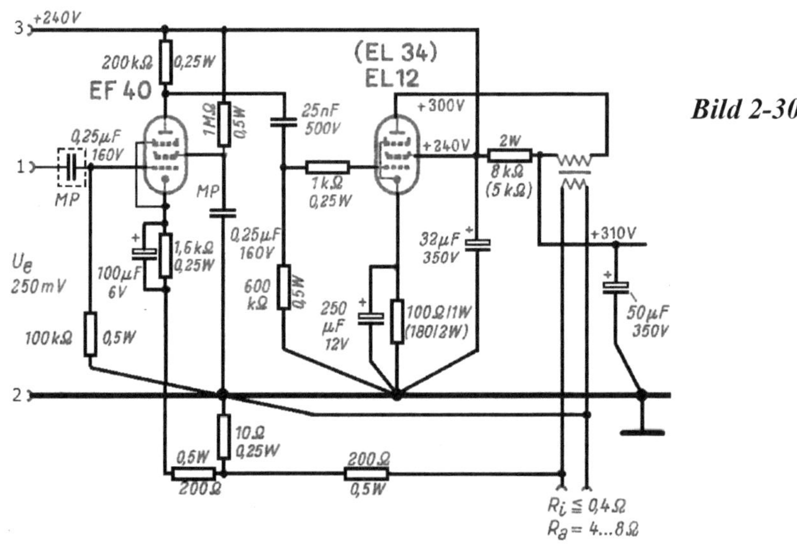

Bild 2-30

72

Gegenkopplung wirkt hier auf die Katode der EF 40. Der Frequenzbereich reicht von 20 bis 20000 Hz, die Anodenspannung wird mit einer EZ12 erzeugt.

Auch bei dieser Schaltungsvariante steht die möglichst naturgetreue Wiedergabe in Hi-Fi-Qualität bei Zimmerlautstärke im Fokus. Man setzt aber auch auf eine hochwertige Lautsprecherqualität und −Anordnung.

Bei Verstärkern sucht man das Lautstärkepotentiometer mit Anzapfungen für die Sicherstellung der gehörrichtigen Lautstärke meist vergeblich. Diese wird in Abhängigkeit vom gewählten Tonträger und der gewünschten Lautstärke mit den üblichen Klangstellern eingestellt. Man wechselt zwischen verschiedenen Tonquellen, und passt die Lautstärke entsprechend an.

Die vollständige Beschreibung des Verstärkers findet man ebenfalls in der Anlage **P112** *(Kleine Hi-Fi-Anlage für den Heimgebrauch)*.

Die hier gewählte Lösung sollte auch die Experimentierfreude des Lesers beflügeln. Es geht – um bei dem oben beschriebenen Vergleich zu bleiben – darum, eine gemäßigte Fahrt mit einem 5-Liter-Motor zu genießen.

Ein weiterer Verstärker mit einem Klirrfaktor von 1 % bei einer Sprechleistung von 3 Watt findet sich in der *Funkschau 14/1956* mit dem Titel *"Billiger Hi-Fi-Verstärker mit Eintakt-Endstufe"* *(s. auch Anlage **P111**)*.

Eine einfache und wirksame frequenzabhängige Gegenkopplung über den Katodenwiderstand finden wir beim Schaub Lorenz Goldsuper 58 *(Bild 2-31)*: Der Schalter S wird für Sprachwiedergabe, wie gezeichnet, geöffnet, damit wird auch der Gegenkopplungszweig zur Klangregelung etwas zurückgenommen. Im Katodenzweig werden tiefe Töne zurückgenommen, für eine Frequenz von 50 Hz wirkt ein Katodenwiderstand *(Parallelschaltung 170 Ω/3 µF)* von ca. 150 Ω, bei 800 Hz wirken ca. 50 Ohm.   ***Bild 2-31*** ⇒

Die noch höheren Frequenzen werden, wie üblich, im Bereich der Klangformung durch parallelgeschaltete Kondensatoren im nF-Bereich unterdrückt.

Maßnahmen der Stromgegenkopplung in der Endstufe, wie zum Beispiel die Schirmgitter-gegenkopplung, reduzieren vor allem nicht-lineare Verzerrungen, die bei großen Aus-steuerungen auftreten *(s. auch Band 2, Abschnitt 4.3)*. Frequenzabhängige Gegenkopp-lungen schwächen bestimmte Frequenzbereiche ab.   *Zur Gegenkopplung s. auch* **P97**)

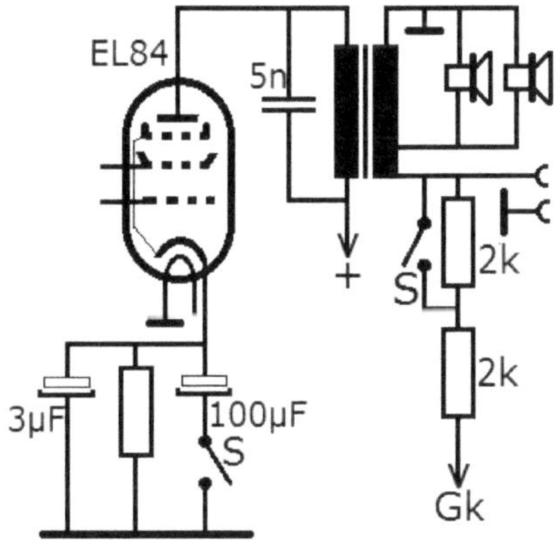

Warum eigentlich? Oder:

2.1.6 Was versteht man eigentlich unter "gehörrichtiger Lautstärke"?

Man versteht darunter die gleiche Empfindung der Lautstärke über den gesamten Frequenzbereich. Diese Eigenschaft haben unsere Ohren aber nur bei größeren Lautstärken, wie sie zum Beispiel bei einer Big Band oder einem Sinfonieorchester auftreten. Hören wir aber diese Darbietungen bei Zimmerlautstärke, geht die empfundene Lautstärke bei tiefen und bei hohen Frequenzen zurück. Für eine *Gehörrichtige Lautstärke* müssen diese Frequenzbereiche wieder angehoben werden. Daher haben die Lautstärkesteller meist mehrere Anzapfungen, um diese Forderung für jede Lautstärke erfüllen zu können. Meist werden dazu die Signale von der Sekundärwicklung des Ausgangstransformators auf die Eingangsstufe(n) des Tonverstärkers gegengekoppelt. Wird dadurch der mittlere Frequenzbereich zurückgenommen, entspricht das einer Anhebung der tiefen und der hohen Frequenzen. Soweit ist die hier besprochene Endstufe an diesem Prozess beteiligt.

Bei den PDF-Anlagen gibt es ein Beitrag zum Thema *"Schaltungen zur Klangbeeinflussung"* aus der *Funkschau 10/1962* **(P40),** der vor allem auf die korrekte Bezeichnung der Stellglieder hinweist.

Mit dem Thema der Klangbeeinflussung für eine ***Bild 2-32*** ⇒ gehörrichtige Lautstärke hat man sich schon in den 1930er Jahren in den Fachzeitschriften beschäftigt *(FUNK 1939, S. 55 und 166)*, s. Bild rechts. Es wird auf die logarithmische Kennlinie des Lautstärkestellers und auf die für die Bassanhebung erforderliche Anzapfung hingewiesen, die bei etwa einem Drittel des Drehwinkels angebracht wurde. Diese Klangbeeinflussung galt vor allem der Bassanhebung.

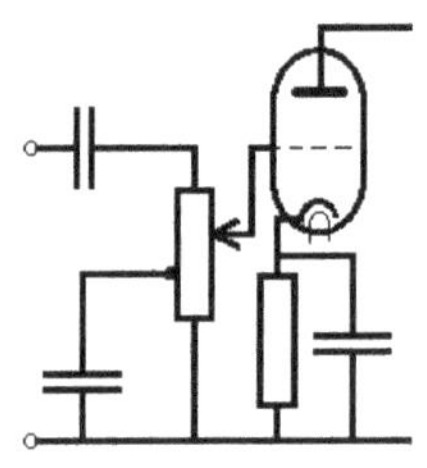

⇐ ***Bild 2-33*** Das Bild links zeigt die Widerstandsfläche eines Lautstärke-Potentiometers aus der Mitte der 50er Jahre mit einer weiteren Anzapfung. Denn erst im UKW-Zeitalter stiegen die Anforderungen an die Klangformung deutlich an.

Möchte man in seiner eigenen Schaltungsvariante ein Potentiometer mit Anzapfungen aus Altbeständen verwenden, sollte die Kontaktfläche mittels Wattestäbchen und Reinigungsflüssigkeit bearbeitet werden. Im online-Handel gibt es genügend ausgebaute Potentiometer der alten Radios, die Demontage ist einfach. ***Bild 2-34⇒***

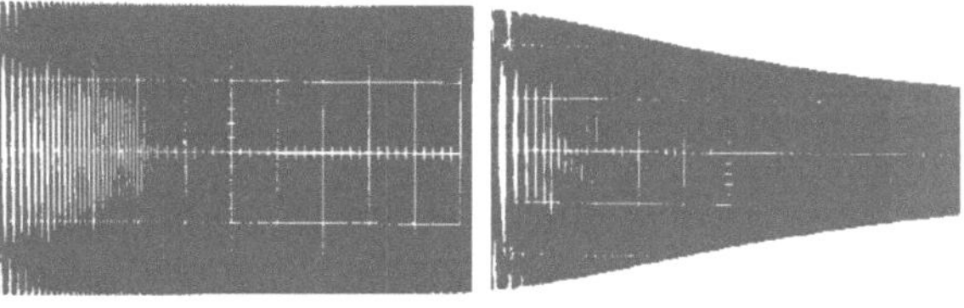

Das Bild rechts zeigt links die gewobbelte Durchlasskurve eines Lautstärkepotentiometers am oberen Anschlag mit Anzapfung zur Sicherstellung der gehörrichtigen Lautstärke gemäß Bild 2-32, hier wirkt sich der Kondensator nicht mehr aus. Die Darstellung rechts zeigt den Frequenzverlauf mit Bassanhebung bei einer mittleren Stellung des Lautstärkestellers. In der Praxis gilt diese Klangkorrektur der Bassanhebung, die Höhen werden mit dem dafür vorgesehenen Steller individuell angepasst, denn auch das kleinste Radio verfügt über die so genannte Tonblende zur Höhenkorrektur.

Gelingt es, diese Anforderungen schaltungstechnisch umzusetzen, sollte man keine Höhen- und Tiefensteller mehr benötigen. Eine *Sprache/Musik*- Taste könnte dann ausreichen. Bei neueren (*Hi-Fi*) - Verstärkern sichert die "loudness-Taste" die gehörrichtige Empfindung bei Zimmerlautstärke. Der Begriff *"contour"* wird ebenfalls verwendet.

Höhen- und Tiefensteller ermöglichen die Einstellung eines individuellen, als angenehm empfundenen Klangs, evtl. auch die Anpassung an Gehörschwächen und an die Räumlichkeiten, was dann aber nichts mit gehörrichtiger Lautstärke zu tun hat. Der Klang wird lediglich so empfunden. In der Möglichkeit der individuellen Anpassung liegt also der Zweck der Höhen- und Tiefensteller. Man könnte also mit diesen Stellern genau den "richtigen" Klang einstellen. Aber den kennen wir nicht, er ist in unserem Gehirn nicht gespeichert. Mit dieser Problematik setzt sich in der *Funkschau 24/1957* ein Aufsatz mit dem Titel ***"Jenseits von Hi Fi"*** auseinander *(s. Anlage* **P31**).

Wir erinnern uns aber an die Klänge, bei denen wir uns wohlgefühlt haben. Das ist zum Beispiel Kammermusik, Sinfonieorchester, Big Band, Tanzlokal *(Klangmuster "intim")* oder Diskothek.

Wer aber eine individuelle Schaltung nach seinem Geschmack aufbaut, kann auf Höhen- und Tiefensteller verzichten. Eine *"Konzert"(≙ Loudness)* und eine *"Sprache"* Taste reichen möglicherweise aus. Bei größeren Geräten mit mehreren Lautsprechern (z.B. Hoch-, Tief- und Mitteltöner) schaltet man diese mit den Klangtasten zu oder ab. Denn die Wahl und die Anordnung der Lautsprecher beeinflussen den Klang ebenfalls. Man sollte sich schon bei den ersten Planungen der Endstufe mit der angestrebten Lautsprecherkombination beschäftigen. Das betrifft auch deren konstruktive Anordnung. Insbesondere ist auf die Phasengleichheit der angeschlossenen Lautsprecher zu achten.

Etwas aufwändiger ist die Wiedergabe der unteren und oberen Frequenzen über verschiedene Kanäle *(Endstufen)*, die man nicht nur bei Philips *(s. Band 2, Abschnitt 4.6.3)* findet.

Im vorliegenden Band wird vorgeschlagen, Klangkorrekturen so weit wie möglich in der Endstufe zu realisieren. Die Vielfalt der möglichen Klangregelnetzwerke in den Vorstufen des Verstärkers geht gegen *"unendlich"*. Man orientiert sich besser an den unzähligen verfügbaren Schaltplänen der 50er/60er - Radios. Klangregelnetzwerke sind bei den Radios der 50er Jahre nur bedingt austauschbar, müssen diese doch an die Eigenschaften der Gehäuse und Lautsprecher angepasst werden. Bei modernen Stereoanlagen versucht man vor allem, den Klang durch die Wahl geeigneter Lautsprecherboxen zu optimieren.

In der zweiten Hälfte der 50er Jahre stand die Klangqualität im Fokus des Wettbewerbs, was sich in einer unüberschaubaren Anordnung der Schaltungselemente präsentierte. Im Band 2 *(Abschnitt 4.1.3)* werden dazu 10 Schaltungsbeispiele besprochen.

Um Band 3 nicht mit weiteren Schaltungsbeispielen aus der Fachliteratur aufzublähen, stehen im Leserportal weitere Schaltungen zur Klangformung zur Verfügung. Bei Probeaufbauten zum Experimentieren kann man sich an fertigen Baugruppen orientieren, die in Online-Portalen günstig angeboten werden.

In den Abschnitten 2.3.4 und 2.3.5 findet man eine Einführung in die „Kunst" des Lesens von Schaltplänen.

2.1.6.1 Eine Schaltungsvariante zum Experimentieren mit der gehörrichtigen Lautstärke …

… findet man in der **FUNKSCHAU**-Schaltungssammlung 1955 Seite 19, (Loewe-Opta Meteor 558 − **P238**). An Stelle eines angezapften Lautstärkestellers werden zwei gekoppelte Steller verwendet, was sich besonders zum Experimentieren eignet. Die Berichte enthalten neben einem vollständigen Schaltbild auch Detailskizzen mit einer Beschreibung:

"Gleich am Eingang des Nf-Teiles liegt ein doppelter Lautstärkeregler, der gehörrichtig regelt. Der 1-MΩ-Regler (links) besitzt infolge der beiden 10-nF-Kondensatoren in der Fußpunktleitung einen höheren Widerstand für tiefe Frequenzen. Man greift daher vorzugsweise tiefe Töne an diesem Regler ab. Über den 40-pF-Kondensator zwischen Scheitel und Abgriff dieses Reglers gelangen aber auch hohe Frequenzen zum Schleifer, so daß lediglich die Mittellagen durch

diese Anordnung abgesenkt werden. Da jedoch wegen der frequenzabhängigen Fußpunktwiderstände die Lautstärke nicht auf Null herabgeregelt werden könnte, folgt nun ein zweiter Regler (1 MΩ lin), dessen Achse mit der des ersten gekuppelt ist. Dieser zweite Regler teilt nun die Spannung bis auf Null herunter. Diese Eingangsschaltung enthält noch zwei durch Drucktasten bediente Kontakte. Die Verbindung 1e–1f wird geschlossen in Stellung „Sprache". Dadurch wird der eine 10-nF-Kondensator überbrückt und die Baßanhebung zum Teil aufgehoben, wie für Sprache erwünscht. "

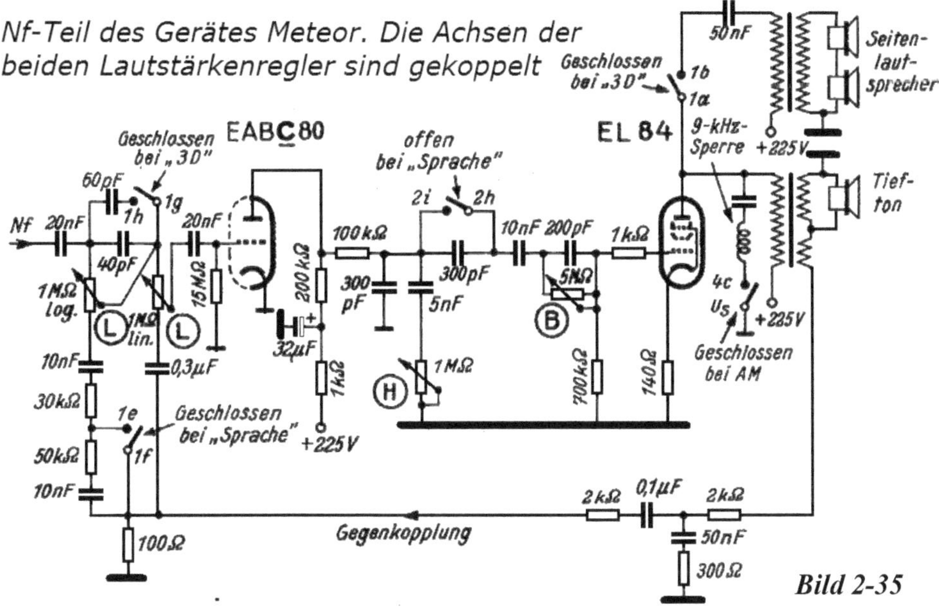

Bild 2-35

Die FUNKSCHAU Schaltungssammlung erschien 1951-1955 als Beilage zur so genannten INGENIEUR-AUSGABE. Ab 1956 wurden Empfängerberichte in die Hefte integriert.

Im Anhang **P200** findet man das Inhaltsverzeichnis der Schaltungssammlung. Auf Wunsch (*s. Leserportal*) können weitere Beschreibungen aus der Schaltungssammlung als pdf zur Verfügung gestellt werden. Die vollständigen Schaltpläne findet man auch im *www.Radiomuseum.org* überwiegend als Kopie des Originals.

2.1.6.2 Ein Lautstärkesteller im Eigenbau …

… bietet interessante Möglichkeiten zur Anpassung an eigene Vorstellungen für die Einstellung der gehörrichtigen Lautstärke. Vor allem dann, wenn das originale Lautstärke-Potentiometer nicht mehr einsetzbar ist. Für vorbereitende Versuche montieren wir einen vielstufigen Drehschalter auf einem Testbrettchen mit Lötösenleisten zur Befestigung von Widerständen, s. rechts im **Bild 2-36⇒**.

Bei 12 Schaltpositionen, sollte eine flexible Einstellung möglich sein.

Man hat nun auch die Möglichkeit, im Bereich seiner bevorzugten Lautstärke die Sensibilität der Einstellung zu dehnen. Auch der Anschluss von Gegenkopplungspfaden zur Anhebung oder Absenkung ausgewählter Frequenzbereiche lässt sich flexibel gestalten.

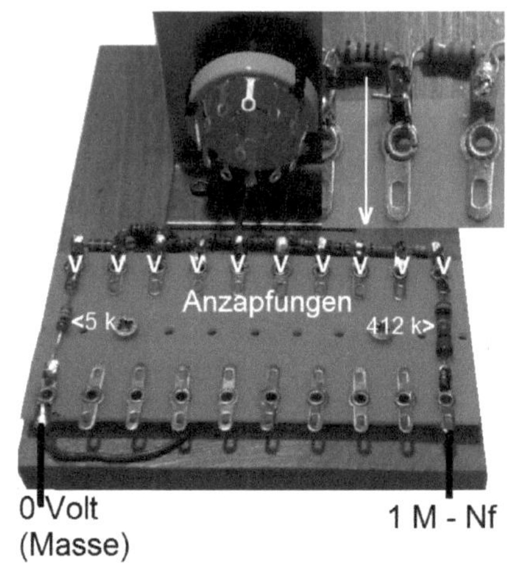

Die Ohrempfindlichkeitskurve verläuft logarithmisch. Daher wird ein Potentiometer mit *positiv logarithmischen* Maßstab zur Einstellung der Lautstärke benötigt. Lautstärke-Potentiometer haben daher bei der geometrischen Mittelstellung *(-Anzapfung)* erst ca. 20 bis 25% des Maximalwertes erreicht siehe rechts im **Bild 2-37⇒**.

Grafische Darstellungen der Ohrempfindlichkeit erscheinen trotzdem linear abgebildet, weil der Schalldruck ebenfalls einem logarithmischen Maßstab *"db"* folgt.

Zur Dimensionierug der in Reihe an den Schalteranschlüssen liegenden Widerstände ermittelt man zuerst die maximal gewünschte

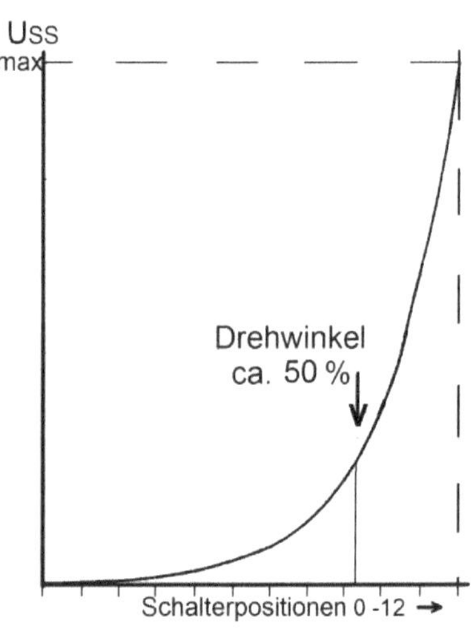

Ausgangsspannung, die Reizschwelle und die Lautstärke für die erste Schalterposition. Der Bereich dazwischen muss so mit Widerständen bestückt werden, dass die einzelnen Stufen gleichmäßig als Zuwachs empfunden werden. Man kann die Schaltstufen empirisch – nach Gehör – ermitteln, oder rechnerisch. Linear wäre eine Anordnung von gleichen Widerständen in Reihenschaltung. Logarithmisch wäre z. B. eine Reihung wie folgt: 100, 200, 400, 800, 1,6k … Weil die oberen und unteren Grenzen nicht frei wählbar sind, werden die Werte nicht so glatt. In dem hier gezeigten Beispiel wurden die maximale Spannung U_{SS} an der belasteten Sekundärwicklung des Ausgangstransformators mit 9 Volt gemessen, bzw. festgelegt. Für die erste Position des Schalters wurden 50 mV ermittelt. Für den Widerstand aller in Reihe geschalteten Widerstände orientieren wir uns an den typischen Werten der Lautstärkepotentiometer, die im Bereich 1 bis 2 MΩ liegen, im Reparaturfall bleibt man bei dem im Schaltplan angegebenen Wert. Für das hier gezeigte Beispiel wurde 1 MΩ festgelegt. Dieser Wert ergibt sich aus der Reihenschalung aller an den Schaltkontakten angelöteten Widerständen. Weil die Teilspannungen den Widerstandswerten proportional sind, berechnen wir zunächst die Teilspannungen. Wir kennen die Summe der Teilspannungen (9 V) und haben den Wert für die erste Schalterstellung nach Gehör festgelegt (50 mV). Nun müssen wir die Spannungswerte noch für 9 Schritte ermitteln. Wir fangen oben an und teilen den Wert "9" durch einen Wert (x), der uns den Spannungswert des elften Schrittes liefert. Das Ergebnis teilen wir wieder durch x, und so weiter, bis wir bei dem schon bekannten Spannungswert des ersten Schrittes (50 mV) ankommen. Wir probieren so lange, bis wir den für "x" erforderlichen Wert kennen. Man beginnt zweckmäßig mit dem Wert "2". In dem hier gezeigten Versuch ergab sich x zu "1,7". Mit diesem Wert errechnen wir nun nach dem gleichen Muster die Widerstandswerte:

(1 M), 588 k, 346 k, 203 k, 120 k, 70 k, 41 k, 24 k, 14 k, 8,4 k, 5 k, (0).

Das Ergebnis ist im *Bild 2-37* dargestellt. Wir vergessen die Plausibilitätskontrolle nicht: Weil viele Lautstärkepotentiometer eine Mittelanzapfung haben, können wir den Widerstandswert auch an dieser Position zur Kontrolle messen.

Wer den mathematischen Weg umgehen möchte, kann die Widerstandsbereiche empirisch an einem vorhandenen Potentiometer *(pos. log.)* schrittweise ausmessen. Wegen der Ungenauigkeit dieser Methode zeichnet man die daraus resultierende Kurve gemäß *Bild 2-37* und korrigiert einzelne Positionen. Das sollte dann ausreichend sein, zumal man ja auch den Wert für die Mittelstellung ungefähr kennt und nachprüfen kann. In vorliegendem Beispiel wurde das im

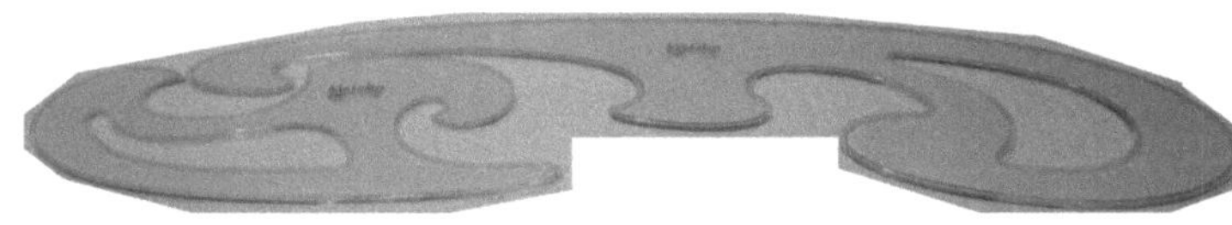

⇐ *Bild 2-38* gezeigte

Kurvenlineal – mehrfach angelegt – sehr passend verwendet. Auch das kleinere Kurvenlineal *("der Schlittschuh")* eignet sich gut für unsere Zwecke.

Beispiel:

Bei der Spannung im Bild 2-37 handelt es sich um U_{SS} am Lautsprecher. Diese Messungen sollten bei ca. 800 Hz vorgenommen werden. Eine mögliche Frequenzabhängigkeit zwischen der Spannung am Lautstärkesteller und der Spannung am Lautsprecher ist unbedeutend.

Die Widerstände können auch mit 11 kleinen Drehungen eines intakten Potentiometers abgenommen werden.

Es ist zweckmäßig, mit den bisher ermittelten Werten der Widerstände eine Schaltung zum Experimentieren aufzubauen. Wir beginnen mit dem für die niedrigste Stufe ermittelten Wert (5 k) und fahren dann mit den Differenzwerten der oben gezeigten Reihe fort, z. B: 8,4 k – 5 k = 3,4 k.

Die im Handel zur Verfügung stehenden Widerstandswerte entsprechen den

ermittelten Werten ziemlich genau. In Ausnahmefällen behilft man sich mit Parallelschaltungen. Man kann nun in Ruhe die möglichen Positionen für Bassanhebungen mit der Gegenkopplungsspannung untersuchen bzw. realisieren, oder auch einzelne Werte nach Gehör korrigieren.

Weil die Widerstände keine Leistung vernichten, können wir mit kleinen Bauformen arbeiten, die später direkt auf die Anschlüsse des Schalters gelötet werden können.

Nun beginnen wir mit verschiedenen Versuchen. Vom Lautsprecheranschluss legen wir als Gegenkopplungspfad einen Kondensator mit 1,2 nF über einen Widerstand an die dritte Schalterposition. Die gewobbelte Durchlasskurve *(s. im Bild 2-39)* zeigt eine deutliche Tiefenanhebung bei noch geringer Lautstärke *(Schalterposition 3).*

Bild 2-39 ⇒

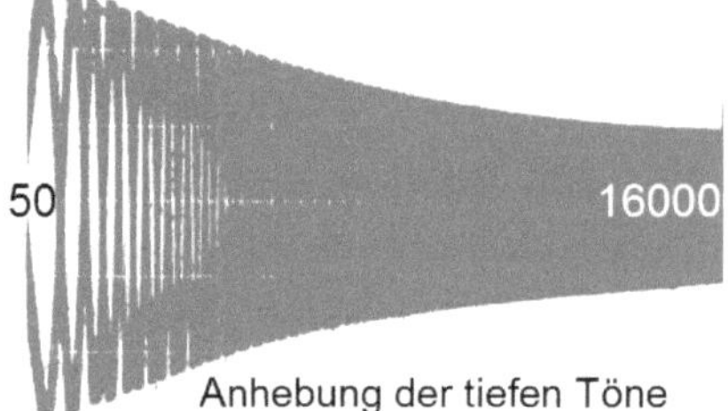

Schaltet man weiter zu höheren Lautstärken geht die Tiefenanhebung zurück, die wir ja auch z.B. bei Sprache mit höherer Lautstärke nicht brauchen können.

Wir können nun mit weiteren Gegenkopplungspfaden bei bevorzugten Lautstärken experimentieren. Zur Manipulation bei verschiedenen Lautstärken können auch Parallel- oder Reihenschwingkreise – mehr oder weniger bedämpft – vewendet werden.

Man wird die Vorteile dieses Lautstärkestellers schätzen lernen, weil man sich auch die gewählte Lautstärkepositionen merken kann.

Es kann sinnvoll sein, die *(frequenzneutrale)* Gegenkopplung von der Klangformung zur gehörrichtigen Lautstärke zu trennen. Dann wird ein Kondensator, meist in Reihe mit einem Widerstand, von einer oder mehreren Anzapfungen des Potentiometers auf Masse gelegt.

Es kommt vor, dass nach immerhin 60 Jahren an den Anzapfungen der Lautstärke-Potentiometr kein Kontakt zur Beschichtung mehr besteht. Das kann man ohne Vergleichsmöglichkeiten nicht hören. Zum Nachweis muss die Anschlussöse freigelegt werden.

Das *Bild 2-41* zeigt die Prinzipschaltung. Im Grundig 5040 W/3D *(s. im Abschnitt 2.3.5)* gibt es drei Anzapfungen.

Mit unserem Testbrettchen *(Bild 2-36)* können wir nun verschiedene Varianten mit R-L-C-Netzwerken ausprobieren.

Bild 2-40⇒ rechts zeigt die Anhebung der mittleren Frequenzlage bei Verwendung einer Drossel und eines Kondensators, jeweils in Reihe mit einnem Widerstand an einer oder auch an verschiedenen Anzapfungen. Die Widerstände sind erforderlich, um den Gesamtwiderstand des Netzwerkes abzustimmen. Wir finden zum Beispiel unter den Schaltbeispielen eine Reihenschaltung 50 kΩ/10 nF an einer Anzapfung. Ohne den Widerstand würde sich der Wechselstrom-widerstand des Kondensators im Frequenzbereich 50 Hz bis 16 kHz um das 320-fache ändern, mit dem 50 kΩ-Widerstand nur noch um das 7-fache. Zur Demonstration der Dimensionierung betrachten wir ein R-L-C Netzwerk, die nebenstehende Skizze zeigt ein Beispiel: ***Bild 2-41 ⇒***

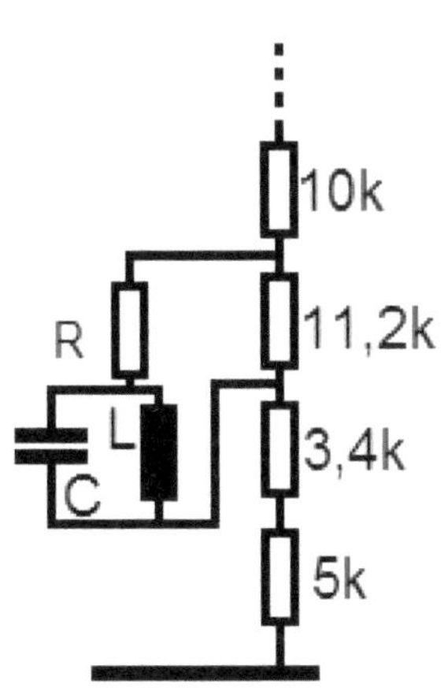

Dabei wird der 5,6 k-Widerstand *(zwischen 10k und 3,4k)* durch 11,2 kΩ ersetzt. Parallel liegt ein R-L-C-Netzwerk, das bei der Frequenz f = 800 Hz einen Wechselstromwiderstand von ebenfalls 11,2 k haben muss. Mit der Parallelschaltung wirkt wieder ein Widerstand von 5,6 kΩ, der sich aber bei jeder Frequenzänderung *(positiv oder negativ)* verringert.

Die Frequenz 800 Hz erfährt also die größte Verstärkung.

Schaltet man den Drehschalter nun einige Stellungen weiter, so verschwindet dieser Effekt jedoch wieder, weil die Widerstandsänderungen im oberen zweistelligen kΩ-Bereich ihre Wirkung verlieren.

Der Kondensator C und die Induktivität L müsen bei 800 Hz gleiche Wechselstromwiderstände aufweisen. Wenn R = 9 kΩ ist, verbleiben für die Parallelschaltung L/C noch 2,2 kΩ bei 800 Hz und davon jeweils das Doppelte für L und C. Die geänderten Werte: R = 9 kΩ, L = 0,88 H, C = 45 nF oder auch 8,7 kΩ, 1 H, 40 nF. Die Breite der Regelung kann durch das Verhältnis R zu L/C eingestellt werden. Diese Anordnung kann nun beliebig variiert werden, über die Anzahl der Schaltstufen, nur mit C oder L oder als Parallelschaltung R-L-C.

2.1.6.3 Es muss nicht immer die Sekundärwicklung sein, …

… wenn ein Gegenkopplungspfad zur Sicherstellung der gehörrichtigen Lautstärke gebraucht wird. Es ist uns schon bekannt, dass eine Gegenkopplung über mehrere Stufen Risiken birgt, weil sich frequenzabhängige Phasenverschiebungen ungünstig auswirken können. SABA hat im *Meersburg W5-3D* eine andere Lösung gefunden, bei der ein Netzwerk zur Absenkung der mittleren Tonfrequenzen vor dem Gitter der Endröhre liegt. Es handelt sich um eine Doppel-T-Schaltung mit RC-Gliedern, siehe im **Bild 2-42** ⇒.

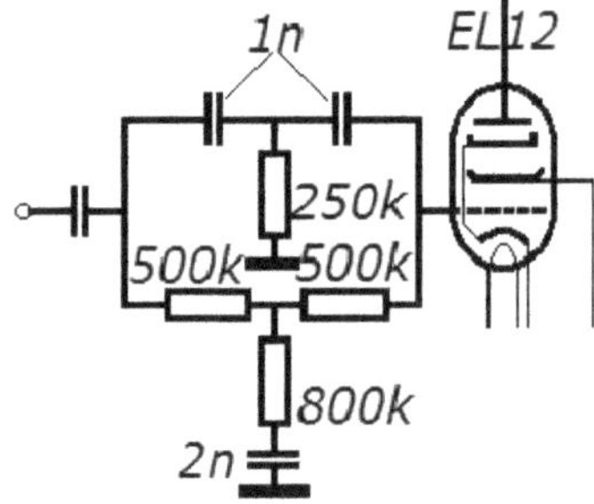

Man kann sich das obere T-Glied als Hochpass und das untere als gedämpften Tiefpass vorstellen. Das heißt, die mittleren Frequenzbereiche bleiben etwas auf der Strecke, sie werden abgesenkt. Soweit die Prinzipschaltung, im Gerät wird der untere Teil der T-Schaltung mit dem Lautstärkesteller verkoppelt. Dadurch wird die Tiefenanhebung bei kleiner Lautstärke nochmals unterstützt. Die Schaltung reagiert außerdem am Linksanschlag des Bass-Stellers. Die vollständige Gerätebeschreibung ist bei **P125** abgelegt. Die gehörrichtige Lautstärke wird auch hier durch eine Spannungsgegenkopplung realisiert.

2.1.6.4. Automatische Bassanhebung – ganz anders

In der Fachliteratur der 50er Jahre findet man zahlreiche Vorschläge zur Realisierung einer automatischen Bassanhebung bei kleiner Lautstärke im Nf-Verstärker, z.B. im **Bild 2-43** ⇒ Das erste Triodensystem (links) arbeitet als Diode. Die Größe der an der Anode entstehenden Gleichspannung hängt von der Frequenz *(bedingt durch C1)*

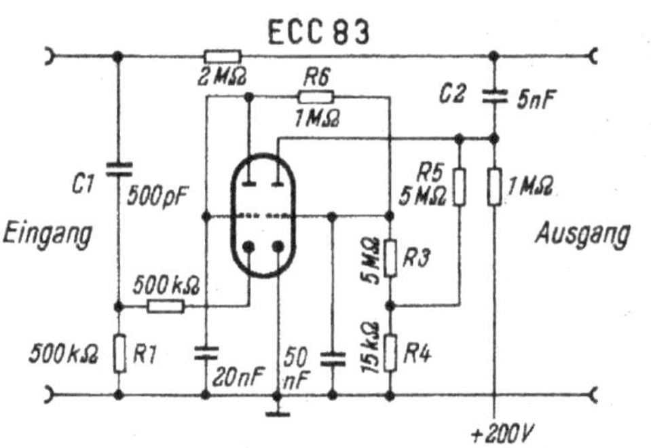

Automatische Baßanhebung bei kleiner Lautstärke durch eine gesteuerte Röhrenstrecke

und der Höhe der an der Katode anliegenden Wechselspannung ab und liegt über R6 am Gitter des zweiten Triodensystems. Je geringer die Eingangswechselspannung ist, je mehr wirkt C2, die Höhen werden reduziert und die Bässe angehoben. C2 bildet mit dem in Reihe liegenden *(von der Gitterspannung abhängenden)* Innenwiderstand des zweiten Triodensystems ein RC-Glied. R5 wirkt zusätzlich gegenkoppelnd.

(Quelle: Miller, E. C., Simplified Automatic Tone Compensator. Radio & Television News 1957, Febr., Seite 67)

Eine Bauanleitung für **ein zusätzliches Bassregister** *(s. Bild rechts)* **Bild 2-44⇒** mit einer Triode zeigt die Funkschau im Heft 16/1956, s. Anlage **P46**.

Nach diesen realen Beispielen *(mit realen Bässen)* wenden wir uns *(mit etwas Zauberei)* einer weiteren Schaltungsvariante zu:

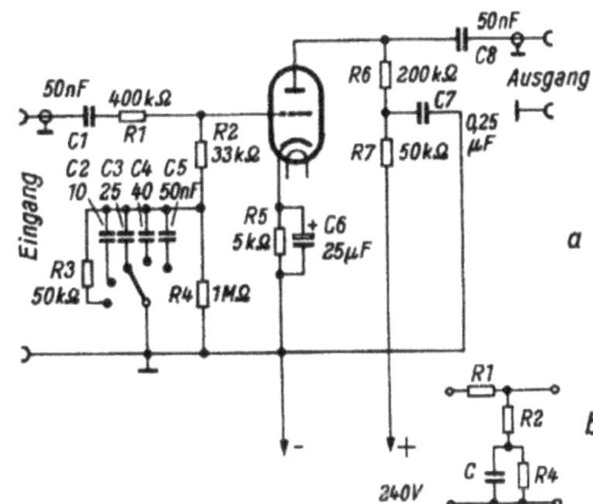

Synthetische Bässe?

Mit diesem Schlagwort befasst sich ein Artikel in der FUNKSCHAU 1957 – Heft 15 *(s. Anlage **P45**)*: Es geht um einen Phonokoffer, von dem man konstruktionsbedingt keine ausgeprägten tiefen Töne *(Bässe)* erwarten kann. Es wird behauptet dass es ausreicht, die Obertöne eines tiefen, im Lautsprecher nicht mehr hörbaren Tones zu übertragen, unser Bordcomputer würde dann den fehlenden Grundton generieren. Um die Obertöne zu generieren, wird der Grundton durch einen Rückkopplungsweg verzerrt.

Wir wollen sicher gehen und machen folgendes Experiment: Ein einfacher Ovallautsprecher wird mit der Vorderseite auf ein dickes Holzbrett gelegt und mit einem sinusförmigen Signal ≤ 50Hz angesteuert, *(s.⇓ **Bild 2-45** links)*.

Das Hörvermögen ist bekanntlich alters-abhängig, hier wurde bereits bei 50 Hz kein Ton mehr wahrgenommen. Sobald der Sinuston verzerrt wurde *(zum Beispiel durch Übersteuerung – s. **Bild 45** rechts)*,  und damit Obertöne generiert, war der fehlende Ton kräftig aus der der Richtung des Lautsprechers zu hören.

Nun ist aber bekannt, dass alle Musikinstrumente mehr oder weniger komplexe Obertöne erzeugen. Mit den hier beschriebenen Rückkopplungsmaßnahmen ist aber eine zusätzliche Verstärkung verbunden.

Einige Experimente zu diesem Thema werden sicher interessant sein!

2.1.7 Eine Versuchsanordnung für diverse Messungen

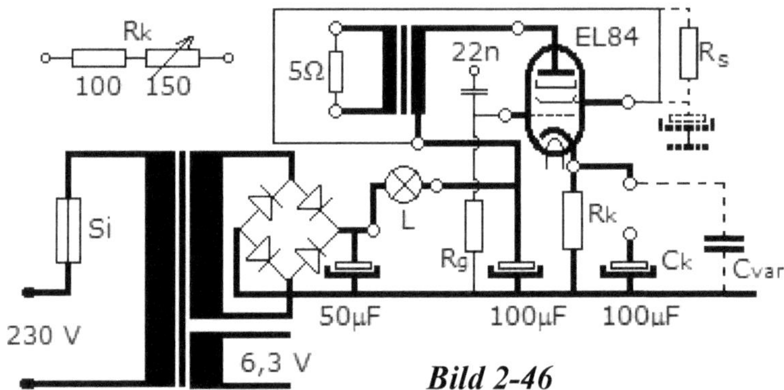

Bild 2-46

Schon im zweiten Band wurde empfohlen, umfangreiche Versuche mit hohen Spannungen nicht mit fliegenden Aufbauten durchzuführen. Eine Brettschaltung ist auch für die oben gezeigte Anordnung zu empfehlen. Dabei werden die Komponenten so montiert, dass sie für weitere Verwendungen unversehrt wieder demontiert werden können. Die erforderlichen Verbindungen lassen sich einfach und sicher mit Prüfkabeln herstellen. Hier wurden handelsübliche, 20 cm lange Prüfkabel mit isolierten, angelöteten Krokodilklemmen in fünf verschiedenen Farben verwendet. Weil wir es auch mit hohen Gleichspannungen zu tun haben, ist eine gute Isolierung und die Verlötung der Klemmen *Bild 2-47→* wichtig.

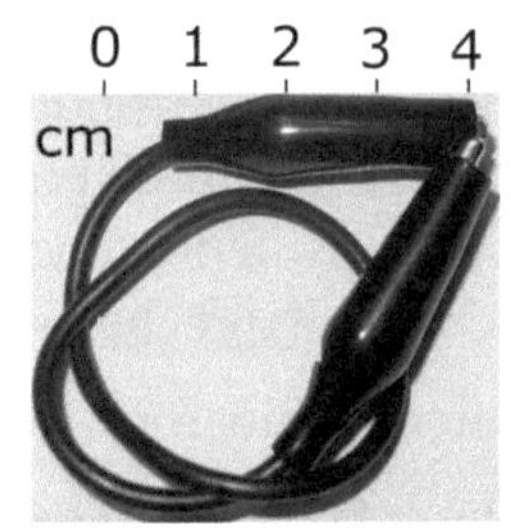

Die Demontage oder Ergänzung einer übersichtlich aufgebauten Schaltung fällt leichter. Die hier im Band 3 gezeigten Brettschaltungen sind – im Gegensatz zu den im Band 2 gezeigten – eher für eine temporäre Nutzung gedacht. Man verbaut zeckmäßig *(beschriftete!)* Lötösenleisten.

Band 2 zeigt im Abschnitt 4.4 eine ähnliche Brettschaltung, die aber noch eine Vorstufe mit der Doppeltriode ECC 83 hat. Das bietet die Möglichkeit, auch Gegentaktendstufen anzusteuern.

Bild 2-48 zeigt einen dem Bild 2-46 entsprechenden Aufbau. Anhand des Schaltbildes können die beabsichtigten Messungen vorher geplant werden.

Die Einzelheiten: Der Netztransformator wurde so gewählt – bzw. konfiguriert –, dass Anodenspannungen bis 300 Volt möglich werden.

Mit verschiedenen handelsüblichen 260-Volt Lampen *(L im Bild 2-46)* können

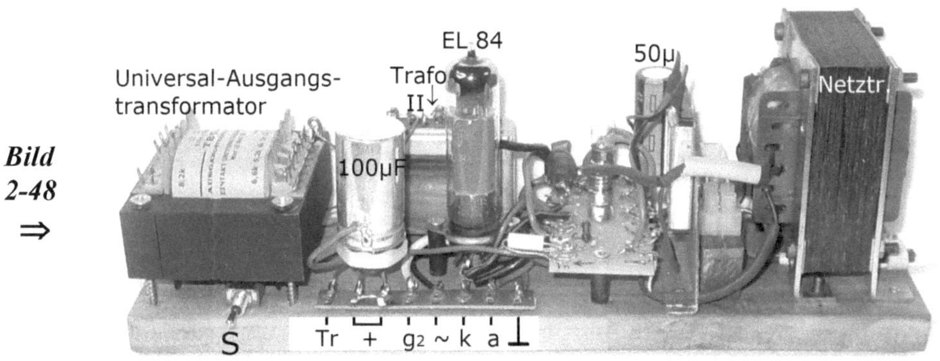

verschiedene Anodenspannungen eingestellt werden. Dazu eignet sich die in Band 2 *(Abschnitt 3.2.2)* beschriebe Vorrichtung *(das Lastbrettchen)*. Die Lampen wurden dabei so gewählt, dass **Anodenspannungen 200, 250 und 300 Volt** eingestellt werden können. Bei der Verwendung von Lampen als Vorwiderstand lassen sich Unregelmäßigkeiten des Anodenstromes während der Messungen sofort erkennen. Es ist darauf zu achten, dass auch die Fassungen der Lampen für 250 Volt geeignet sein müssen. Wichtig ist auch eine Betriebsanzeige an der Heizspannung *(Skalenlampe oder LED)*.

Die Brettschaltung enthält zwei Ausgangstransformatoren, einen bekannten und den zunächst unbekannten Universaltransformator. Über den Schalter "S" wird der zu messende Transformator ausgewählt, die Anschlüsse "a" und "Tr" können auch fest verbunden werden. Der Schalter "S" hat eine Null-Position, so dass ein weiterer, externer Transformator in die Messreihen einbezogen werden kann. Der 5 Ω Lastwiderstand an der Sekundärwicklung für eine Leistung von mindestens 5 Watt darf nicht vergessen werden.

Das kalte Ende der Primärwicklung muss jeweils mit dem "+" Anschluss verbunden werden. Das Schirmgitter kann mit einem kurzen Kabel an das kalte Ende der Primärwicklung gelegt werden, die Spannung entspricht dann der Anodenspannung, liegt jedoch – im Gegensatz zur Anode – wechselstrommäßig auf Masse. Mit diesem Aufbau lässt sich das Schirmgitter auch an eine Anzapfung der Primärwicklung legen *(Schirmgittergegenkopplung)*. An der Anschlussöse "g₂" kann auch der Schirmgitterstrom nachgemessen werden. Die Sollwerte entnimmt man den Datenbüchern.

Es wurde schon darauf hingewiesen, dass sich die Elektrolytkondensatoren bei nur kurzzeitigem Einschalten *(oder ohne Röhre)* nicht entladen können. Das gilt besonders für Elkos aus neuer Fertigung, die man hier zweckmäßig verwendet.

Die Leerlaufspannung misst bei der hier gewählten Anordnung >300 Volt.

Daher sollten unbedingt Entladungswiderstände parallel zu den Elkos der Spannungsversorgung geschaltet werden. Zum Beispiel: 200 kΩ/0,5 W, oder 400 kΩ/0,25 W.

Der Katodenwiderstand kann im Bereich 100 - 250 Ω variiert werden, um – in Abhängigkeit vom Anodenstrom – die richtige negative Gittervorspannung einstellen zu können. Dabei müssen ebenfalls die Daten aus dem Röhrenhandbuch berücksichtigt werden. Der parallel liegende Katodenelko kann standardmäßig mit 100 µF – oder für eine frequenzabhängige Gegenkopplung – auch deutlich kleiner gewählt werden. Diese Konfiguration findet man doch eher selten *(s. auch Abschnitt 2.1.5 Bild 2-31)*.

Um für weitere Versuche gerüstet zu sein, ist die Anschlussmöglichkeit an die Anode wichtig, nicht nur um die Spannungen zu messen, sondern zum Beispiel um den Einfluss des im Abschnitt 2.1.3.3 beschriebenen Kondensators untersuchen zu können.

In der Stromversorgung wurde ein Siemens-Flachgleichrichter verbaut, daher können die Vorwiderstände zur Minderung der Spannung und des Einschaltstromstoßes *(s. Band 1, S. 179)* entfallen. Das Bild rechts zeigt die unbedingt erforderliche Isolierung der Anschlussklemmen des Gleichrichters mit Schrumpfschlauch.   ***Bild 2-49***$\Rightarrow$

R_g kann mit ca. 800 kΩ gewählt werden, bei **Cvar** beginnt man mit Werten von 1 bis 5 µF.

R_S ist *(falls erforderlich)* abhängig vom Schirmgitterstrom, man beginnt bei ca. 1 kΩ und misst den Strom.

Anmerkung: Es geht hier vorerst nur um die Messpraxis, wobei wir bei relativ niedrigen Spannungen und Strömen arbeiten und verschiedene Betriebsdaten ausprobieren. Für einen praxistauglichen Verstärker müssten zum Beispiel, je nach Lage des Arbeitspunktes, jeweils auch der Katodenwiderstand und der Ausgangswiderstand angepasst werden. Das heben wir uns für später *(s. Abschnitt 2.1.11)* auf.

Band 2 zeigt im Abschnitt 4.4 eine ähnliche Brettschaltung, die aber noch eine Vorstufe mit der Doppeltriode ECC 83 hat. Das bietet die Möglichkeit, auch Gegentaktendstufen anzusteuern. Fortgeschrittene Leser könnten zum Beispiel beide Schaltungen zusammenführen.

2.1.7.1 Der Aufbau von Brettschaltungen …

… erfordert Sorgfalt, weil mit sehr hohen Spannungen gearbeitet wird. Trotz zahlreicher Hinweise zum Thema *"Sicherheit"* wird hier noch einmal am Beispiel einer Stromversorgung eine mögliche Vorgehensweise demonstriert.

Im Band 2 *(Abschnitt 3.2.1)* wurde der Aufbau einer Stromversorgungsbaugruppe beschrieben, mit der zum Beispiel Radiogeräte mit defekter Stromversorgung betrieben werden können.

Band 2 zeigt einige autarke Referenzbaugruppen, mit denen Messergebnisse leicht zugänglich, zum Vergleich mit denen der untersuchten Radiogeräte, gewonnen werden können.

Im Band 3 geht es vorwiegend um schaltungstechnische Experimente. Aber auch die Versuchsschaltungen brauchen eine Stromversorgung. Dazu könnte eine gesonderte Baugruppe *(s. oben)* verwendet werden. Weil aber bei den schaltungstechnischen Experimenten mit anklemmbaren Verbindungskabeln gearbeitet wird, können die zusätzlichen Kabel zur Stromversorgung stören.

Band 3 zeigt daher Brettschaltungen mit eigener Stromversorgung, deren Spannungs- und Stromwerte jeweils an die bearbeitete Schaltung angepasst werden können, ohne dass Bauteile der Stromversorgung geändert werden müssen. Daher können Vorkehrungen gegen versehentliches Berühren getroffen werden. Die Schaltungselemente der Versuchsschaltungen werden so aufgebaut, dass sie leicht verändert oder neu aufgebaut werden können.

Hier wird daher der Aufbau einer Stromversorgung beschrieben, die auf einem 31 cm langen Brettchen 13 cm belegt und genügend Platz für diverse Nf-Verstärkerstufen lässt.

Auch wenn hier auf Hartholz *(spez. Gewicht ≈ 1)* montiert wurde, sollte wegen der gegenüber einer Chassismontage schlechteren Wärmeableitung ein deutlich überdimensionierter Netztransformator gewählt werden. Das Eisen wird mit dem Schutzleiter *(ge/gn)* des Netzkabels verbunden, *(s. Markierungen* V) nicht jedoch das Masse-Potential. ***Bild 2-50*** →

Wer sich erstmals mit solchen Brettschaltungen beschäftigt, sollte sich nicht zu viel auf einmal vornehmen. Denn mit den Erfahrungen der ersten Messungen kommen neue Ideen und die Demontage oder Ergänzung einer übersichtlichen Schaltung fällt leichter.

Der Trafo wurde gemäß Abschnitt 3.3 Band 2 geprüft.

Die nicht benötigten Anzapfungen der Primärwicklung wurden berührungssicher in Kabelhülsen
fixiert. **Bild 2-51⇒**

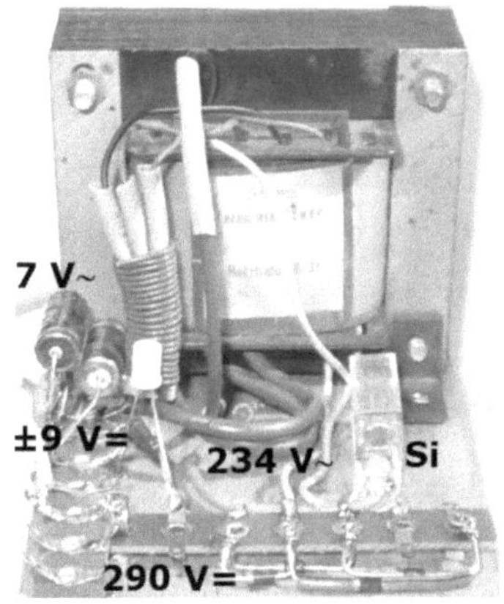

Die **Bilder 2-50/51** zeigen die fertig aufgebaute
Stromversorgung. Als Betriebsanzeige wurde eine
LED gewählt. Für die Prüfung aller Spannungen
wurden die Elkos für die Anodenspannung noch nicht
fest verbaut, denn die Elkos entladen sich nicht, wenn
keine Last angeschlossen ist. Die Gleichspannung von
290 Volt stellt sich aber nur mit einem
angeschlossenen Siebelko mit maßvoller Last ein.

Um die Heizspannung nicht zu hoch werden zu lassen, wurde die Netzspannung an
den "240 Volt"–Anschluss der Primärwicklung gelegt.

Im Anschluss wurden weitere 6,5 cm des Brettchens für die Siebkette belegt.

Diese besteht aus 2 x 50µF/450 Volt und einer Drossel 16 Ω / 2 H.　**Bild 2-52⇓**

In Reihe mit der Drossel wird das
Lampenbrettchen *(s. Band 2, S. 34)* zur
Einstellung und Überwachung der
Anodenspannung angeschlossen. Wenn
wir nun aus der Heizspannung noch zwei
Gleichspannungen plus und minus 9 Volt
bereitstellen, sind wir für weitere Even-
tualitäten gerüstet. Wir können nun
verschiedene Schaltungen zum Experimentieren auf den verbleibenden 11 cm
des Brettchens auf- und abbauen, ohne die
Stromversorgung ändern zu müssen.

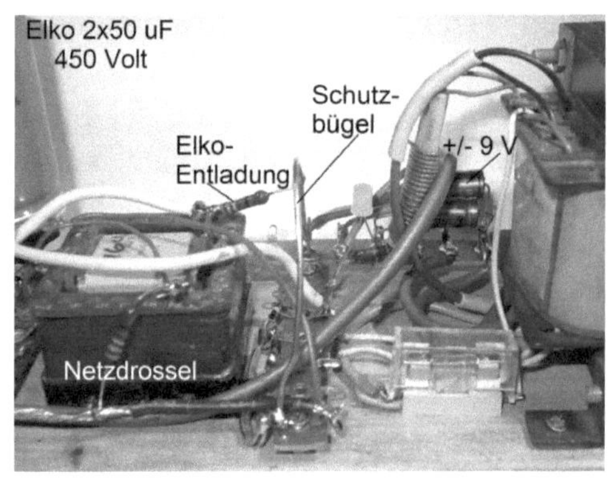

Die Bilder rechts zeigen einige Sicherheitsmaßnahmen: Die Netzsicherung hat
eine Schutzhaube, die nicht benötigten Anschlussdrähte der Sekundärwicklung
wurden ummantelt, die Anschlussklemmen für Lampen zur Regulierung und
Überwachung der Anoden-
spannung *(s. auch Bild 2-46)*
befinden sich auf der Rückseite. Über der Leiste mit
hohen *Gleichspannungen bis
300 Volt* befindet sich ein mas-
siver Schutzbügel. **Bild 2-53→**

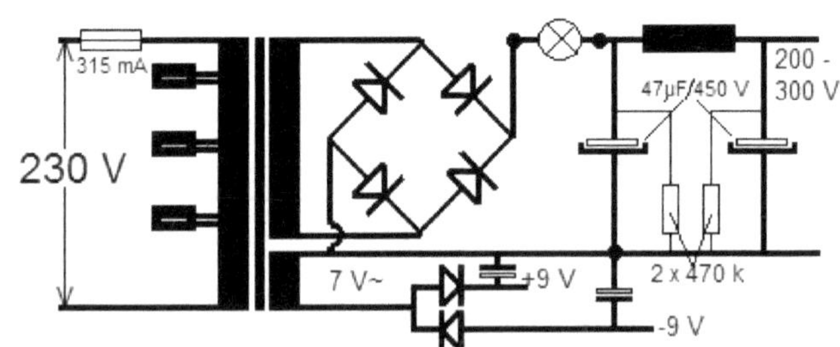

2.1.8 Die Vermessung der Endstufe

Zuerst werden die statischen Messwerte ermittelt und notiert. Das ist wichtig, damit Messungen später wiederholt bzw. fortgesetzt werden können. Das sind im Fall der Verwendung von Glühlampen als Vorwiderstand auch deren Daten.

Versorgungsgleichspannung *(Batteriespannung)*: 230 V, Anodenspannung: 223 V, Anodenstrom: 34 mA, Schirmgitterspannung: 223 V, Schirmgitterstrom: 3,5 mA, Katodenspannung: 7,1 Volt, Katodenwiderstand: 180 Ω, Katodenkondensator: 220µF. ***Bild 2-54⇒***

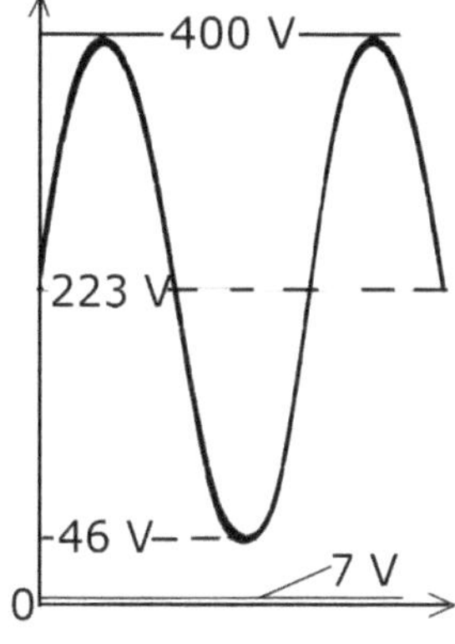

Das Bild rechts zeigt das Oszillogramm für die bei der Messfrequenz von 800 Hz ermittelten Wechselspannungen. Man erkennt, dass das Minimum der Sinuskurve bereits eine Verformung zeigt, bedingt durch die beginnende Krümmung der Kennlinie *(s. auch Bild 2-54)*.

Um nicht ständig mit hohen Spannungen hantieren zu müssen, nehmen wir nun die Ausgangsspannung an der Sekundärwicklung des Ausgangstransformators ab. Man kann dem Ausgangssignal das noch unverfälschte Eingangssignal am Oszilloskop zur Deckung bringen, um eventuelle, durch Oberwellen entstandene Abweichungen sichtbar zu machen. Besser geeignet ist das bereits im zweiten Band *(Abschnitt 4.2.1)* vorgestellte Verfahren nach Lissajous. *Bild 2-55* zeigt sowohl eine geringe Phasenverschiebung *(Aufblähung)*, als auch links unten ein deutliches Indiz für bereits vorhandene nichtlineare Verzerrungen.

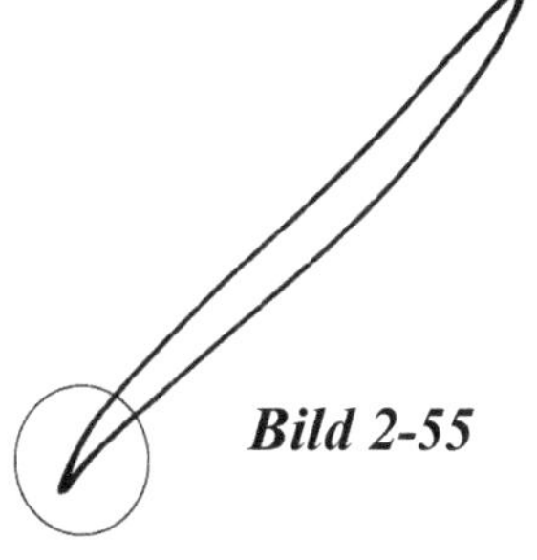

Bild 2-55

Bei einer Messung mit einem *Spectrumanalyzer* wird man feststellen, dass die unerwünschten Oberwellen nicht erst im oberen Leistungsbereich, sondern bereits im mittleren Bereich auftreten. Auch bei kleineren Ausgangsleistungen, die aber schon um ein Vielfaches über der Zimmerlautstärke liegen. Ein geringer Anteil von Oberwellen ist nicht hörbar, weil der Klang auch durch andere Einflüsse *(Nachhall und Raumechos)* verfremdet wird. Sobald bei der im Bild 2-55 gezeigten Figur an einem Ende eine Biegung erkennbar wird, haben wir bereits einen messbaren Klirrfaktor von einigen % erreicht. Dieser wird, falls nicht anders angegeben, bei 1 kHz gemessen (L8). Verzerrungen im Bereich 2…5% werden nur von entsprechend geschulten Ohren oder angeborenen Fähigkeiten wahrgenommen. *(L13).*

Sind die Spannungswerte der Oberwellen bekannt, lässt sich der Klirrfaktor wie folgt berechnen: $k = \sqrt{\dfrac{U_2^2 + U_3^2 + U_4^2}{U_1^2 + U_2^2 + U_3^2 + U_4^2}}$ U_1 = Effektivwerte der ersten Harmonischen, usw.

Für eine genauere Feststellung des Klirrfaktors müssen die Spannungswerte der Harmonischen gemessen werden. Dazu benötigt man einen Spektrumanalyser oder eine entsprechende Funktion des Oszilloskops *(s. Anhang **A.7**)*.

Zur Übung ermitteln wir noch den Effektivwert der Wechselspannung am 5-Ohm-Lastwiderstand entsprechend *Bild 2-32 (Uss = 8 Volt):*

$$U = 0{,}7 * 4 = 2{,}8 \text{ Volt.}$$

Nachdem wir fast die Vollaussteuerung erreichen, interessiert auch die Leistung am Lastwiderstand, die Schallleistung: Diese ergibt sich *(s. Abschnitt 2.1.1)* zu $P_\sim = 1{,}6$ Watt.

Wie wir gesehen haben *(Abschnitt 2.1.1)*, gibt es damit noch ausreichende Reserven. Um nicht im Grenzbereich zu arbeiten, können wir für weitere Messungen das Ausgangssignal auf $U_{SS} = 6$ Volt reduzieren, was uns und den Nachbarn immer noch eine ausreichende Schalleistung beschert. Es folgt die

Untersuchung des Übertragungsbereichs *(ohne gegenkoppelnde Maßnahmen, s. auch Abschnitt 2.1.3.3).*

Wir haben den bereits beschriebenen, neu beschafften   Universaltransformator montiert, den wir nun mit dem   bereits untersuchten Transformator eines Mittelklassegerätes aus dem Modelljahr 1954/55 vergleichen können. Der untersuchte Bereich erstreckt sich von **30 Hz bis 37 kHz,** *s. im Bild rechts.*

Bei 33 kHz finden wir die Serienresonanz der Streuinduktivitäten (s. Abschnitt 2.1.3-c) mit der Wicklungskapazität. Mit den im Abschnitt 2.1.3.1 gemessenen Werten der

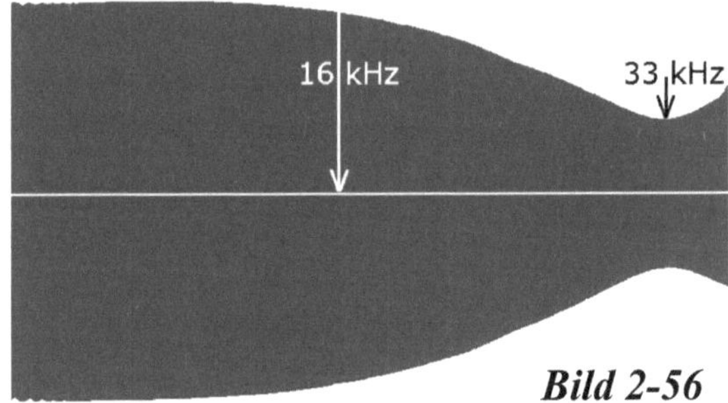

Bild 2-56

Streuinduktivitäten errechnet sich eine Wicklungskapazität von 60 pF, nach den im ersten Teil dokumentierten Messungen erscheint dieser Wert plausibel.

Im Abschnitt 2.1 wurde überwiegend mit einem digitalen Signalgenerator und mit einem analogen Oszilloskop gearbeitet. Im Abschnitt *1.3)* wird auf mögliche Probleme bei der Einstellung des Bildes hingewiesen, wenn die Wobbelfrequenz in der Größenordnung der Messfrequenz liegt.

Wer diese Messungen mit verschiedenen Endröhren durchführen möchte, hat bei der Brettschaltung schon die erforderlichen Röhrenfassungen montiert, so dass eine EL95, EL41, EL12 oder **EL34** geprüft werden kann. Die EL34 ist bei den 50er Radios eher untypisch, erfreut sich jedoch beim Selbstbau von Verstärkern großer Beliebtheit. Man findet daher umfangreiche Dokumentationen zu Bauprojekten, auch für Eintakt-Versionen. Gegentakt-Endstufen würden die Gehäuse der 50er-Radios überfordern. Man kann die Verwendung einer EL34 bei Neubauten erwägen, wenn man unter bestimmten Umständen auch eine höhere Anodenspannung zulassen möchte. Für erste Versuchsanordnungen kann man sich an den Daten im *Bild 2-30* orientieren.

Bild 2-57⇒

Bevor man mit dem Aufbau von Brettschaltungen beginnt, ist eine diesbezügliche Planung sinnvoll, damit man die Schaltungen nicht häufig umbaut oder neu konzipiert. Hat man zum Beispiel eine größere Menge eines eher seltenen Röhrentyps zu vermessen, eignet sich ein Aufbau gemäß Bild 2-57 *(EL34).* Hat man eine Brettschaltung mit einem Universal-Ausgangstransformator gemäß Bild 2-46 aufgebaut, können dort verschiedene Röhrenfassungen angeordnet werden oder entsprechend Bild 2-57 zugeschaltet werden. Diese Problematik der Prüfbaugruppen wurde bereits im Abschnitt 2.1.7 und auch im zweiten Band behandelt.

Bevor wir uns klangbeeinflussenden Maßnahmen zuwenden, sollten wir uns mit der vorhandenen oder geplanten **Lautsprecherkonfiguration** befassen. Haben wir bisher überwiegend mit einem Lastwiderstand an der Sekundärwicklung des Ausgangstransformators gearbeitet, fehlt uns noch ein Klangerlebnis. Denn es wäre unsinnig, einer schlechten Lautsprecherqualität mit schaltungstechnischen Maßnahmen begegnen zu wollen. 60 Jahre alte Lautsprecher können nicht sichtbare, aber hörbare Fehler haben. Für die weiteren Arbeiten an der Klangformung ist aber ein Referenzlautsprecher unerlässlich. Das sollte der fest eingebaute Lautsprecher sein. Später werden wir uns auch mit dem Anschluss externer Lautsprecheranordnungen befassen wobei aber meist neue Lautsprecher zum Einsatz kommen werden.

Bevor wir so weit sind, schöpfen wir erst die in der Endstufe *(Endröhre)* möglichen schaltungstechnischen Maßnahmen aus.

2.1.9 Gegenkopplungsmaßnahmen in der Endstufe …

… können frequenzabhängig zur Klangbeeinflussung oder frequenzunabhängig zur Reduzierung nichtlinearer Verzerrungen realisiert werden. Dabei wird die Verstärkung für einen bestimmten Frequenzbereich – oder generell – reduziert. Die Frequenzabhängigkeit wird durch RC-Glieder erreicht. Dadurch erscheinen die nicht betroffenen Frequenzbereiche relativ angehoben. Man sprach daher aus vertrieblichen Gründen stets von Frequenzanhebungen. Obwohl auch Induktivitäten zur Klangformung eingesetzt werden könnten, findet man diese eher selten in den Schaltbildern, ausgenommen bei so genannten Lautsprecherweichen. Spulen waren teurer als Kondensatoren und haben einen weiteren Nachteil: Sie sind empfindlich gegen Streufelder, bzw. erzeugen diese und haben – wie wir in den ersten Abschnitten erfahren haben – eine Eigenresonanz. Der Einsatz von Spulen ist trotzdem möglich, wie die Klangformung bei zum Beispiel den elektronischen Orgeln der 1960er/70er Jahre zeigt.

In den folgenden Abschnitten 2.1.9.1 bis .3 werden beispielhaft auch Schaltungen mit Induktivitäten besprochen. Es eignen sich Spulen im Schalenkern, die selbst angefertigt werden können, aber auch zahlreich online angeboten werden. Die hier gezeigten Schaltungen wurden aufgebaut und geprüft, sollen aber vor allem als Anregung für eigene Lösungen dienen.

2.1.9.1 – An der Katode *(Stromgegenkopplung)*

Wir entfernen zunächst den üblichen Katodenkondensator C_K *(100µF)*, was das Ausgangssignal wegen der starken frequenzneutralen Gegenkopplung auf das Steuergitter deutlich zurückfallen lässt, aber auch den nichtlinearen Verzerrungen entgegen wirkt. Wir erhöhen nun die Anodengleichspannung auf 245 Volt und auch das Eingangssignal am Gitter, bis am 5 Ω Lastwiderstand eine Wechselspannung U_{SS} = 10 Volt gemessen wird. Das entspricht einer Wechselstromleistung von 2,5 Watt mit noch mäßigen Verzerrungen.

Die akzeptable Größe der nichtlinearen Verzerrungen muss im Zusammenhang mit den konstruktiven Eigenschaften des Gehäuses, insbesondere der Art und Ausführung der Lautsprecher, gesehen werden. Beim Kauf eines Radios war der subjektiv empfundene Klang *(auch im Vergleich mit anderen Geräten)* entscheidend, man ist kaum auf die Idee gekommen, nach dem Klirrfaktor zu fragen.

Im Anhang A.10 wird auf den Umgang mit der *"math"*– Funktion digitaler Speicheroszilloskope zur Bestimmung des Klirrfaktors hingewiesen. Damit ließen sich hier die nichtlinearen Verzerrungen bei einer Ausgangsleistung von 1,8 Watt *(ohne C_K)* mit 5 % nachweisen.

Die Spektrumanalyse *(s.im Bild 2-58)* zeigt bereits die Positionen bei der sich bei zunehmender Amplitude die Oberwellen ausbilden werden. Aber die im Bild kaum wahrnehmbaren Unebenheiten reichen schon bei einer Leistungsabgabe von **1,3 Watt** für einen Klirrfaktor von **2,3 %** aus. Das ist für eine Endstufe ohne Gegenkopplungsmaßnahmen akzeptabel. Im Anhang A.10 wird die Messung des Klirrfaktors mit Hilfe der Fourieranalyse ausführlich erläutert.

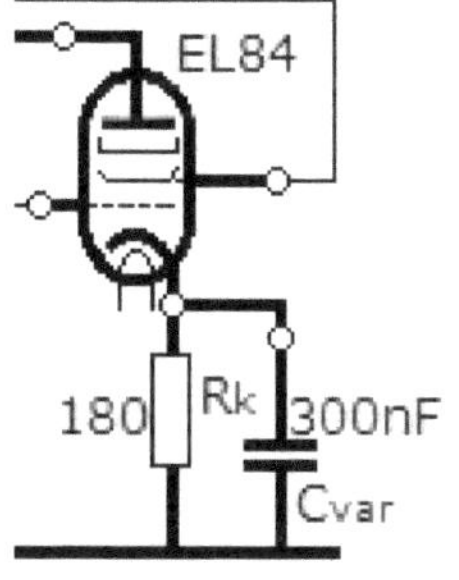

Bild 2-58 $\Rightarrow$

Für weitere Messungen mit einer EL84 stellen wir die Ausgangswechselspannung auf $U_{SS} = 3$ Volt ein, was einer Leistung von 0,22 Watt entspricht. Um sich diese Schallleistung besser vorstellen zu können, kann man den Lastwiderstand versuchsweise durch einen 5-Ω-Lautsprecher ersetzen.

Mit einem Kondensator C_{var} von ca. 300 nF, siehe *Bild 2-59* $\Rightarrow$

wird die Gegenkopplung mit zunehmender Frequenz zurückgenommen, was von **30 Hz bis 16 kHz** gewobbelt im $\Leftarrow$*Bild 2-60* sichtbar wird. In der Einstellung "Sprache" sollten die Bässe – auch bei größerer Lautstärke – generell zurückgenommen werden, weil die Schaltung zur gehörrichtigen Lautstärke nur bei geringerer Lautstärke wirken muss.

Ein Serienschwingkreis ersetzt nun den Katodenkondensator *(ohne Abb.),* so dass ein definierter Frequenzbereich angehoben werden kann. Im Versuchsaufbau wurde eine Spule im Ferrit-Schalenkern mit einer Induktivität von 0,3 H und einem ohmschen Widerstand von 45 Ω gewählt. *Bild 2-61* $\Rightarrow$

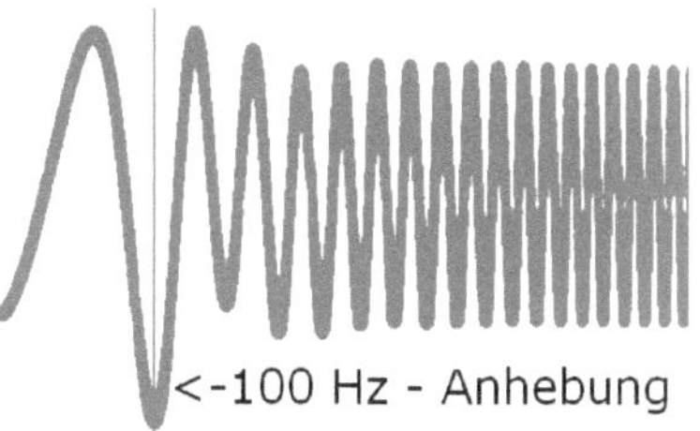

Dieser Widerstand sollte deutlich niedriger als der des verwendeten Katodenwiderstandes *(hier 180 Ω)* sein. Mit einem in Reihe geschalteten 10 µF-Kondensator *(bipolar)* wurde der Bassbereich bei 100 Hz angehoben *(s. im Bild 2-61).*

Man kann nun mit verschiedenen L-C-Kombinationen experimentieren. Dabei ist darauf zu achten, dass zwischen Katode und Masse immer der erforderliche Gleichstrom-

Bild 2-62

widerstand (C_k) wirkt.

Eine Spule im Schalenkern hat folgende Daten: *(Bild 2-62)* Induktivität L = 5,8 H, Wicklungs-- widerstand R_W = 233 Ω. Mit einem parallel geschalteten Widerstand R_P = 820 Ω stellen wir den erforderlichen Katodenwiderstand R_K auf 180 Ω ein, siehe **Bild 2-63⇒**

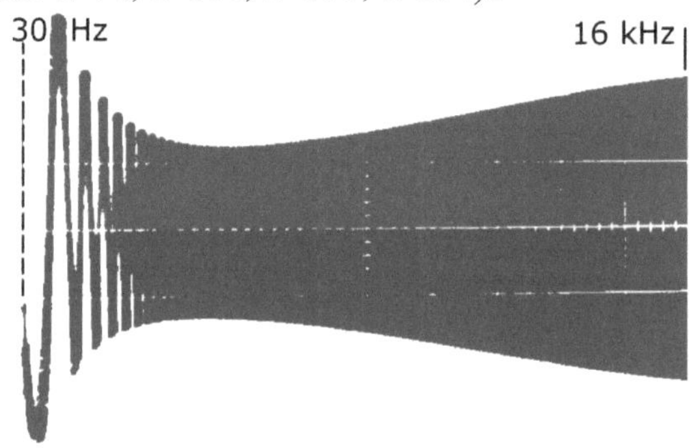

Damit wird eine deutliche Anhebung im Bereich der tiefen Töne erreicht, was im *Bild 2-63* sichtbar wird. Neben einer bereits erwähnten Einstellung *"Sprache"* könnte nun auch eine *"Bass"*-Taste vorgesehen werden *(s. Bilder 2-74, 2-80e, 2-133, 2-134).*

Schließlich schalten wir wieder einen Kondensator Cvar parallel *(s. Bild 2-64).* Geht die Frequenz gegen 0, wirkt nur der Widerstand R_K (R_W // R_P) mit 180 Ω. Bei der oberen Grenzfrequenz von 16 kHz beträgt der induktive Widerstand ωL bereits 570 kΩ, der kapazitive Widerstand dagegen nur noch 450 Ω und liegt parallel zu R_P.

Bild 2-64⇒

Die Maxima wurden bei 250 Hz und 18 kHz gemessen, das Minimum lag bei ca. 400 Hz. Die Höhen- und Tiefenbereiche erscheinen gegenüber dem mittleren Bereich angehoben, das entspricht einer gehörrichtigen Korrektur.

Bei der Wahl einer geeigneten Spule muss auch darauf geachtet werden, dass die wirksame Induktivität nicht zu groß ist, weil evtl. zu stark gegengekoppelt wird. *Rechenbeispiel:* Eine Induktivität L = 1 H hat bei 800 Hz bereits einen Widerstand von 5 kΩ.

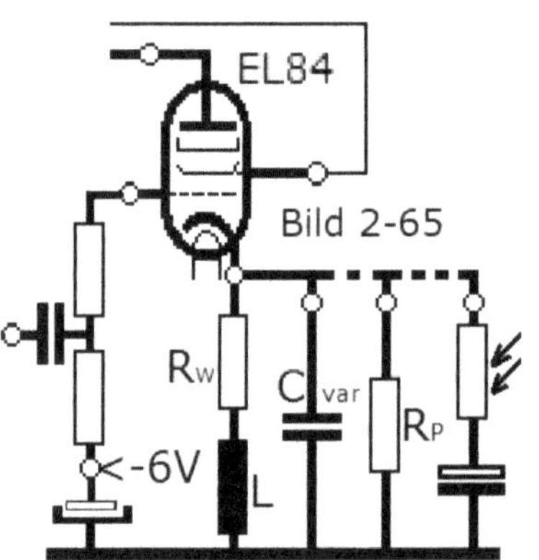

Ein Ausgleich kann durch einen Parallelwiderstand *(s. im **Bild 2-65** links)* oder durch einen in Reihe geschalteten Widerstand erfolgen.

Es gibt eine weitere Möglichkeit: Betrachten wir eine Spule mit einem Widerstand R_W = 36 Ω und einer Induktivität L = 2 H. Damit würden wir an der Katode *(und am Steuergitter!)* nur eine Gleichspannung von 1,4 Volt erreichen. Wir könnten mit Vorwiderständen die erforderlichen

180 Ω erreichen, oder die am Gitter fehlende Spannung von ca. -6 Volt extern zuführen.

Die negative Vorspannung gewinnen wir durch Einweggleichrichtung der Heizspannung *(s. auch Band 2, Abschnitt 6.6 oder hier im Abschnitt 2.2.1)*.

Die Schaltung nach Bild 2-65 wurde wie folgt verändert:
L = 0,14 H, R_W = 40Ω, R_p = 330 Ω, C_{var} = 100 n

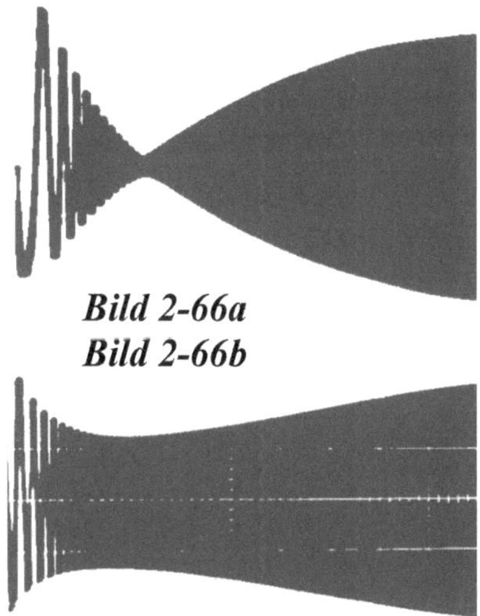

Bild 2-66a
Bild 2-66b

Für die Resonanzfrequenz ergibt sich ein hoher Widerstand der L / C–Kombination, der sich im Oszillogramm als Einschnürung bemerkbar macht. Mit dem Kondensator bestimmen wir den abzusenkenden Frequenzbereich, das Minimum liegt bei diesem Beispiel bei 4,3 kHz. Dann stellen wir mit der Auswahl des Parallelwiderstandes R_P die Stärke der Absenkung ein *(Bilder 2-66a/b)*, der Resonanzkreis wird bedämpft.

Damit haben wir wieder das vertraute Bild einer gehörrichtigen Korrektur vor uns.

Die Absenkung – bzw. Anhebung muss bei größerer Lautstärke automatisch wieder ausgeglichen werden. Bei unseren Radios wird das hauptsächlich durch die Anzapfungen des Lautstärkestellers erreicht.

Hier wird vorgeschlagen, dafür einen Fotowiderstand parallel zu schalten *(s. Bild 2-65)*, der jedoch mit einem Elektrolytkondensator gleichstrommäßig entkoppelt werden muss. Bei Lichteinfall wird die L-C-Kombination stärker bedämpft. Die Absenkung – und damit die Anhebung der tiefen und hohen Töne wird wieder aufgehoben, wie im nebenstehenden **Bild 2-67**$\Rightarrow$ sichtbar wird.

Als Lichtquelle verwenden wir eine Leuchtdiode (LED), die von der gleichgerichteten Tonfrequenzspannung von der Sekundärwicklung des Ausgangstransformators gespeist wird. Durch einen Vorwiderstand wird eine zusätzliche Belastung der Sekundärwicklung vermieden.

2.1.9.2 – Am Schirmgitter: *(s. auch Abschnitt 2.1.4)*

Wir stellen den Normalzustand der Schaltung wieder her, d. h. mit Katodenkondensator Ck *(100 bis 220 µF)*. Die Ausgangsspannung am 5-Ω-Ausgang stellen wir auf einen Wert von U_{SS} = 9,5 Volt ein, was erwartungsgemäß auch bei der Anodenspannung von 245 Volt bereits zu nichtlinearen Verzerrungen führt, wie *Bild 2-68a* zeigt.

Wir können den so genannten Klirrfaktor noch nicht messen, merken uns aber das Auftreten der geschwungenen Enden der Lissajous-Figur als Grenzwert. Die Leistung am 5-Ω-Widerstand beträgt bereits **2,25 Watt**. *(s. auch Bild 2-54)*

Nun verbinden wir das Schirmgitter mit einer Anzapfung des Universaltransformators und können einen deutlichen *Rückgang der nichtlinearen Verzerrungen* feststellen *(s. Bild 2-68b)*. Wir müssen jedoch die Gitterwechselspannung etwas erhöhen, um wieder auf die Leistung von 2,25 Watt zu kommen.

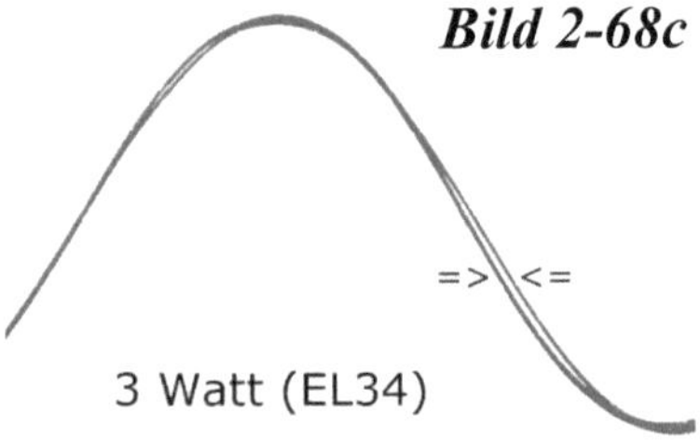

Bei Einsatz einer EL 34 erreichen wir vergleichbar **3 Watt** mit noch kaum sichtbaren und nicht hörbaren beginnenden Verzerrungen *(Abweichung von der Sinusform)*, die jedoch noch nicht auf eine beginnende Begrenzung zurückzuführen ist *(s. im Bild 2-68c rechts)*. Das Bild zeigt die übereinander gelegten Signale am Steuergitter und am Lautsprecher.

Bild 2-68a

Bild 2-68b

Bild 2-68c

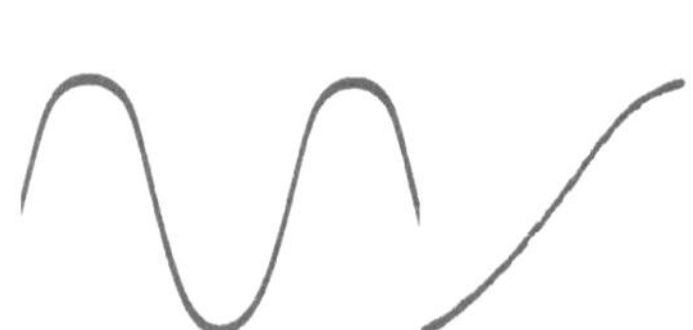

Die Abbildung *2-69* zeigt dagegen eine deutliche – schon in der Sinusform erkennbare – Übersteuerung bei Vollaussteuerung ohne Schirmgittergegenkoplung.

$\Leftarrow$ *Bild 2-69*

2.1.9.3 – Am Steuergitter durch Spannungsgegenkopplung:
Die im *Bild 2-70* rechts prinzipiell dargestellte Schaltungs-variante findet man oft, meist in ein Netzwerk mit Potentiometer zur Einstellung der Höhen eingebettet. Die Auskopplung des oberen Frequenzbereiches ***Bild 2-70*⇒**

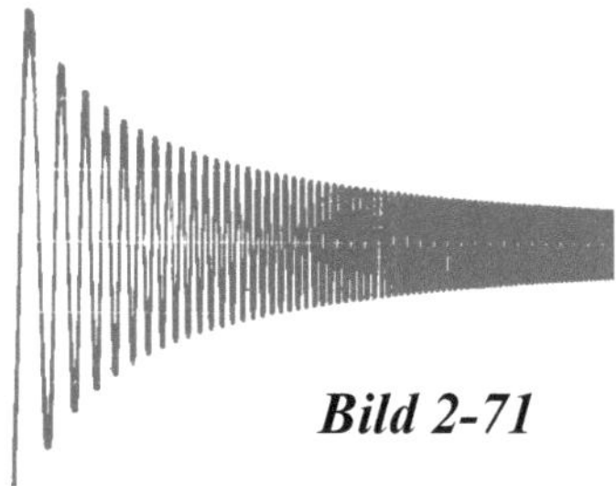

erfolgt meist an der Anode wie hier im Bild, kann jedoch auch an der Sekundärwicklung des Ausgangstransformators erfolgen. *(s. Anlage* **P73***: Leistungsverstärker.)*

Der Kondensator wurde hier mit 20 pF sehr groß gewählt, um das Prinzip der Gegenkopplung deutlich zeigen zu können *(Bild 2-71).*

Bild 2-71

Bezüglich der Spannungsgegenkopplung zwischen Anode und Steuergitter findet man die Varianten etwa wie folgt zu gleichen Teilen verteilt:

a) Ohne Gegenkopplung,

b) nur mit einem Kondensator *(5 bis 15 pF)* gekoppelt *(Abbildung: SABA Wildbad W5-3D)* und *Bild 2-72.*

c) erweitert zur vollständigen Klangformung mit Einstellbarkeit der Höhen und Tiefen *(Abbildung 2-73: Schaub-Transatlantik 55).*

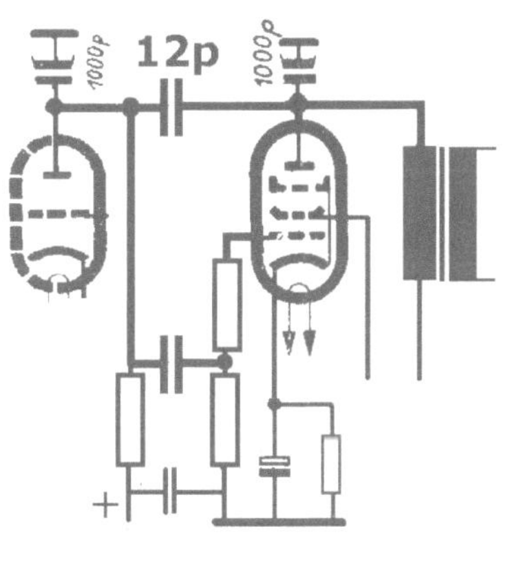

Bild 2-72

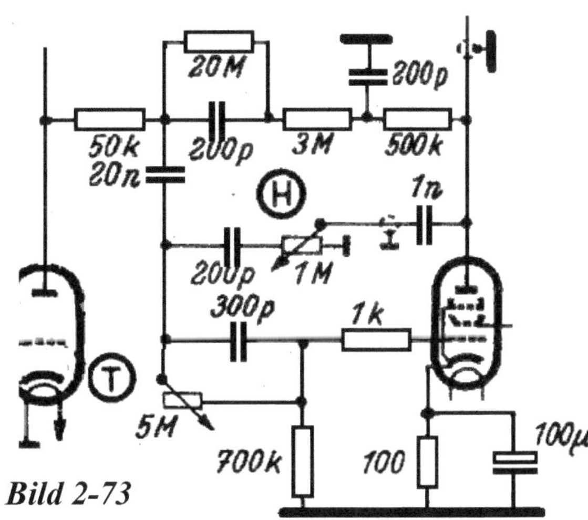

Bild 2-73

Seltener findet man die Wirkung der Bassanhebung auf das Steuergitter der Endröhre. Bei kurzgeschlossenem 1nF-Kondensator erfolgt keine Bassanhebung. Diese erfolgt also auch hier durch eine Absenkung *(Gegenkopplung)* der Höhen (s. *Bild rechts).*

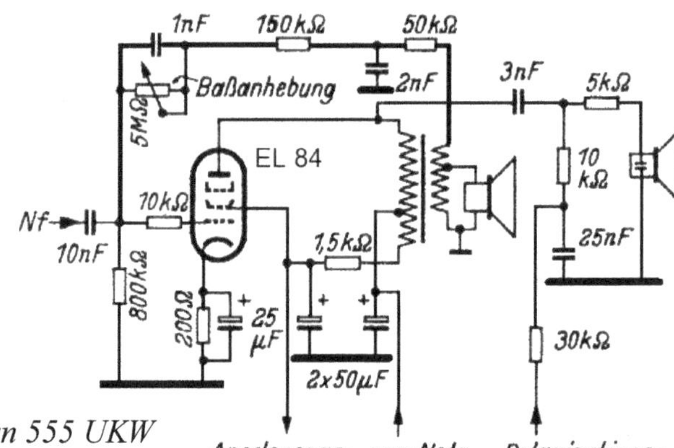

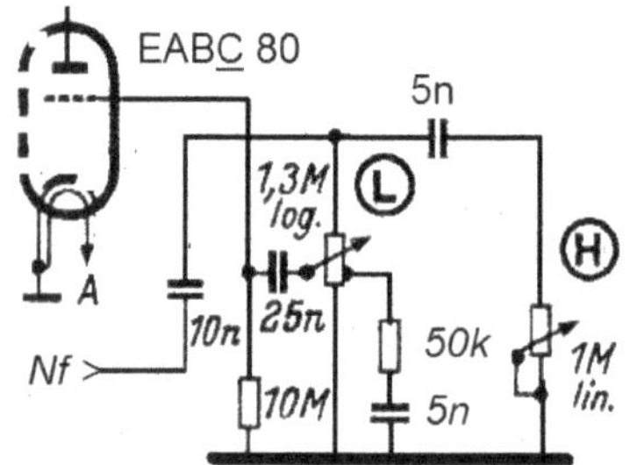

Braun 555 UKW

Bild 2-74 ⇒

⇐ **Bild 2 -75**

Anodenspan-
nung der
übrigen
Röhren

vom Netz-
gleich-
richter

Polarisations-
Spannung für
statischen
Lautsprecher

Hier wird von der Sekundärwicklung gegengekoppelt, lange Wege sind wegen der Gefahr der Phasenverschiebung *(s. Bild 2-12b)* zu vermeiden.

Oder − die Höhen werden ebenso einfach − parallel zum Lautstärkesteller justiert *(s. Bild links).*

2.1.9.4 An der Katode der Vorröhre(n),

Damit ist nicht unbedingt die zur Vorverstärkung unmittelbar vor der Endröhre angeordnete Röhre, in den meisten Fällen eine Triode, gemeint.
Im HANDBUCH FÜR HOCHFREQUENZ- UND ELEKTRO-TECHNIKER (L12) findet man eine Übersicht der verschiedenen Gegenkopplungsschaltungen wie folgt dargestellt: **Bilder 2-76-a,b,c**

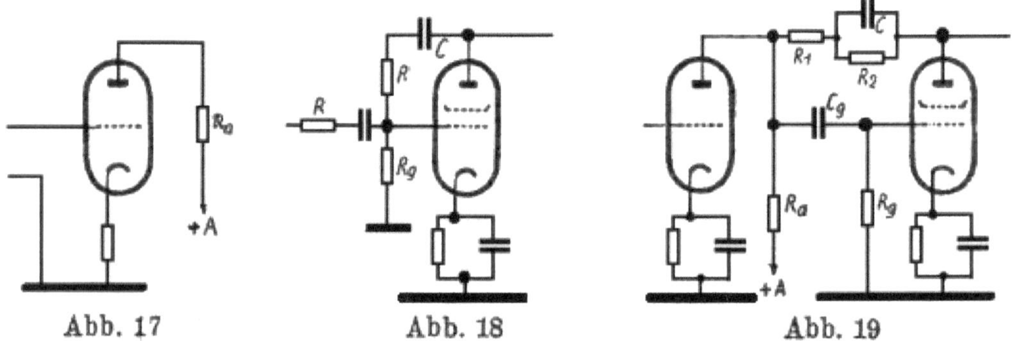

Abb. 17. Strom-Gegenkopplung von der Anode auf Katodenwiderstand ohne Katodenkondensator — Abb. 18. Spannungs-Gegenkopplung von der Anode über Spannungsteiler auf das Gitter — Abb. 19. Spannungs-Gegenkopplung von der Anode auf die Anode der Vorröhre

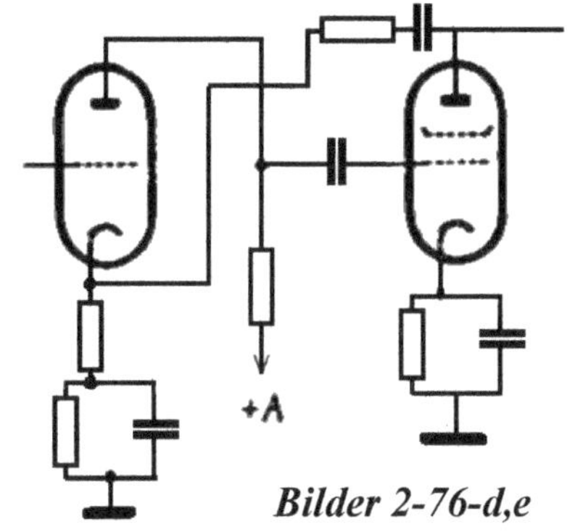
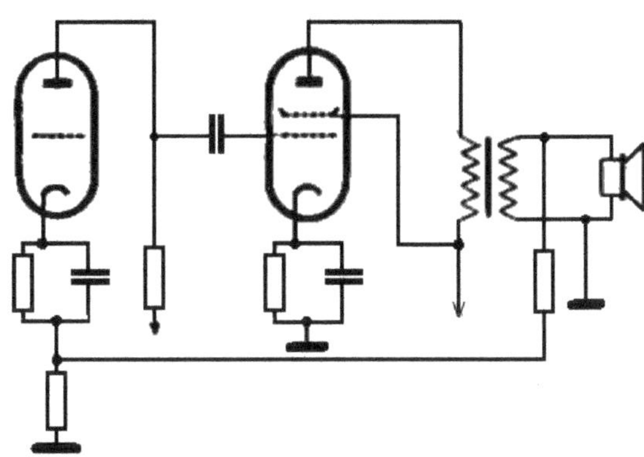

Bilder 2-76-d,e

**Abb. 20. Spannungs-Gegen-
kopplung von der Anode
auf die Katode der Vorröhre**

**Abb. 21. Spannungs-Gegenkopplung von
der Sekundärseite des Lautsprecherüber-
tragers auf den Katodenkreis der Vorröhre**

Bei Gegentaktendstufen kann die Phasenumkehrröhre noch dazwischen liegen, denn diese weist keine Spannungsverstärkung auf.

Wird die Ausgangsspannung nur von der Katode abgenommen, spricht man von einem Katodenverstärker oder Katodenfolger, s. auch **P21**. Bei der typischen Röhrenbestückung der 50er-Jahre-Radios im Nf-Teil mit einer EABC 80 als Vorröhre konnte diese Variante nicht realisiert werden, weil die Katode auf Masse liegen musste. Man findet die Kopplung auf die Vorröhren bei einigen Geräten der Oberklasse, und später auch bei den sich durch die Stereophonie geänderten Anforderungen.

Band 2 zeigt auf Seite 58 die sehr komplexe Anordnung im Saturn 54 von Philips, bei der gleich drei Katoden in das Gegenkopplungsnetzwerk einbezogen werden. Auf die Risiken der Wechselwirkung mit den Elementen der Klangregelung wird ausdrücklich   hingewiesen. Eine Funktionsbeschreibung findet man in der FUNKSCHAU-Schaltungssammlung 24 – 30 / 1954 *(s. auch* **P230***)*. Die sehr effiziente Wirkung der Kopplung auf die Vorröhre können wir uns wie folgt deutlich machen: ***Bild 2-77*** ⇒

Im Band 2 *(Seite 67)* gibt es einen Vorschlag zum Bau einer *Referenzbaugruppe Tonverstärker*. Im Bild rechts wurde durch eine Ergänzung *(120 – 2,2k)* die Möglichkeit zur Einspeisung eines Signals zur Gegen-

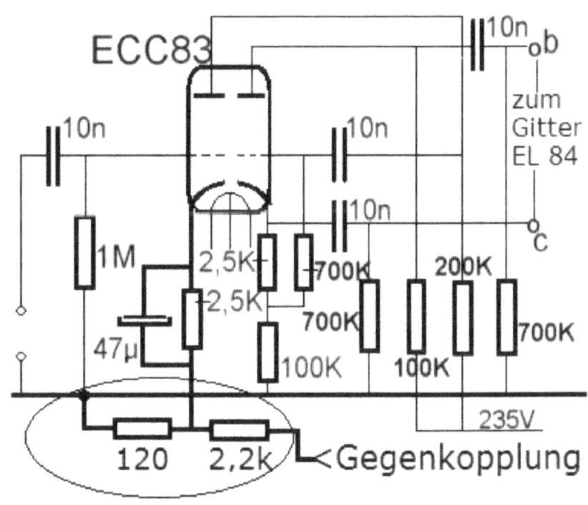

kopplung geschaffen. Dazu wurde, wie üblich, die mit 5 Ohm belastete Sekundärwicklung des Ausgangstransformators benutzt.

Weil dieser Verstärker nur als Arbeits-Referenzbaugruppe gedacht war, wurde mit niedriger Anodenspannung – und damit auch mit niedrigen Leistungswerten gearbeitet. Der Anodengleichstrom betrug ca. 30 mA.   ***Bilder 2-78a,b,c*** $\Rightarrow$

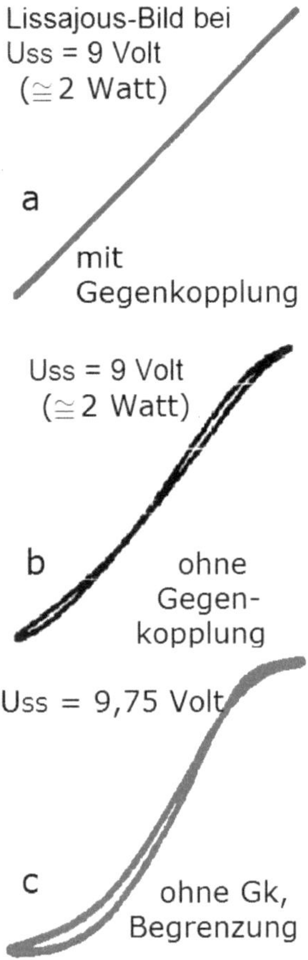

Einen – nach unseren Maßstäben – verzerrungsfreien Verlauf des Ausgangssignals gemäß Bild 2-78a erhalten wir ohne schaltungstechnische Maßnahmen nur bis zu einer Ausgangsleistung von ca. 0,9 Watt (Uss = 6 Volt). Mit einer Gegenkopplung erreichen wir 2 Watt (a). Im Bild darunter (b) wird deutlich, dass die Endstufe ohne Gegenkopplung bei 2 Watt schon mit starken nichtlinearen Verzerrungen am Ende ist, das Signal geht unmittelbar danach in die Begrenzung (c).

Das Beispiel zeigt, dass mit der Zuführung der Gegenkopplung auf die Vorröhre gute Ergebnisse erzielt werden können.

Weil im Vergleich zur Endröhre die Vorröhre eine deutlich höhere Verstärkung aufweist, können auch Verluste durch komplexe Netzwerke im Gegenkopplungspfad toleriert werden. In vorliegendem Fall lag am Gitter der Endröhre bereits der 0,75-fache Wert im Vergleich zur Spannung am 5 Ω Lastwiderstand.

Die Bewertung der Messungen konzentriert sich auf den Klirrfaktor. Wir haben die Messungen mit Lissajous-Figuren als sehr sensibel kennen gelernt und gesehen, dass die Darstellung als gerade Linie auf nicht mehr wahrnehmbare Verzerrungen hinweist. Bei einer Lautstärke gemäß *Abb. 2-78a (2 Watt),* was einer Beschallung über mehrere Räume entspricht, kann, bedingt durch raumbedingte Reflexion und Absorption ohnehin nicht mehr von einem *"guten Klang"* die Rede sein. Schon bei 2 Watt aus unmittelbarer Nähe können die Ohren die Dynamik nicht mehr naturgetreu wahrnehmen, was die Klangwahrnehmung ebenfalls mehr beeinträchtigt als ein höherer Klirrfaktor.

2.1.10 Klangbeeinflussung durch Resonanzkreise

Die Hervorhebung eines ausgewählten Frequenzbereiches kann auch durch einen Reihenschwingkreis im Signalweg vor dem Gitter erfolgen, wie es im Bild rechts gezeigt wird. Das könnte zum Beispiel mit einer **"Sprache"– Taste** geschaltet werden. Es ist jedoch zu beachten, dass damit eine Phasenverschiebung des Signals verbunden ist. Bei einer Gegenkopplung von der Sekundärwicklung in die Vorstufen ist daher auf eine mögliche Schwingneigung zu achten.

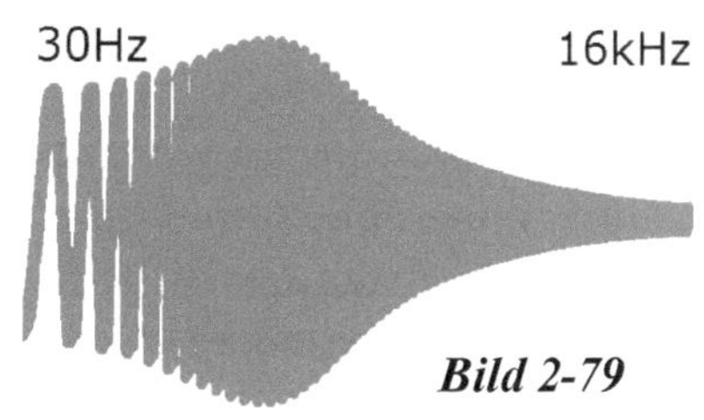

Bild 2-79

Das gilt auch für einige Vorschläge, die bereits vor 80 Jahren in der Fachliteratur zu finden waren *(FUNK, 2/1939)*. Man rechnete mit der Mogelpackung, eine Anhebung ausgewählter Frequenzbereiche durch eine Absenkung der übrigen Bereiche zu erzeugen, ab. Die Bilder a/b zeigen die heute übliche Verwendung von RC/LC-Gliedern, die Bilder c/d zeigen die Verwendung von Resonanzkreisen. Bild e gibt ein Beispiel für die Bassanhebung. ***Bilder 2-80*⇒**

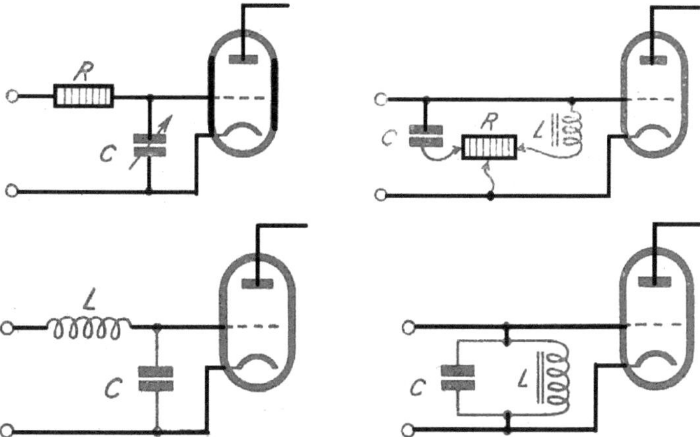

Aus: FUNK 2/1939. **Bilder a/b, c/d und e** *(unten)– oben links*

Der schaltungstechnische Aufwand war in der Massenfertigung der 50er Jahre nicht mehr denkbar, die Anforderungen an die Klangformung waren im UKW- und beginnenden Hi-Fi-Zeitalter komplex geworden.

Für eigene Versuche, für die handliche Induktivitäten mit Ferrit-Schalenkernen zur Verfügung stehen, kann man sich durchaus an den nebenstehenden Skizzen aus obengenannter Quelle orientieren. Zur Schaltung 2a oben rechts ist anzumerken,

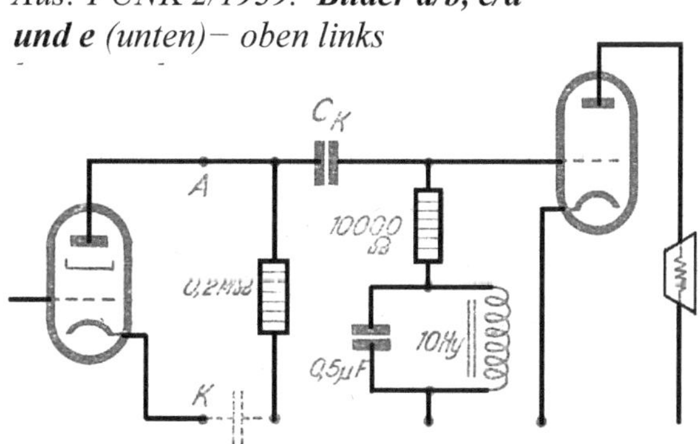

dass ein Potentiometer mit „S"– Charakteristik benötigt wird *(neutrale Mittelstellung und log. Verlauf nach beiden Seiten).*

Der Leser mag sich wundern, dass hier 80 Jahre alte Quellen herangezogen werden. Aber die Entwicklung der Rundfunkempfänger war bereits in den 1930er Jahren abgeschlossen: Klangformung, gehörrichtige Lautstärke, Gegenkopplungs-netzwerke, usw…Es ist wohl auch darauf zurückzuführen, dass sich die deutsche Radioindustrie nach 1945 ziemlich schnell erholen konnte.

… und RC-Glieder

Für eigene Lösungen bzw. Experimente eignen sich auch Fotowiderstände, LED's und Heiß- bzw- Kaltleiter.

Zur Vorbereitung bzw. Inspiration können folgende Literaturquellen herangezogen werden:

P7: Bemessung von R/C Koppelgliedern, *(7 Seiten)*

P8: Amplituden- und Phasengang von RC-gekoppelten Verstärkern *(6 Seiten)*

P10: Wechselstrom-Zweipole, *(4 Seiten)*

P11: Reihenschaltung - Parallelschaltung, *(2 Seiten)*

P19: Resonanzfrequenz von Schwingungskreisen, *(3 Seiten)*

P31: Jenseits von Hi Fi, *(4 Seiten)*

P37: Klang- das ist mehr Psychologie als Technik, *(2,5 S.)*

P40: Schaltungen zur Klangbeeinflussung, *(9 Seiten)*

P41: Niederfrequenz-Entzerrer, *(4 Seiten)*

P42: Bemessung von Tonfrequenzfiltern – FS 22/1958, *(1,5 Seiten)*

P44: Wiedergegebene Musik … garantiert echt, *(1 Seite)*

P45: Rückkopplung im Nf-Verstärker, *(3,5 Seiten)*

P46: Ein zusätzliches Bassregister (Bauanleitung), *(1,5 Seiten)*

P52: Die Schallwiedergabe hängt auch vom Wohnraum ab, *(2,5 Seiten)*

P63: RC-Hoch- und Tiefpassfilter, *(3 Seiten)*

Auch hier ist es zweckmäßig, mit vorgefertigten Baugruppen zu arbeiten, man kommt schneller zum Ziel, es eignen sich die Verbundröhren ECL 82 (P76) oder ECL 86 (**P104**).

Bild 2-81 ⇒

Das **Bild rechts** zeigt das Beispiel einer einfachen Experimentierschaltung, siehe auch Abschnitt 2.1.11.5, Seite 109 und **P87**.

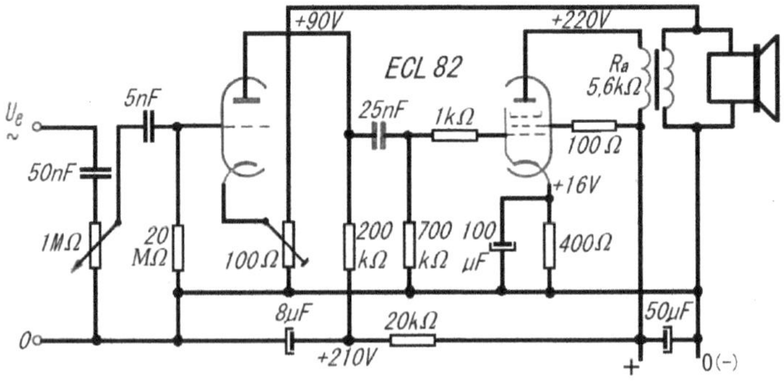

2.1.11 Versuch macht kl... und Dimensionierung von Endstufen

Als Abschluss des Abschnittes 2.1 werden wir nochmals eine Endstufe aufbauen und vermessen, bzw. auf Eignung prüfen. Die erforderlichen Maßnahmen wurden im einzelnen beschrieben, es bleibt aber bei dem Anspruch *„mit einfachen Mitteln"*. Dazu zählen wir auch das Oszilloskop.

Ging es uns bisher vor allem darum, bewertbare Messergebnisse an verschiedenen erprobten Schaltungen zu erzielen, versuchen wir nun auch die Umsetzung der Kenndaten der Röhren zu verstehen und zu berücksichtigen. Nachdem wir wissen, dass zum Beispiel der Wechselstromwiderstand des Ausgangstransformators ohnehin frequenzabhängig ist, konnten wir diesbezüglich großzügig sein. In der Praxis wird man sich eher an einem Schaltungsbeispiel aus der fast unendlichen Vielfalt der Modelle orientieren. Das haben die Ingenieure in den 50er Jahren auch getan.

2.1.11.1 Die Röhrendaten finden wir in den zahlreichen Tabellenbüchern. Das sind, wie beim Auto ja auch, vor allem die Daten *(Nenndaten),* bei der die Röhre dauerhaft betrieben werden kann. Für die EL84 wird die maximale Nutzleistung *(Sprechleistung)* mit 5,7 Watt angegeben. Der Anodenstrom mit 48 mA, die Anodenspannung mit 250 Volt und der optimale Außenwiderstand *(bei 800 Hz gemessen)* mit 5,2 kOhm. Der Klirrfaktor beträgt bei maximaler Leistung 10 %. Dazu findet man viele weitere Daten.

In der Röhren-Taschen-Tabelle von Jürgen Schwandt (1994) werden mehr als 3000 Röhrentypen beschrieben, weshalb sich die Angaben auf die wichtigsten Daten beschränken. Detaillierter sind die Daten im Valvo Taschenbuch 1967. Hier findet man auch die Betriebsdaten für eine Ausgangsleistung von 4,3 Watt. Der Außenwiderstand liegt jetzt zum Beispiel bei 7 kOhm, aber der Klirrfaktor liegt ebenfalls bei 10%. Wesentlich ausführlicher ist das großformatige Röhren-Handbuch von Ludwig Ratheiser (L14) mit Kennlinien *(s. Seite 54, Bild 2-5)* und Schaltungsbeispielen. Die Arbeitsgeraden sind für beide Betriebsarten (Ra = 5,2 kΩ und Ra = 7 kΩ eingezeichnet.

Wesentlich übersichtlicher gegenüber der Darstellung im Bild 2-5 − und für den Praktiker völlig ausreichend − findet man die Darstellung des Arbeitspunktes und der Arbeitsgeraden der EL84 im Telefunken Laborbuch Band 1 *(Bilder 2-82, 83,84).*

Bild 2-82 ⇒

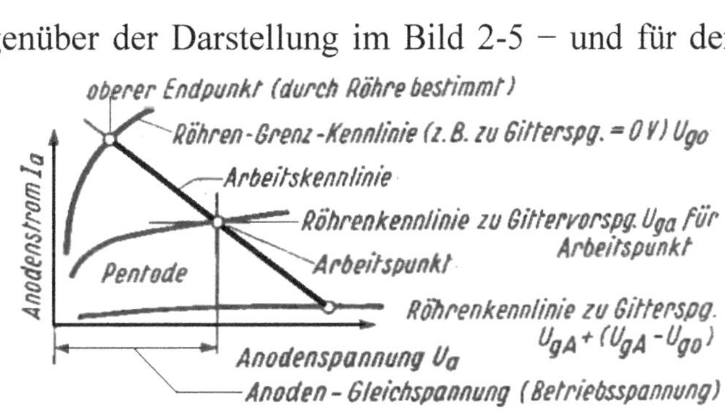

Bild 2-83 zeigt den *Anodenstrom und die Anodenspannung mit Arbeits- und Röhrenkennlinien für eine Pentode*

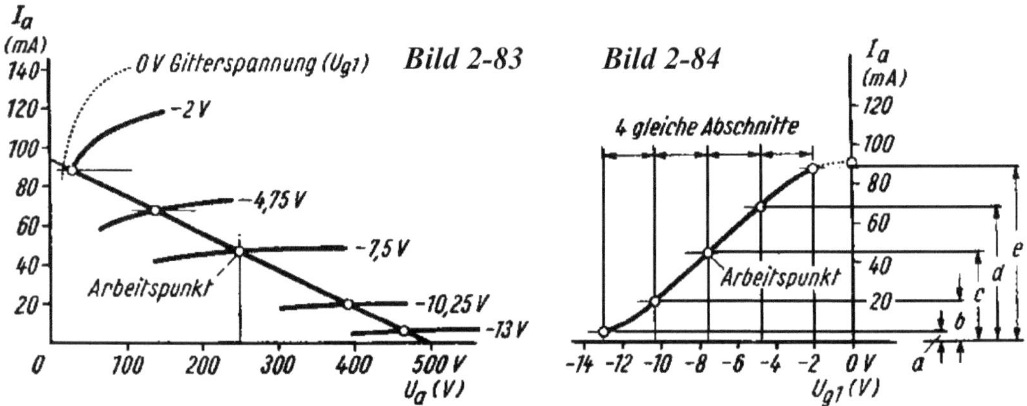

Röhrenkennlinien der El 84 und Arbeitskennlinie zu Ua = 250 V, Ug1 = - 7,5 V,
Ra = 5,2 kΩ, Arbeitspunkt 250 V 48 mA, -7,5 V

Der Praktiker wird sich aber auch an den in unendlicher Vielfalt vorhandenen Schaltungen orientieren.

Aber ein Beispiel mit Orientierung an den Datenblättern sollte nicht fehlen. Es geht in dieser Übung also darum, die Röhrendaten richtig zu interpretieren und anzuwenden, was mit einer abschließenden Messung der Spannungen und Ströme bestätigt werden kann.

Die Datenbücher zeigen für die EL84 meist zwei Arbeitspunkte, wie sie auch im *Bild 2-5* dargestellt werden: Den Nennwert (Ia = 48mA) und bei geringerer Leistung Ia = 36 mA. Dazu werden der Katodenwiderstand und weitere Spannungen und Ströme angegeben. Wesentlich ausführlicher sind die Datenblätter der Röhrenhersteller, bei Telefunken findet man 12 Seiten mit Darstellungen verschiedener Betriebsarten. Für den Eintakt-A-betrieb werden drei verschiedene Betriebswerte *(Typical operation)* angeboten, Ua beträgt in allen Fällen 250 Volt.

	Rk [Ω]	Ua [Volt]	Ia [mA]	Ig2 [mA]	Ra [kΩ]	Ug2 [Volt]	N [Watt]
a	135	250	48	5,5	5,2	250	5,7
b	**210**	**250**	**36**	**4,1**	**7**	**250**	**4,2**
c	160	250	36	3,9	7	210	4,3

Wir entscheiden uns für den Fall **b**, der auch im Kennlinienfeld *(s. Bild 2-5)* gefunden wird. Der Umgang mit den Kennlinien kann somit auch geübt werden.

2.1.11.2 Die gemessenen Werte: Ua = 250 Volt, Ia = 36 mA, Ig2 = 4,1 mA, Uk = 8,5 Volt, die Leistung an 5 Ohm konnte bis ca. 1,3 Watt an 5 Ohm *(mit Lissajous)* ohne sichtbare Verzerrungen dargestellt werden.　　***Bilder 2-85*⇒**

In der oben　　stehenden Tabelle fallen für Ra unterschiedliche Werte auf. Im Abschnitt 2.1.3.1 wurde dargelegt, dass es dabei vor allem um die untere Grenzfrequenz des Übertragungsbereiches geht. Die Schaltung wurde mit dem Universal-Ausgangstransformator aufgebaut, so dass sich unterschiedliche Widerstandswerte darstellen lassen.

In den Bildern rechts waren verschiedene Anschlüsse der Primärwicklung belegt, von oben nach unten: 4 k, 5,2 k, 6,6 k, 8,2 k. Man sieht, dass die Amplituden in mittleren und unteren Frequenzen zu Lasten der höheren Frequenzen größer werden.

Die bereits im *Bild 2-54* gezeigte Darstellung der

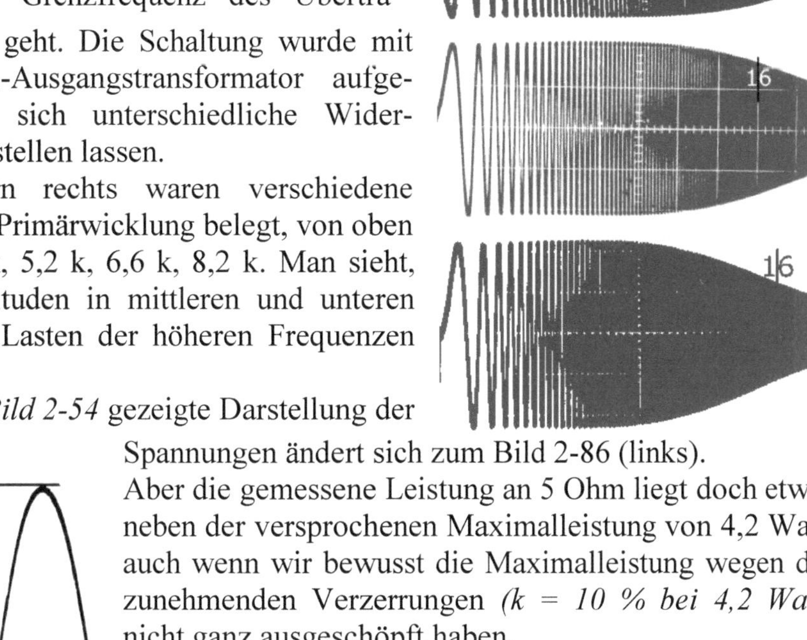

Spannungen ändert sich zum Bild 2-86 (links).

Aber die gemessene Leistung an 5 Ohm liegt doch etwas neben der versprochenen Maximalleistung von 4,2 Watt, auch wenn wir bewusst die Maximalleistung wegen der zunehmenden Verzerrungen *(k = 10 % bei 4,2 Watt)* nicht ganz ausgeschöpft haben.

Die am Oszilloskop sichtbare, noch wenig verzerrte *(s.*

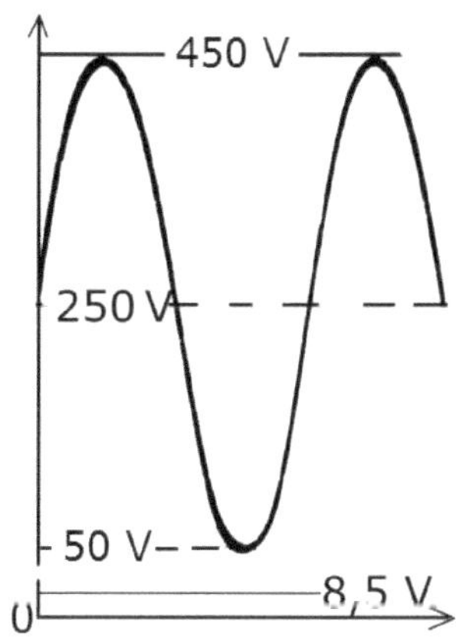

⇐***Bild 2-86)*** Spannung kann wie folgt in eine Leistung umgerechnet werden: P = U^2 / R *(U = Effektivwert der Spannung!)* Das sind bei 7 kΩ ca. 3,0 Watt. Rechnen wir zur Kontrolle die Maximalleistung in eine Amplitude zurück, erhalten wir eine Amplitude von ca. 240 Volt, die aber im unteren Bereich wegen der dort schon gekrümmten Kennlinie auf ca. 220 Volt begrenzt wird. Überschlägig geht es auch einfacher: Die im Datenblatt angegebene maximale Leistung von 4,2 Watt teilt sich bei Leistungsanpassung (Ra = Ri) zu gleichen Teilen auf, das sind dann maximal 2,1 Watt am Lautsprecher. Wobei es wegen der Verluste im Transformator etwas weniger sein kann. Hier hat jedoch die Genauigkeit der Messergebnisse und der verwendeten Zutaten Grenzen. Überschlägig, man kann nie genug Kontrollmöglichkeiten haben, wir können uns auch an einem Viertel des Leistungsdreiecks *(Bild 2-4)* orientieren. Es wird aber auch nicht mehr als die halbe Nennleistung der Röhre werden können.   ***Bild 2-87→***

Für den Aufbau einer Versuchsschaltung können wir uns an der Vorgehensweise nach Abschnitt 2.1.7.1 orientieren. Für die Montage der Röhre(n) eignen sich die im ***Bild 2-87*** rechts gezeigten Fassungen. Die Anschlüsse sind so angeordnet, dass sie auch nach Fixierung der Fassung gut erreichbar verlötet werden können. Für eine schnelle Montage und Demontage eignen sich 15 mm lange Distanzröhrchen aus Kunststoff.

2.1.11.3 Auf den Klirrfaktor …

… wurde mehrfach hingewiesen, jedoch aufgrund der Nähe zur Mathematik nur im Anhang **A.10** besprochen. Aber dem Leser bleibt nichts erspart: Bezugnehmend auf die Überschrift des Abschnittes *(Versuch macht kl…)* folgen einige Hinweise zu weiteren versuchsweisen, aber brauchbaren Messungen: Das ***Bild 2-88*** *rechts* zeigt ein aus dem Abschnitt A.10 bereits bekanntes Diagramm mit der ersten bis dritten Harmonischen, bzw. der ersten (U_2) und zweiten (U_3) Oberwelle. Normalerweise

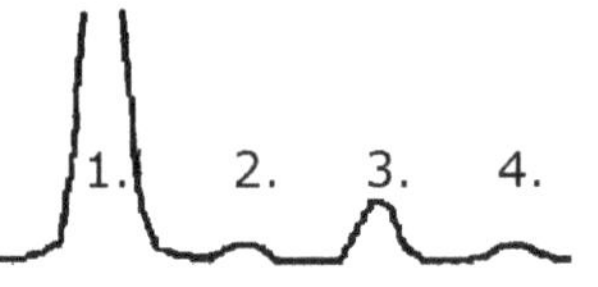

nimmt die Größe der Oberwellen kontinuierlich ab. Auf $U_3 < U_2$, usw. wurde mehrfach hingewiesen.

Wir wissen aber auch, daß ein Rechteckimpuls nur in ungeradzahlige Oberwellen zerlegt werden kann (s. A.10). Hier im Bild *rechts* ist folgendes passiert: Die Oberwellen zeigten sich zunächst abnehmend, bis bei weiterer Erhöhung des Signalpegels die dritte Harmonische überragend wuchs. Das ist ein Hinweis darauf, dass die zunächst in den Flanken des Signals sichtbar werdenden Abweichungen von der Sinusform jetzt auch auf eine beginnende Rechteckform hinwies. Das Oszilloskop zeigt dabei die Effektivwerte, wie sie auch bei der Berechnung verwendet werden. In der Fachliteratur (*s. auch* **P3**) wird gezeigt, dass

$$k = \frac{\sqrt{U_2^2 + U_3^2 + U_4^2}}{U_1}$$

bei Klirrfaktoren < 10% die Berechnung wie folgt vereinfacht werden kann, wobei hier auch auf die vierte Oberwelle verzichtet wird, die sich vernachlässigbar klein darstellte. Mit den Effektivwerten U_1= 3 Volt und $U_{2/3}$ = 0,1 Volt erhalten wir einen Wert von 5 %. *(rechnerisch 4,7%)*, was aber aufgrund der Genauigkeit der Messungen *(abgelesene Werte)* gerundet gezeigt werden muss. Berechnen wir wie gewohnt die an 5 Ω abgegebene Leistung, erhalten wir ca. 1,8 Watt. Bei größerer Leistung würden die Verzerrungen überproportional zunehmen,

siehe rechts im ***Bild 2-89*** $\Rightarrow$

Weil die Messungen rund um den Klirrfaktor ohnehin nur mit einem Speicheroszilloskop durchgeführt werden können, wird rechts oben die bereits bekannte Lissajous-Figur gezeigt, die auf einem Speicherstick abgelegt werden kann. Sie entspricht den, bzw. bestätigt die im Abschnitt 2.1.8 festgehaltenen Aussagen über eine A-Endstufe ohne Gegenkopplungspfade.

Der Klirrfaktor wird bei einer Sprechleistung von 3 Watt mit 1 % angegeben. Es wird auch hier darauf hingewiesen, dass für eine reichliche Zimmerlautstärke nicht mehr als 100 Milliwatt erforderlich sind.

Der Klirrfaktor ist eine Messgröße, die sich auf eine sinusförmige Schwingung einer bestimmten Frequenz und Amplitude bezieht. Hörbar wird der Klirrfaktor erst mit zunehmender Lautstärke des gesamten Signals. Wir messen bei 800 (bzw. 1000) Hz.

2.1.11.4 Gittervorspannungen

Der Aufbau einer Endstufe mit der Röhre EL84 wurde mehrfach besprochen. Es wurde auch mehrfach darauf hingewiesen, dass die erforderliche negative Gittervorspannung nicht zwingend mit dem Katodenwiderstand eingestellt werden muss. Aber die Bereitstellung einer negativen Spannung verursacht einen Aufwand bei der Stromversorgung. Der Vorteil, den Katodenwiderstand der Endröhre ohne Parallelkondensator für die Gegenkopplung nutzen zu können *(s. Abschnitte 2.1.9.1 und 2.1.9.4)* wurde selten genutzt, weil der Verstärkungsverlust bei größeren Geräten durch ein weiteres Triodensystem ausgeglichen werden musste.

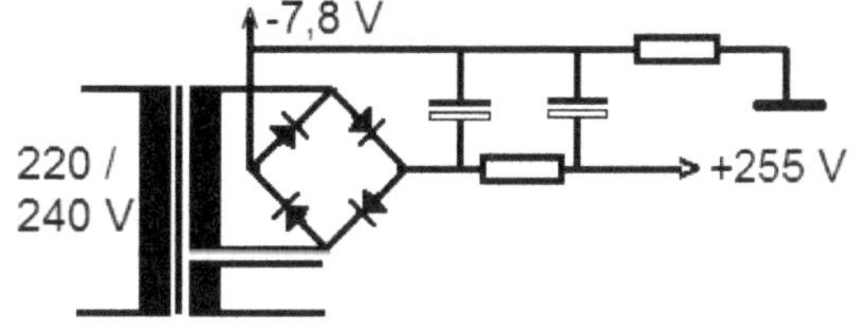

Bild 2-90 ⇑

In der ersten Hälfte der 1950er Jahre findet man eher noch die Schaltungsvariante mit einer gesonderten Spannung für die Gittervorspannung, das *Bild 2-90* zeigt ein Beispiel mit der Stromversorgung.

Betrachten wir noch einmal das Kennlinienfeld der EL84 *(s. Bild 2-5)* sehen wir im linken Teil des Bildes, dass die negative Gittervorspannung im Bereich -5 bis -10 Volt liegt. Bei Spannungen unterhalb der Grenze von -15 Volt fließt kein Anodenstrom mehr. Wer sich schon mit den Automatik-Modellen von SABA befasst hat, weiß, dass hier eine Spannung von -17 Volt zur Stummschaltung während des automatischen Suchlaufs benutzt wird *(s. Band 2, S.171/173)*. Durch einen gegen Masse geschalteten Kondensator wird die Wiederherstellung des Tonsignals bei einem Stopp des Suchlaufs verzögert, der Ton taucht langsam aus der Stille wieder auf.

In Verbindung mit dem im Abschnitt 2.1.7.1 aufgebauten Netzteil, das eine negative Spannung von -9 Volt erzeugt *(s. Bild 2-53)*, wird es für eine EL84 zu knapp, denn eine Gittervorspannung darf keine Restwelligkeit der Netzspannung enthalten.

Die Bilder rechts zeigen die in unserem Netzteil realisierte Umformung der Heizspannung. Das Problem der Restwelligkeit durch den

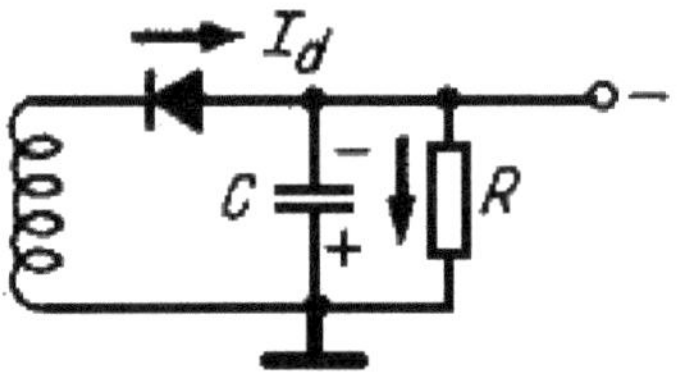
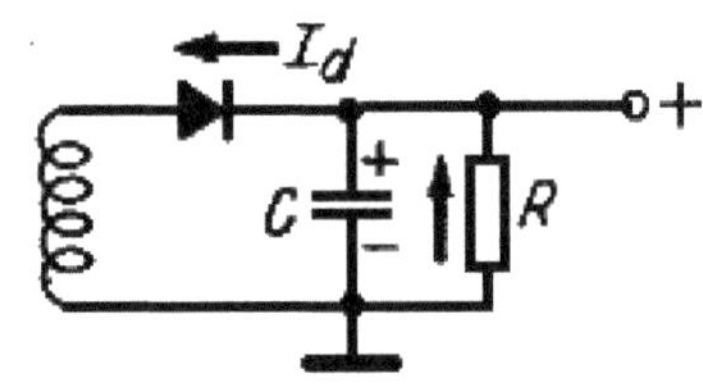

Ladekondensator C wird sehr ***Bild 2-91a⇈***   ***Bild 2-91 b⇈***

anschaulich in einem Beitrag *"Für den jungen Funktechniker"* der FUNKSCHAU

(20/1959) beschrieben (s. **P56**).   ***Bild 2-92*** rechts ⇒

zeigt den Verlauf der noch unzureichend gesiebten Gleichspannung.

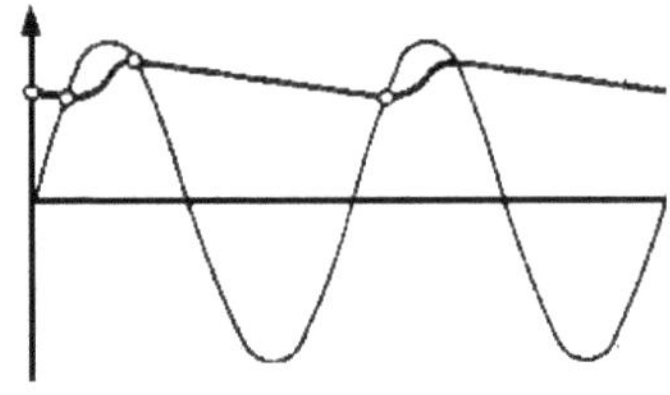

Bei Verwendung von Steckernetzteilen 12 oder 24 Volt lassen sich jedoch auf einfache Weise interessante Versuche mit negativen Gitter-vorspannungen durchführen. Liegen Ergebnisse vor, kann die Stromversorgung entsprechend *Bild 2-91* auf- oder umgebaut werden.

In den Anlagen P79, P80, P81, P82 findet man weitere Schaltungsbeispiele für die Verwendung der Endröhren EL84 und EL95.

Auf die Eignung einer der Verbundröhren ECLxx für Experimentierschaltungen wegen des geringen Platzbedarfs wurde hingewiesen. Einfache Verstärker mit zwei Röhren *(s. auch Seite 125)* sind ebenfalls als Starthilfe geeignet.

2.1.11.5 Versuche mit den Verbundröhren ECL xx

Band 2 zeigt im Abschnitt 4.4 eine Referenzbaugruppe "Tonverstärker". Referenz-baugruppen sind selbständige Funktionseinheiten, die den Vergleich oder die Einkopplung von Signalen zur Fehlersuche ermöglichen.

Folgend wird der Aufbau eines möglichst einfachen Tonverstärkers zunächst als Experimentierschaltung beschrieben, wie er zum Beispiel im Bild 2-81 *(Seite 102)* gezeigt wird. Wegen der besseren Verfüg-

barkeit wurde jetzt eine ***Bild 2-93*** ⇒

ECL 86 nach einer Schaltung aus dem Telefunken Laborbuch Band 3 *(s.* **P104***)* montiert. Die ECL 86 kam 1960 auf den Markt, hatte im Vergleich mit der ECL 82 (3,5 W) eine höhere Wechselstromleistung (4 W). Die Schaltung orientiert sich in der im Datenblatt von Telefunken gezeigten Variante *(https://datasheetspdf.com/pdf/789218/TeleFunKen/ECL86/1),* ein Vergleich beider Schaltungen ist interessant.

Die Beschreibung in der Anlage P104 zeigt grafisch den Unterschied im Frequenzverlauf bei unterschiedlichen Gegenkopplungsgraden. Man sieht auch, dass der Klirrgrad bei einer Ausgangsleistung von 2,5 Watt deutlich ansteigt. Beide Schaltungen arbeiten mit einer Spannungsversorgung von 275 Volt, was den Angaben im Datenblatt entspricht.

Für mit der Elektrotechnik noch weniger erfahrene Leser sollten erste frei aufgebaute Versuche mit deutlich reduzierten Anodenspannungen durchgeführt werden. Als Experimentiertrafo eignet sich zum Beispiel ein handelsüblicher kleinerer Trafo *(hier: NTRN 20/1)* der, auf dem Testbrettchen montiert, mehrfach zur Stromversorgung verwendet werden kann. Das sieht auch besser aus, als bei Verwendung eines Netztrafos aus der Kiste *(s. auch Band 2, Seiten 105, 110, 140).* Die Anodenwicklung verträgt 20 mA, die Heizwicklung 0,8 A. Wir wählen die 150 Volt Anzapfung der Sekundärwicklung, und sichern primärseitig mit *100 mA (tr)* ab. Damit wird eine Anodengleichspannung von ca. 170 Volt erreicht.

Die Heizwicklung wurde fest verdrahtet, die übrigen Anschlüsse des Röhrensockels wurden an die Lötleiste geführt.

Einen Ausgangstransformator finden wir in der Kiste. Das *Bild 2-93* zeigt, dass die Leistungsklasse unterhalb der EL 84 liegt, ein *ATR 11* von Loewe-Opta, der auch bei den Bildern *2-94* und *-95* sichtbar ist. Im Abschnitt 2.1.3 wurden einfache Verfahren zur weiteren Eignungsprüfung beschrieben.

Mit den im Abschnitt 2.2.2 beschrieben Verfahren wurde eine weitere

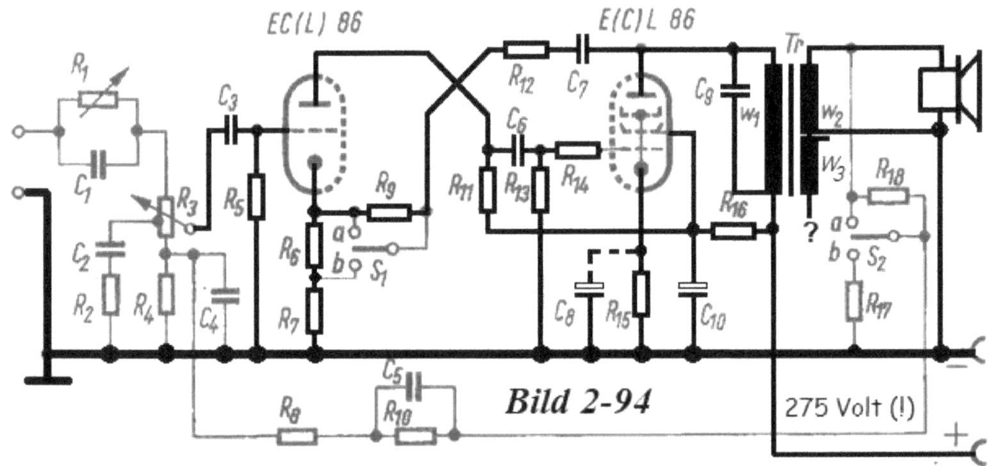

Sekundärwicklung *(W₃)* festgestellt, die umgepolt, oder auch mit der Wicklung W_2 verbunden, werden kann. Der Draht ist dünner, also nicht für den direkten Lautsprecheranschluss geeignet, aber für weitere Experimente bezüglich der Gegen- oder Mitkopplung, auch der Umwandlung in eine Gleichspannung, interessant.

Die Abschnitte 2.1.6.2 und 2.1.9 bis 2.1.11 bieten Anregungen für viele Versuche, s. auch Bilder 2-62-65-70-74-76-80 und 10 vollständige Klangregelnetzwerke, oder im Band 2, Abschnitt 4.3.1.

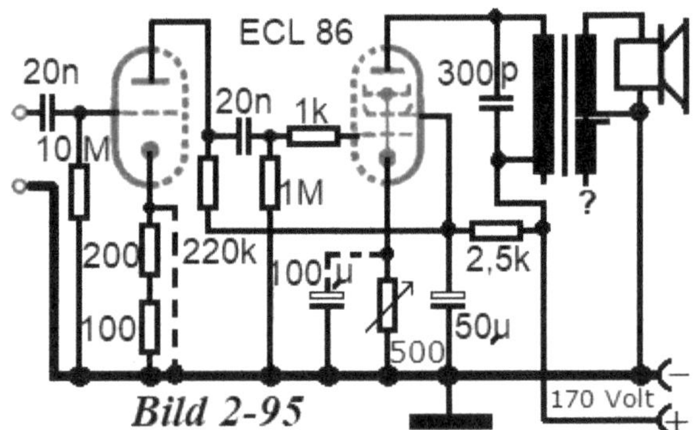

Wir beginnen mit einer Minimalausstattung des Verstärkers, wie rechts im *Bild 2-95,* mit den Werten der Bauteile gemäß dem Schaltbild im Telefunken-Datenblatt, die wir aber noch – vor allem aus Sicherheitsgründen – an die niedrigere Anodenspannung der Versuchsschaltung anpassen. Der Gegenkopplungspfad ist vorerst weggelassen, denn damit soll ja experimentiert werden. Wegen der stark reduzierten Anodenspanung sollte der Katodenwiderstand (170 Ω) variabel (z.B. 0 – 500 Ω) ausgeführt werden. Die Katodenwiderstände der Triode können zunächst überbrückt werden. Dann kann man die im Bild 2-94 enthaltenen – oder andere – Kopplungswege ausprobieren.

Aufgrund des quadratischen Zusammenhangs zwischen Spannung und Leistung fällt die erzielbare Wechselstromleistung überproportional zurück *(s. Seiten 50-51),* reicht aber immer noch für die Nachbarn *(s. Seite 50).*

2.1.12 Ein Ausflug in die Fachliteratur der 50er/60er Jahre…

… ist meist ohne mathematische Grundlagen nicht machbar, wenn man von den viel gelesenen Büchern von Heinz Richter, z.B.: *"Radiotechnik für Alle"(1950),* absieht. In den Anlagen **P…** findet man überwiegend Literatur für den Praktiker.

Die **Lehrbücher** der 50er/60er Jahre sind für Leser und –innen mit Geburtsdaten > 1960 möglicherweise gewöhnungsbedürftig. Die Schreibweisen und auch einige Fachbegriffe haben sich *(wurden)* geändert. Das betrifft vor allem die Schreibweise der Wechselstromgrößen, die in der alten deutschen Fraktur-Schrift bezeichnet wurden *(s. Hinweis im Vorwort).* Bei den Schriftvarianten der Textprogramme finden wir die Bezeichnung "Euclid Fraktur" als eventuelle Hilfe bei der Dekodierung der Zeichen. Eine Gleichspannung wird mit $U,$ die Wechselspannung mit $\mathfrak{U}$ bezeichnet. Entsprechend die Ströme (I - $\mathfrak{J}$) und Widerstände (R – $\mathfrak{R}$). Um Verwechselungen zu vermeiden, werden die elektrotechnischen Größen im Gleichstrombereich meist kursiv dargestellt, als $U, I, R.$ Für den Gleichstrom wird auch „J" verwendet um Verwechselungen mit römischen Zahlen auszuschließen.

$$\mathfrak{Y}_{RC} = \frac{1}{\mathfrak{Z}_{R,C}} = \frac{1}{R - j\dfrac{1}{\omega C}}$$

In (L3) findet man z. B: den Scheinleitwert $\mathfrak{Y} = \mathfrak{J}/\mathfrak{U}$

($\mathfrak{Y} \stackrel{\wedge}{=} Y$) und den Widerstand $\mathfrak{Z} = \mathfrak{U}/\mathfrak{J}$ $\qquad$ ($\mathfrak{Z} \stackrel{\wedge}{=} Z$)

Frakturschrift findet man durch weitgehend unveränderte Neuauflagen bis weit in die 60er Jahre. Weil auch viele Fachbücher auf eine Auflistung der verwendeten Symbole verzichten, hat man manchmal Mühe mit alter Fachliteratur.

Mit den folgenden Ausführungen haben Leser-innen die Möglichkeit, sich in ein Beispiel alter Lehrbücher (L6): **ELEKTRONENRÖHREN UND IHRE SCHALTUNGEN** zu vertiefen. Ein achtseitiger Beitrag wurde mit ausdrücklicher Genehmigung des Verlages aufwändig digitalisiert und kann als PDF heruntergeladen, gelesen und ausgedruckt werden **(P97)**. Leider ist dieses Buch *(436 Seiten)* nur noch antiquarisch ($\geqq$ 50,- €) erhältlich.

Der Textauszug betrifft die Seiten 205 bis 213 des 13. Kapitels *"Spezielle Verstärkerschaltungen"*: **Anodenverstärker mit Kathodenwiderstand**
In diesem Kapitel findet man die sehr komplexen Netzwerke im Bereich der Kathodenbeschaltung.

Zuerst machen wir uns mit den verwendeten Schreibweisen vertraut:
Gleichstromwiderstände: *R (Widerstand),* R_A *(Ausgangswiderstand),* R_a *(Widerstand an der Anode),* R_{gk} *Widerstand zwischen Gitter und Kathode),* R_{g1}

Widerstand am ersten Gitter (Steuergitter), R_E (Eingangswiderstand), R_2 (im Schaltplan so bezeichneter Widerstand).

Die Bauteile bezeichnenden Buchstaben werden *kursiv* dargestellt, Ziffern und Frakturschrift dagegen nicht. Die Verstärkung wurde hier mit B, der Gegenkopplungsfaktor mit K bezeichnet. Weil die Verstärkung B immer eine Wechselstromgröße darstellt, bleibt der Buchstabe in Normalschrift für die Batteriespannung U_B reserviert, bei der es sich immer um eine Gleichspannung handelt. Der Verstärkungsfaktor ist $\mu = -\Delta U_a / \Delta U_g$ und die Steilheit $S = \Delta J_a / \Delta J_g$.

Es werden insgesamt sieben Verstärkerschaltungen besprochen, von denen uns vier vom Prinzip her schon bekannt sind und hier kurz vorgestellt werden: ***Bilder 2-96-a-d***

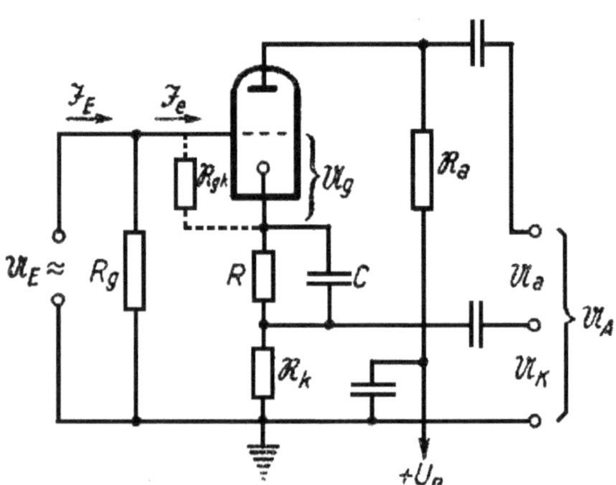

*⇐ **Bild a** (Abb. 170). Verstärkerstufe mit Kathodenwiderstand $\mathfrak{R}_K$ (Gegenkopplung; Strom-Rückkopplung)*

Durch die Reihenschaltung der beiden Kathodenwiderstände wird die *(gegenüber der Kathode)* negative Gittervorspannung erzeugt. $\mathfrak{R}_k$ bestimmt die Größe der Wechselspannung am Kathodenausgang, mit der Parallelschaltung R/C wird die Größe der Gittervorspannung ergänzt, falls nötig. Das Schaltungsprinzip ist uns von der Phasenumkehrstufe her bekannt.

Unabhängig von der Größe der Kathodenwiderstände kann die Gittervorspannung durch einen Spannungsteiler eingestellt werden, was in der Praxis weniger zu finden ist. Die Schaltung im Bild a ist sowohl für Trioden als auch für Pentoden verwendbar. Die Stromgegenkopplung von der durch den Anodenstrom einstehende Wechselspannung an $\mathfrak{R}_k$ auf das Gitter ist uns vom Abschnitt 2.1.9.1 bekannt und wird auch im Bild b deutlich. ***Bild b ⇒***

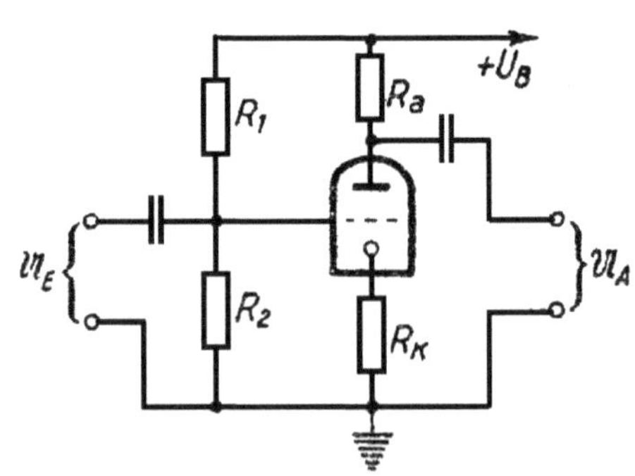

Gittervorspanungserzeugung) (Abb. 171) durch R_K mit teilweiser Kompensation von + U_B her

Auch im Bild c ist die Wirkung der Stromgegenkopplung auf das Steuergitter deutlich sichtbar.

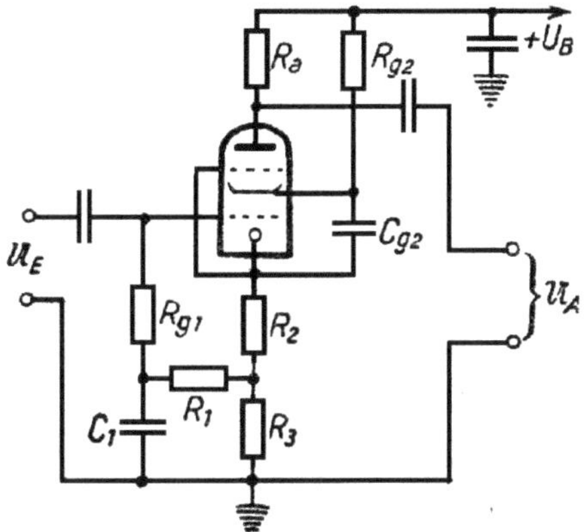

$\Longleftarrow$ **Bild c** *(Abb. 172)* *Pentodenstufe mit Kathodenwiderstand*

Textauszug: Für die Größe der Kathodenwechselspannung ist hier der Widerstand $R_2 + R_3$ erforderlich. Da die an $R_2 + R_3$ entstehende Vorspannung zu groß ist, greift man zwischen R_2 und R_3 die richtige Vorspannung ab und führt sie über R_1 und R_{g1} dem Gitter zu. Dabei ist R_1 und R_{g1} groß gegen R_3, was der fehlende Gitterstrom erlaubt. C_1 ist ein nicht immer erforderlicher Wechselstromkurzschlußkondensator.

Anodenverstärker mit $R_a C_a$ und $R_k C_k$ **Bild d** $\Longrightarrow$
(Abb 173)

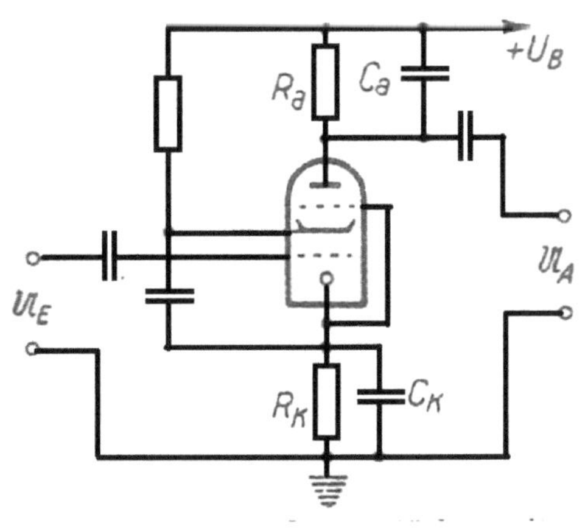

Bild d entspricht den uns bekannten Endstufen.

Wer sich etwas in den Umgang mit mathematischen Ausdrücken *(Formeln)* einarbeiten möchte, findet auch die schon im Band 1 bekannte Formel zur Ermittlung des Widerstandes zweier parallel geschalteter Widerstände.

$$\Re_E = \frac{\Re_e R_g}{\Re_e + R_g}$$

Siehe dazu *Abb. 170* und Gleichung (144) im originalen Text.

Folgend noch eine Leseprobe aus dem Kapitel 13:

Trotzdem kann man auch durch R_K eine Zunahme von ω_p erhalten, wenn es sich um eine Schaltung wie **Abb. 173** *handelt, in der außer R_a auch R_K eine Parallelkapazität C_K besitzt, die jedoch keinen Kurzschluß für die Wechselspannung bedeuten soll [35]. Dann wird nämlich für Trioden in dem Spezialfall $R_a C_a = R_K C_K = R\,C$:*

$$(141)\quad \omega'_p = \frac{1}{RC}\sqrt{p^2 - 1}\left[1 + \frac{R_a}{R_i} + (\mu + 1)\frac{R_K}{R_i}\right] \qquad \text{für Pentoden:}$$

$$(142)\quad \omega'_p = \frac{1}{RC}\sqrt{p^2 - 1}\left[1 + S\,R_K\right].$$

Die Verstärkung dieser Stufe, ebenfalls für gleiche RC-Glieder, ergibt sich für Trioden, bzw. Pentoden zu:

$$(143)\quad \mathfrak{B}_{Tr} = \frac{\mu R_a}{\sqrt{\left[R_i + R_a + (\mu+1)R_g\right]^2 + \omega^2 C^2 R^2 Ri^2}}; \qquad \mathfrak{B}_P = \frac{S\,R_a}{\sqrt{(1 + S\,R_K)^2 + \omega^2 R^2 C^2}}$$

2.2 Nützliche und unnütze Erweiterungen

Wir sind mit der Endstufe noch nicht fertig. Wenn wir ein Chassis ohne Lautsprecher haben, das Gehäuse massive Schäden hat, wir sowieso die Lautsprecherkombination ändern wollten, bieten sich weitere Möglichkeiten für Änderungen und Ergänzungen. Das können zum Beispiel LED-Anzeigen sein, die verschiedene Betriebszustände anzeigen oder Warnsignale abgeben. Obwohl es sich bei LED's um Richtleiter handelt, schalten wir trotzdem immer eine Diode in Reihe, weil LED's nur eine geringe Sperrspannung vertragen.

2.2.1 Gleichspannungen aus der Heizspannung gewinnen

Eine eventuell benötigte Gleichspannung lässt sich aus der Heizspannung ableiten *(s. auch Band 2, Abschnitt 6.6)*. Die Höhe dieser Gleichspannung ist bei Einweggleichrichtung von der Belastung abhängig und lässt sich bis zu ca. 8 Volt einstellen, je nach Polung der Diode, positiv oder negativ.

Mit einer negativen Spannung können wir auch das Steuergitter vorspannen, was uns von der vorgegebenen Größe des Kathodenwiderstandes *(in unserem Beispiel 180 Ω)* befreit, bzw. diesen überflüssig macht. Wir hätten damit freie Hand bei der Dimensionierung einer frequenzabhängigen Gegenkopplung über die Kathode, denn maßgebend für die Gittervorspannung ist allein das Potential gegenüber der Kathode.

Fortgeschrittene Elektroniker können integrierte Schaltkreise *(z.B. Analog-Digitalwandler)* einsetzen. Wir begnügen uns mit einfachen,

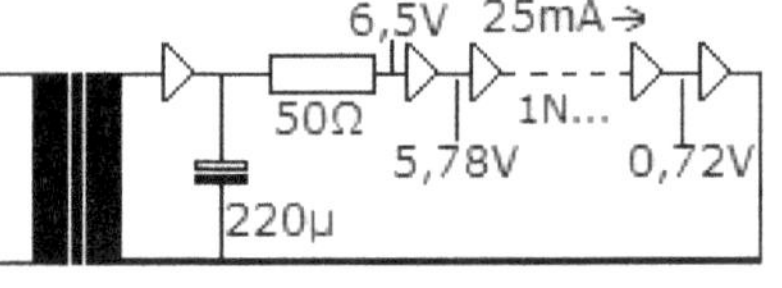

nachvollziehbaren Lösungen.   ***Bild 2-97***

Zur Vorbereitung kann der Aufbau einer Versuchsschaltung *(s. Bild links)* sinnvoll sein.

*< **Bild 2-98** links* zeigt eine nach diesem Prinzip aufgebaute, universell einsetzbare Schaltung für eine 230 Volt Spannungsquelle, die potentialfreie Versuche mit Spannungen im Bereich +/– 0,7 bis ca. +/– 20 Volt ermöglicht.

Dabei wurden die Schaltungen zweimal aufgebaut, mit jeweils anders gepolten Dioden. Die erzielbare Spannungsver-dopplung bei Reihenschal-tung beider ***Bild 2-99*** →

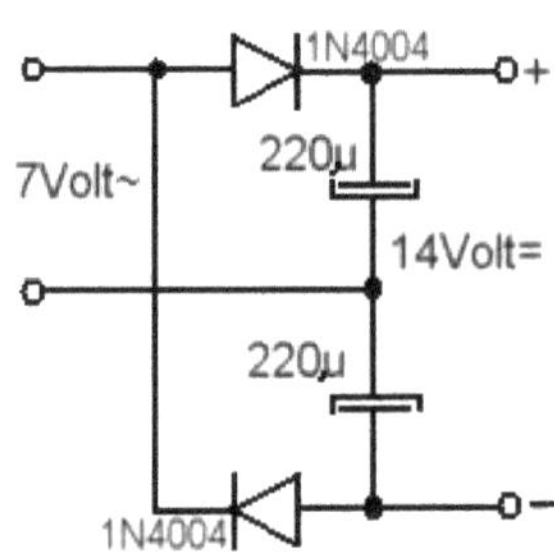

Module wurde bereits im Band 2, Seite 135 gezeigt, s. auch im *Bild 2-100* rechts.

Die potentialfreie Verwendung einer Sekundärwicklung mit ca. 7 Volt wäre auch mit der Referenzbaugruppe Stromversorgung *(Band 2, Abschnitt 3.2.1)* möglich, der Aufbau würde aber etwas unübersichtlich werden. Das Bild rechts zeigt die Einfachheit der beiden Schaltungsteile, auf die Umpolung des Elektrolytkondensators im zweiten Schaltungsteil ist zu achten. ***Bild 2-100→***

Die Regeln für den Aufbau von Referenzbaugruppen wurden im Band 2 *(Sicherheitshinweise)* beschrieben. Eine Betriebsanzeige *(rechts im Bild)* ist bei Anschluss an das 230 Volt Netz unbedingt erforderlich.

Das ist überflüssig, wenn man über ein geeignetes Netzgerät mit stufenloser Spannungseistellung verfügt. Sobald die erforderlichen Spannungen ermittelt sind, kann man auch auf Zenerdioden zurückgreifen.

Auf Experimente mit einer negativen Gittervorspannung wurde bereits im Abschnitt 2.1.7.1 und im Band 2/Abschnitt 6.6 hingewiesen. Bei Verwendung zur Gewinnung der Gittervorspannung muss auf eine gute Siebung *(s. im Bild 2-100)* geachtet werden.

Die Automatikmodelle von SABA *(s. Band 2, Seite 175)* schalten den Ton während des Suchlaufs durch ein negativ vorgespantes Steuergitter stumm.

Die folgenden Ausführungen sind als Anregung für eigenen Experimente zu verstehen.

In der Fachliteratur wird auch gezeigt, dass man durch zusätzliche Netzwerke im Sekundärkreis des Ausgangstransformators regelnd die Lautstärke und den Klang beeinflussen - oder bestimmte Betriebszustände zur Anzeige bringen kann.

2.2.2 Gleichspannungen am Ausgangstransformator gewinnen

Die in der einschlägigen Fachliteratur für den Bastler gezeigten Schaltungen zur Realisierung zusätzlicher Funktionen arbeiten oft mit der Sekundärspannung des Ausgangstransformators. Der Umgang mit der nur wenige Volt großen Spannung ist sicher, man arbeitet entkoppelt von den Bereichen mit hohen Spannungen. Ein Nachteil liegt darin, dass die zur Verfügung stehende Spannung bei normaler Lautstärke nicht sehr groß ist: Bei der im Abschnitt 2.1.1 empfohlenen Zimmerlautstärke von 0,1 Watt erreichen wir an einem 5 Ohm-Lastwiderstand nur eine Effektivspannung von 0,7 Volt. Selbst bei Verdopplung der im Abschnitt 2.1.1 als ausreichend bezeichneten Leistung kommen wir nach Gleichrichtung nur auf eine Effektivspannung von ca. 1 Volt. Bild 2-2 im Abschnitt 2.1.1 macht diese

Zusammenhänge deutlich, hier wird sichtbar, dass erst bei einer Ausgangsleistung von 3 Watt eine Gleichspannung von ca. 3 Volt erreicht werden kann.

Nun haben die meisten Ausgangstransformatoren *(s. Abschnitt 2.1.3.2 und im Band 2 Abschnitt 4.1.1)* eine erweiterte Sekundärwicklung oder zusätzliche Wicklungen, um den Anforderungen der Gegenkopplungen für die Klangformung gerecht werden zu können.

Das Bild 2-101 rechts hat an dem dicken Draht für den Lautsprecheranschluss noch einen wesentlich dünneren Draht für eine Gegenkopplungswicklung verlötet. Diese Wicklungen sind nicht immer einseitig verlötet, wir finden diese, wenn an der Lautsprecherwicklung mit den dicken Drähten eine Heizspannung mit ca. 7 Volt anlegen. Es ist Vorsicht geboten, denn die Primärwicklung hat nun eine Spannung von ca. **250 Volt.**

Diese Vorgehensweise entspricht der Untersuchung eines Netztransformators, der jedoch an der Struktur der Primärwicklung unterschieden werden kann.

Wir können am Ausgangstransformator sekundär durchaus – nach Gleichrichtung – aussteuerungsabhängige Spannungen bis ca. +/– 10 Volt erreichen *(siehe auch Bild 2-2)*. Und auf der Verwendung einer negativen Spannung beruht ja die Regelung im Empfänger grundsätzlich, nur wird diese Gleichspannung von den Demodulatoren gewonnen.

Es können damit frequenzabhängige oder frequenzneutrale Regelvorgänge im Nf-Bereich ausprobiert werden *(s. auch Bild 2-2)*.

––––––––––

Den noch verfügbaren Platz auf dieser Seite nutzen wir für ein (*einfaches*) Rätsel:

Die folgende Schaltung wurde bei der im Bild 2-81 *(Anlage* **P87***)* gezeigten Verstärkerschaltung gefunden, es handelt sich um die Stromversorgung dieses Verstärkers. Die Schaltung wurde nicht besprochen, ist also ein ideales Rätsel:

Welchen Zweck erfüllt das untere Lämpchen 6,3Volt/ 50mA im Hochspannungsbereich?

Bild 2-102 →

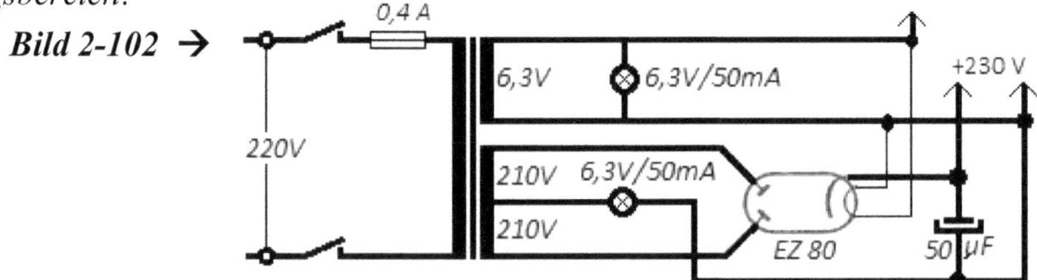

2.2.3 Anzeige von nichtlinearen Verzerrungen und Überspannungen

Am Schluss des Absatzes 2.1.9.1 wird auf die Möglichkeit hingewiesen, aus dem Ausgangssignal an der Sekundärwicklung des Ausgangstransformators, eine von der Signalstärke abhängige, variable Gleichspannung zu gewinnen.

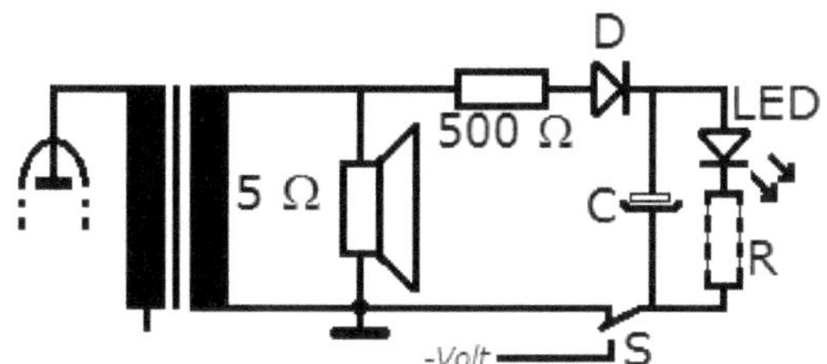

Bild 2-103 →

Die entsprechende Schaltung ist einfach, bzw. uns schon vertraut. Der 500-Ω-Widerstand sorgt für eine ausreichende Entkopplung. Die Trägheit der Anzeige wird ggfs. mit einem zur Anzeige parallel geschalteten Kondensator C justiert, die Stromstärke kann mit einem Widerstand R angepasst werden. Für eine höhere Ansprechschwelle können Dioden *D* hintereinander geschaltet werden. Für eine niedrigere Schwelle kann auf eine negative Gleichspannung entsprechend Bild 2-103 umgeschaltet werden.

Soll zum Beispiel eine grüne LED bei beginnenden Verzerrungen erlöschen, werden Diode D und LED umgepolt, mit dem Schalter S wird auf eine positive Gleichspannung umgeschaltet. Diese kann aus der Heizspannung gewonnen werden, s. *Bild 2-100*, S. 115.

Wie im Abschnitt 2.1.8 gezeigt, können die Ausgangsspannungen bei beginnender Verzerrung und bei beginnender Übersteuerung ermittelt und nun zur Anzeige gebracht werden. Sinnvoll wäre auch die Anzeige sehr hoher Wechselspannungen *(U_{SS} > 10V bei einer EL84)*, wie sie zum Beispiel bei unterbrochenem Lautsprecheranschluss auftreten. Denn die Spannung an der Anode wird sich mindestens verdoppeln und kann eventuell die Grenzwerte überschreiten.

2.2.4 Regelung der Lautstärke und des Klangs   ***Bild 2-104***

Auf die Möglichkeit der Beeinflussung der Gittervorspannung wurde hingewiesen. Mit der rechts gezeigten Schaltung kann der Anstieg der Lautstärke begrenzt werden. Mit der gegenüber der Katode größeren negativen Gittervorspannung ändert sich die Steilheit – und damit die Verstärkung der Röhre. Die Spannung muss jedoch gut gesiebt werden, um keine Reste des Tonsignals zu übertragen. Das sollte jedoch, weil das Steuergitter leistungslos angesteuert wird, kein Problem sein. Allerdings eignet sich die

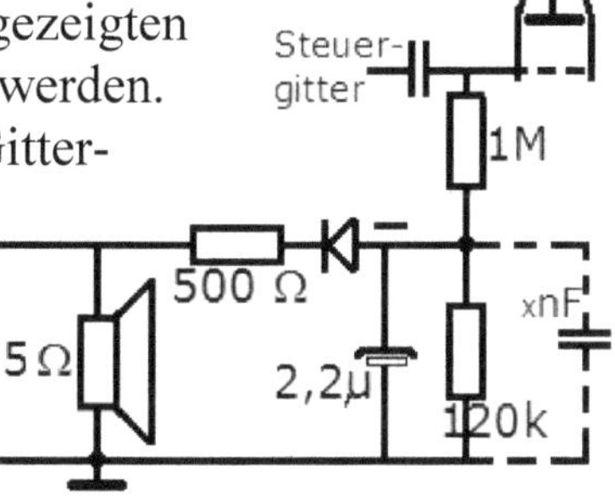

Endröhre nicht dazu, weil hier der mögliche Bereich der Gittervorspannung

ausgenutzt wird. Mit der im Bild 2-104 gezeigten Versuchsschaltung wurde bei einer maximalen Ausgangsspannung an der Sekundärwicklung eine Gleichspannung von −4 Volt erreicht. Sofern der Ausgangstransformator noch eine höhere Spannung abgeben kann, z.B für die Gegenkopplung, steht eine entsprechend höhere Gleichspannung zur Verfügung, oder man arbeitet mit zwei Spannungen. Der Widerstand 120 kΩ sorgt für die Entladung des Kondensators (2,2 µF), bestimmt also die Trägheit *(die Zeitkonstante)* des Netzwerkes. Diese darf hier nicht zu klein gewählt werden, damit die Regelung nicht durch Spannungsspitzen aktiviert wird.

Zur lautstärkeabhängigen Klangbeeinflussung eignet sich wieder ein Fotowiderstand, mit dem eine Kapazität variabel eingekoppelt werden kann. Direkt im Klangregelnetzwerk oder im Rahmen der Gegenkopplung, wie es im Bild 2-65 gezeigt wurde.

2.2.5 Dynamikregelung

Vorschläge zur Realisierung einer Dynamik −Expansion oder –Kompression, möglichst mit einfachen Mitteln, findet man hin und wieder in der Fachliteratur.

Der Klassiker unter diesen Vorschlägen ist eine Lösung mit einer Glühlampe im Sekundärkreis des Ausgangstransformators, deren Widerstand sich in Abhängigkeit von der Stromstärke *(Helligkeit)* ändert. Im Band 2 *(Abschnitt 9.3.2)* wird eine solche, von Grundig realisierte Lösung beschrieben. ***Bild 2-105 →***

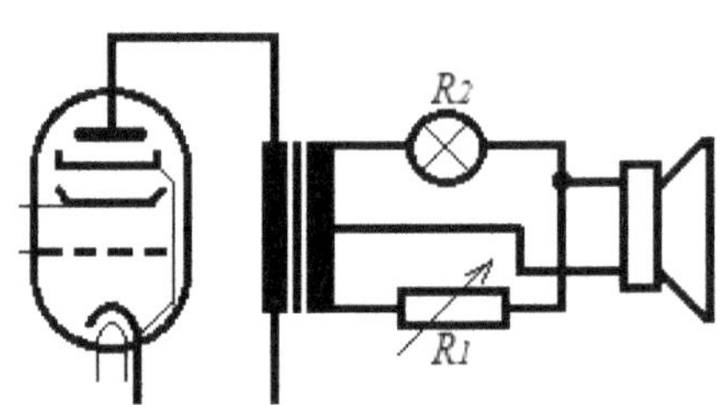

Das Prinzip kann mit einem in der Zeitschrift FUNK vor 75 Jahren erschienenen *(11/12-1943)* Beitrag erläutert werden: Der Lautsprecher liegt an der Mittelanzapfung der Sekundärwicklung und über die Widerstände R_1/R_2 an den äußeren Anschlüssen. Im Ruhezustand ist $R_1 = R_2$ *(Brückengleichgewicht)*. Mit zunehmender Lautstärke steigt die Spannung am Lautsprecher überproportional an. Mit der im Abschnitt 2.1.7 gezeigten Versuchsanordnung mit einem Universal-Ausgangstransformator *(2 x 4 Ohm)* kann dieser Effekt versuchsweise mit minimalem Aufwand demonstriert werden.

Diese einfache Schaltung ist aber mit einem Leistungsverlust verbunden, wir wenden uns besser ebenso einfachen zeitgemäßen Bauteilen zu: LED und LDR.

Band 2 zeigt im Abschnitt 9.3.2 eine elegantere, von Grundig im Konzertgerät 6099 − ebenfalls mit einer Glühlampe − realisierte Schaltung zur Dynamikexpansion.

2.2.5.1 Dynamikexpansion…

… bedeutet, dass zunehmende Lautstärke überhöht wird. Band 2 zeigt im Abschnitt 9.3.2 ein von Grundig realisiertes Beispiel. Die Sekundärwicklung des Ausgangstransformators wurde wie folgt gestaltet: Die niedrigste Spannung dient der üblichen Gegenkopplung, es folgt wie üblich, der Anschluss für die Lautsprecher. Die Wicklung wird bis zum Betrieb einer 18 Volt Lampe weitergeführt.

In der Anlage **P143** findet man ein weiteres Beispiel, das wohl weniger für die Praxis geeignet erscheint. Hier wird eine Wicklung des Ausgangstransformators verwendet, um sowohl den Lautsprecher, als auch zwei Glühlampen zu versorgen. Das hat zur Folge, dass der Dynamikeffekt erst bei Sprechleistungen *(s. Abschnitt 2.2.2)* ab 4 Watt auftritt.

Ein weiteres einfaches Beispiel mit einer Glühlampe findet man im Anhang **P142**, das eine Taschenlampenbirne mit niedriger Spannung verwendet. Dieses Beispiel ist für erste Versuche geeignet.

P142 *Eine einfache Methode zur Dynamikregelung; Mit einer Glühlampe im Sekundärkreis des Ausgangstransformators*

P143 *Dynamikregelung mit der Glühlampenbrücke: Prinzip einer Dynamikexpansion oder –kompression*

…… und Kompression

bedeutet, dass der Zuwachs der Lautstärke gebremst wird, geeignet für eine Hintergrundmusik.

Fazit:

Die in den Abschnitten 2.2.3 bis 2.2.5.1 aufgezeigten Möglichkeiten bieten Lösungen für interessante Versuche, vor allem wegen der Verwendung von Leuchtdioden, Fotowiderständen, Heiß- und Kaltleitern, Glühlampen *(zur Anzeige und als Kaltleiter)*. Wichtig sind Kondensatoren zur Beeinflussung der zeitlichen Abläufe.

Man gewinnt Regelspannungen, die frequenzabhängig oder frequenzneutral eingesetzt werden können und einen geringen Strombedarf haben.

Wegen der bei mäßiger Lautstärke meist sehr geringen Spannung an der, bzw. den Sekundärwicklung(en) des Ausgangstransformators sollte man auch mit gleichgerichteter Heizspannung (+/−) arbeiten.

Auf den zweiten Teil der Überschrift des Kapitels 2.2.1 sei hingewiesen.

2.3 Hi-Fi, Raumklang und Stereophonie …

… das sind Begriffe aus dem Kampfvokabular der Radioindustrie in den 1950er Jahren. Lediglich der Begriff *"Hi-Fi"* ist etwas schwammig und wurde entsprechend missbraucht. Der Begriff tauchte erstmals in den 1930er Jahren in den USA auf. Gemeint ist eine hohe Wiedergabetreue, bezogen auf das Eingangssignal. Vor allem der Frequenzbereich und der maximal zulässige Klirrfaktor wurden vorgegeben, aber im Laufe der Jahre auch entsprechend der Weiterentwicklung der Technik angepasst. In den 50er Jahren war zum Beispiel ein Klirrfaktor von einem Prozent noch Hi-Fi-tauglich (FUNKSCHAU 8/1956: *Was ist Hi-Fi wirklich?), s. auch* **P53**.

Wir haben gesehen, dass bereits mit relativ einfachen schaltungstechnischen Maßnahmen im Bereich der Endstufe gute Ergebnisse bezüglich des Klangs erzielt werden können. Aber das Klangerlebnis wird subjektiv beurteilt. Verkäufer im Fachhandel der 50er/60er Jahre machten die Erfahrung, dass oft eher die Art der Musik bei der Vorführung die Kaufentscheidung beeinflusste. Also der Wohlfühlfaktor. Dieser wird aber vor allem durch ein Raumklang-Erlebnis beeinflusst. Ein Trend, der sich schon im Modelljahr 53/54 abzeichnete, wird in der Anlage **P49** beschrieben: *"Raumklanggeräte setzen sich durch"*.

Im Modelljahr 1959/60 hatten die Kunden die Wahl aus ca. 280 Rundfunkempfängern und Musiktruhen (s. *FUNKSCHAU 21/1959*). Davon gab es 131 Geräte für die Mono-Wiedergabe, 143 für den Stereobetrieb. 22 Stereogeräte verfügten über Gegentaktendstufen, davon 9 Musiktruhen mit je 4 Röhren EL84.

Diese verhältnismäßig geringe Anzahl ist vermutlich weniger durch deren Größe und den Leistungsüberschuss begründet, eher durch den meist deutlich vierstelligen Preis, der bei 17 Geräten gefunden wurde *(1200,- bis 1500),* mit einem Ausreißer bei 1990,- DM, eine GRUNDIG Musiktruhe in antiker Form. Für einen als angenehm empfundenen Klang reichte unter Umständen ein Gerät im Bereich 200,- bis 300,- DM. Weiter ist ein zunehmender Bedarf an Zweitempfängern zu berücksichtigen. Das wird auch bei der Verteilung der verbauten Röhren deutlich: EL95/ECL82 = ca. 150, E/UL84/86 = ca. 320.

2.3.1 Raumklang im Wohnzimmer

Das normale Radio hatte bis in die 1950er Jahre einen Frontlautsprecher, der Ton kam punktgenau aus dieser Richtung. Das entspricht bei den Nachrichten und anderen von einem einzelnen Sprecher vermittelten Sendungen der Realität im Studio.

Im Konzertsaal kommt dagegen der Ton der Instrumente aus verschiedenen Richtungen und Phasenlagen. Mit den breitbandigeren UKW-Sendungen der 50er

Jahre stieg auch der Qualitätsanspruch der Hörer, was zu Anpassungen der Schaltungstechnik führte. In einem ersten Schritt wurden zusätzliche Seitenlautsprecher eingeführt, was zu dem so genannten "3-D-Klang" führte. Dabei ließen sich auch die Frequenzbereiche trennen: Die tiefen Töne, die nicht richtungsabhängig empfunden werden, über den Frontlautsprecher, der mittlere und obere Frequenzbereich über die Seitenlautsprecher.

In den eher mittelgroßen Wohnzimmern der 1950er Jahre begann man mit externen Lautsprechern zu experimentieren. Zum Beispiel mit einer Anordnung hinter den Stores, die hatte man damals rechts und links vor dem Fenster. Die Fachliteratur der 1950er Jahre befasste sich ausführlich mit der Anordnung von Lautsprechern und dem Selbstbau von Boxen.

Der in dem Heft 3/1954 der Funkschau als *„Funkschau-Lautsprecher"* (s. **P117**) beschriebene und bezüglich des Klangs hoch gelobte so genannte Ecken-lautsprecher geht auf den *„Telefunken-Ecken-lautsprecher Ela L 400"* zurück. Es handelte sich dabei lediglich um eine in einer Raumecke aufgehängte, oben gedeckelte Schallwand. Die seitlichen Kanten schließen mit einem Filzstreifen fugendicht mit der Wand ab. An der Unterseite bleibt die Anordnung offen. Die Länge der Schallwand begünstigt eine Eigenresonanz der eingeschlossenen Luftsäule im Bereich der tiefen Töne, was mit nur *einem* Ovallautsprecher auch eine gute Basswiedergabe garantiert.

Die Abmessungen der Schallwand wurden wie folgt angegeben: Höhe = 1600 mm, Breite = 500 mm. Der Ovallautsprecher wurde195 mm unter der Oberkante quer eingebaut.

Die Klanggüte wurde im Beitrag **P117** wie folgt beschrieben:

"Der FUNKSCHAU- Lautsprecher wurde zunächst probeweise an eine Philetta 54 angeschlossen, die auf den UKW-Ortssender eingestellt war. Mit dieser Anordnung ergab sich eine Klanggüte, wie man sie nur selten von einem Spitzensuper zu hören bekommt. Am meisten fiel aber die beträchtliche Steigerung des Wirkungsgrades auf. Die erzielte Lautstärke ist trotz der bescheidenen Nf-Leistung (UL 41) so beträchtlich, daß man mühelos eine kleine Gaststätte mit Tanzmusik versorgen kann. "

Das ***Bild 2-106*** rechts zeigt

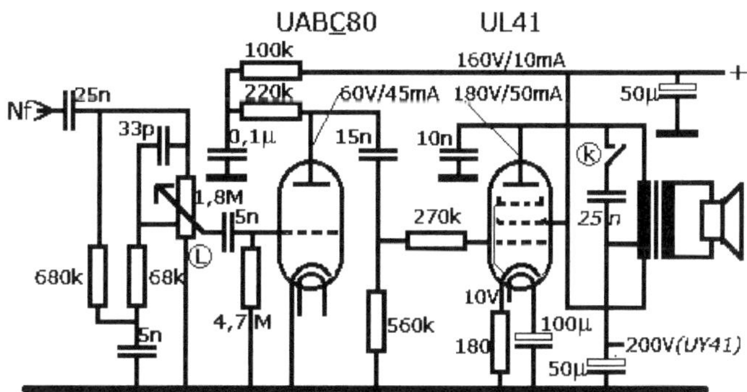

den Stromlaufplan der oben erwähnten PHILETTA 54 *(BD 234 U)* aus dem Modelljahr 1954. Die Klangfarbe wird mit einem einfachen Kontakt, also einer nicht variablen Tonblende geschaltet.

Das oben im Funkschau-Text angeführte Beispiel zum Klang der Philetta eröffnet folgende Variante: Die üblichen informativen Sendungen hört man mit dem eingebauten Lautsprecher, das Konzert über den Außenlautsprecher. Dass die klassischen Philettas auch mit dem Bordlautsprecher einen hervorragenden Klang bieten, ist dem nahtlosen Kunststoffgehäuse zu verdanken, das hier als Klangkörper wirkt *(s. auch Hinweis Band 2, S. 53).*

In einer späteren Ausgabe der Funkschau *(12/1955, s.* **P118***)* wurde der oben besprochene Funkschau-Lautsprecher mit einem an der Oberseite angebrachten Hochtöner ergänzt *(s. im* **Bild 2-107** *rechts).*

Oberteil eines Eckenlautsprechers mit zusätzlichem schräg nach oben strahlenden Hochtonsystem

Bevor man versucht in den Nf-Vorstufen klangverbessernde Maßnahmen durchzuführen, sollte man zunächst die Endstufe mit der Lautsprecheranordnung zu prüfen, bzw. versuchen, diese zu optimieren.

Dabei darf der Einfluss des Wohnraumes nicht außer Acht gelassen werden. Damit befasst sich der Aufsatz *"Die Schallwiedergabe hängt auch vom Wohnraum ab"* in der Funkschau 24/1955 *(s.* **P52***)* (*"In einem vollständig leeren und kahlen Zimmer klingt alles fremd und ungewohnt, selbst der beste Empfänger würde hier nicht zur Wirkung kommen. Nicht die exakt messbaren Eigenschaften des Gerätes allein, sondern die wohnliche Umgebung bewirken zusammen den guten Klang"*).

In einem nächsten Schritt teilte man die Frequenzbereiche auf verschiedene Tonkanäle auf, eine weitere Endstufe *(Endröhre)* wurde implementiert. Man kann für den oberen Frequenzbereich eine geringere Leistung übertragen, was den Einbau eines kleineren Ausgangstransformators ermöglicht.

Im Band 2 *(Abschnitt 4.6)* wurde die 2-kanalige eisenlose Endstufe von Philips beschrieben, die nach dem Prinzip der Trennung der Frequenzbereiche arbeitet. Nun ist es uns kaum möglich, eine eisenlose Endstufe aufzubauen, weil mindestens zwei 400-Ohm-Lautsprecher erforderlich würden.

Im Gerät "Capella BD 643" *(1954/55)* sind, dem gleichen Prinzip folgend, normale Lautsprecher verbaut, was in der im *(Bild 2-108)* abgebildeten Schaltung deutlich wird. Zur Erzielung eines Raumklangs strahlte einer der beiden Lautsprecher für die höheren Töne nach oben ab. Das dazu in der Gehäuseoberseite eingelassene Gitter sah nicht sehr dekorativ aus. Vermutlich wussten die

Ingenieure auch nicht, dass dieser Platz in den 50er Haushalten für eine Blumenvase reserviert war.

Auch hier sind, wie schon im Beispiel der eisenlosen Endstufe beschrieben wurde, beide Ausgangssignale bei einer Frequenz von 800 Hz *(Sinus)* gleich groß. Die Kathode der Endröhre des oberen Kanals ist frequenzabhängig zugunsten

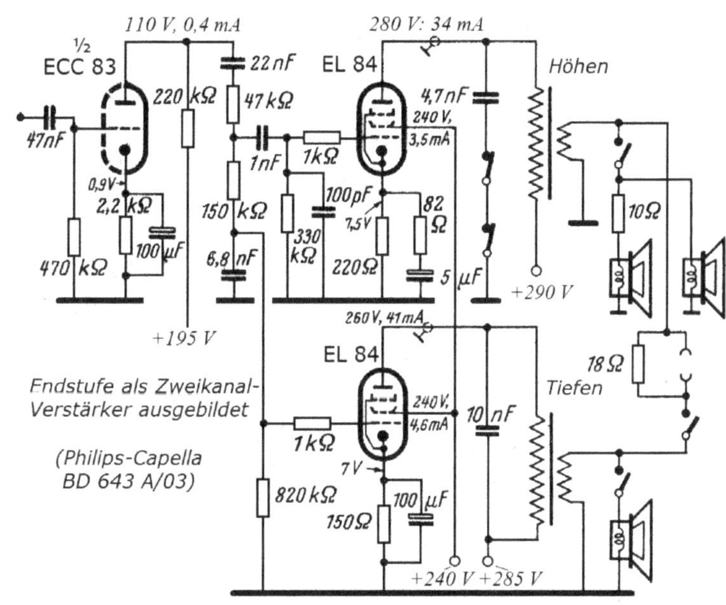

der höheren Töne gegengekoppelt *(s. auch Abschnitt 2.1.9.1).*   ***Bild 2-108***

Weitere Gegenkopplungsmaßnahmen zur Klangformung waren nicht erforderlich. Die Endstufe eignet sich daher zum problemlosen Nachbau.

Eine ausführliche Beschreibung der *Capella BD 643* findet man in der Anlage **P48** *("Der Raumklang beginnt im NF-Teil").*

Im nächsten Jahr folgte das Modell Capella 753E-4E/3D mit zwei eisenlosen Endstufen und 4 Lautsprechern in der später üblichen Anordnung, s. ***Bild 2-109***

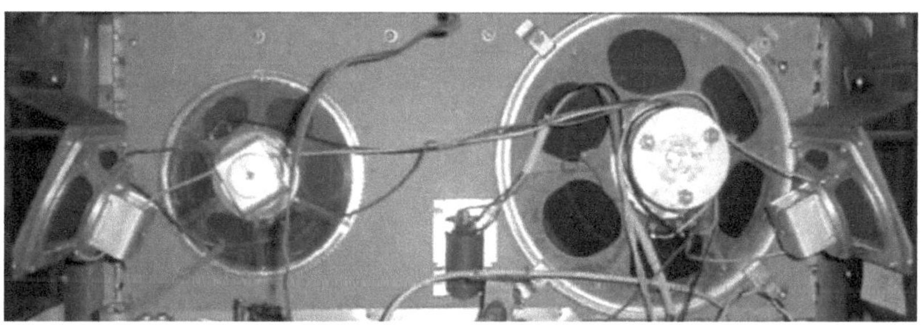

Diese Art von "Zweikanal-Verstärker" kann noch durch eine Laufzeitverzögerung eines Kanals den Raumklang-Effekt steigern, was am nächsten Bild *(Blaupunkt-Super Salerno)* deutlich wird: *"Das obere Triodensystem verstärkt infolge der Tiefpaßglieder im Anodenkreis (5 nF − 30 kΩ − 5 nF − 50 kΩ − 2,5 nF − Drossel) die Tiefen, während die untere Triode über die drei aufeinanderfolgenden*

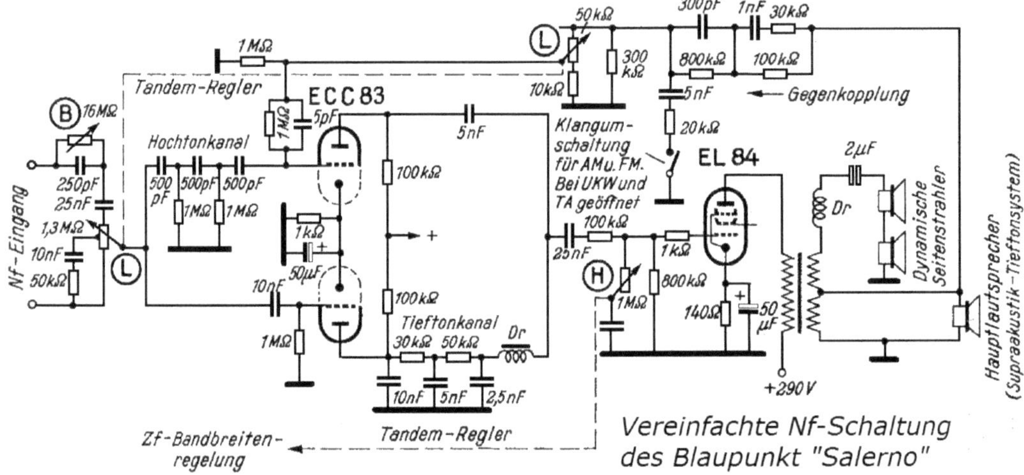

Die beiden Kanäle werden wieder zusammengeführt und kommen mit einer Endröhre aus.

Eine Beschreibung der Schaltung findet man in der Anlage **P51** *(Studioqualität im Heimempfänger)* mit einem weiteren 2-Kanal-Beispiel *(Hellas Plastik von Loewe Opta)*. Die oben gezeigte Nf-Schaltung des „Salerno" findet man – nochmals detailliert beschrieben – in der Anlage **P123** *(„Ein ausgefeiltes Raumklangsystem")*.

Die Firma Continental brachte schon im Jahr 1954 ein im Nf-Teil zweikanaliges Gerät unter der Bezeichnung *"Imperial 519W – 3-D-stereo"* auf den Markt. Der Nf-Verstärker war vollständig zweikanalig aufgebaut, wurde aber über nur einen Eingang *(mono)* angesteuert. Mit einer relativ aufwändigen Schaltung *(10 Röhren)* wurden die Kanäle in Frequenz und Phase getrennt. Das Gerät kostete 519,- DM, das waren ca. 1,5 Monatseinkommen. Die Technik ist in der Anlage **P50** *(Raumklangeffekt durch elektrische Phasenverschiebung)* beschrieben.

Die Forderung sowohl nach zweikanaligen Nf-Verstärkern als auch nach preisgünstigen Zweitgeräten zwang auch zu schaltungstechnisch einfachen und robusten Lösungen *(s. auch* **P87***)*. Man experimentierte im Schall-Labor mit neuen Gehäuseformen und hochwertigen Lautsprechern.

Eine sehr einfache und robuste, in der Funkschau-Schaltungssammlung Band 1954/S. 26, als *"einfach und übersichtlich"* beschrieben, d.h. für den Nachbau und für Lautsprecherprüfungen geeignete Schaltung findet man im Mittelklassegerät Nora-Dux *(1954)*. Die Endröhre arbeitet auf einen Rundlautsprecher in einem 60cm breiten massiven Holzgehäuse, was in Verbindung mit einem Höhen- und

einem Tiefensteller für den vollen Klang sorgt. ***Bild 2-111*** →
Im Gerät ist an der Anode eine kleine Hochtonkapsel über einen 5n-Kondensator angeschlossen.

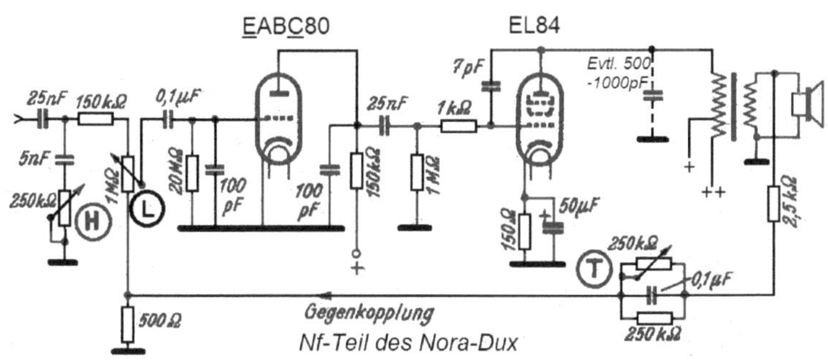

Diese, und die folgenden Schaltungen eignen sich besonders zum Testen von Lautsprechern – bzw. – Kombinationen, weil sie – aufgrund ihrer Einfachheit – auch von weniger geübten Bastlern leicht und fehlerfrei aufgebaut werden können. Ein Lautstärkesteller ohne Anzapfung und je ein Steller für die Höhen und Tiefen vereinfachen den Aufbau.

Das Bild rechts zeigt den Nf-Teil des Braun-Phonosupers SK4 *(1957)*. Hier fällt die frequenzunabhängige Gegenkopplung durch den unverblockten Kathodenwiderstand auf. *(s. auch Abschnitt 2.1.9.1)* Damit wird auch eine Reduzierung der maximalen Schall-Leistung erreicht, was in Anbetracht des flachen Stahlblechgehäuses sinnvoll ist. Die Klangformung fällt sparsam aus. SK

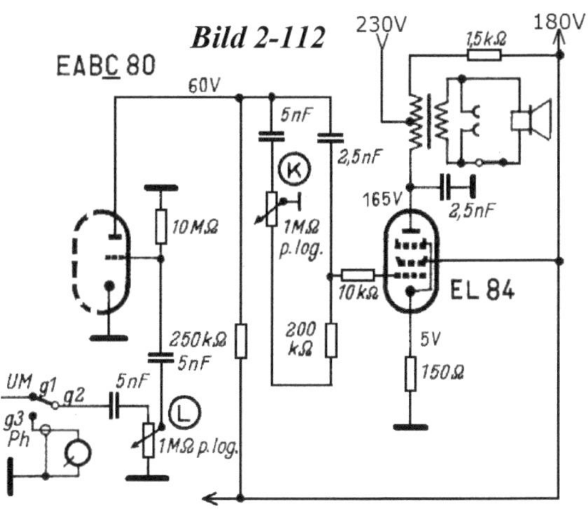

4 wurde in den Folgejahren viermal überarbeitet, die Kathode wurde wieder abgeblockt, und die Sekundärwicklung des Ausgangstransformators wurde für die übliche Gegenkopplung angezapft. Sk 4 wurde unter dem Namen *„Schneewitt-*
< ***Bild 2-113*** *- chensarg"* bekannt.

Mit nur einer *(Verbund-)*Röhre kommt der Telefunken UKW-Super Caprice (**P120**) aus *(s. im Bild links)*. Es handelt sich, um einen *(nur-)* UKW-Empfänger mit insgesamt 4 Röhren, die maximale

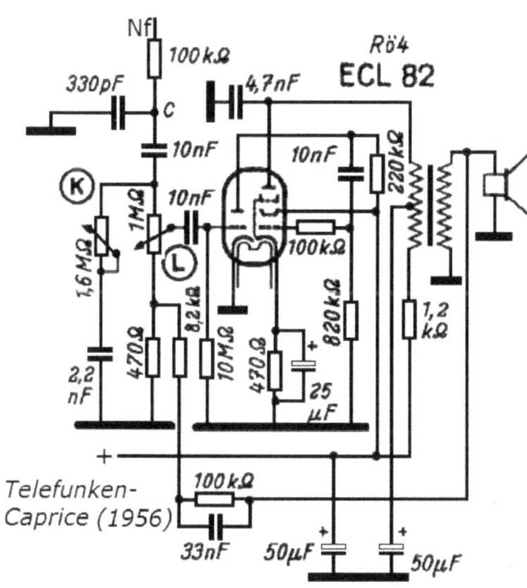

Ausgangsleistung beträgt
2 Watt. ***Bild 2-114*** →

In der FUNKSCHAU
wurden vor allem Schaltungen veröffentlicht, bei
denen besonders die
Bausicherheit und die
Beschaffbarkeit der Bauteile im Vordergrund
standen. Das Bild rechts
zeigt einen 8-Watt-Verstärkerbaustein (LAV 8)
für universelle Anwen-

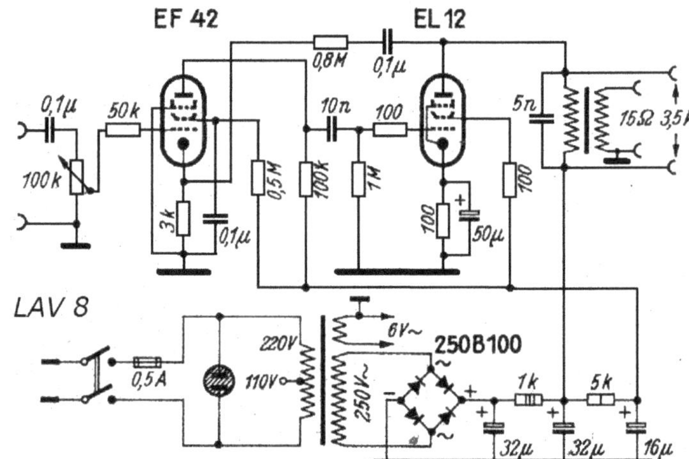

dungen. Man vermisst auch hier die Elemente zur Klangbeeinflussung. Aber von
der Anode der Endröhre führt ein starker Gegenkopplungspfad zur Kathode der EF
42.

Die fehlenden Klangsteller sind als Vorteil zu sehen, wenn man zum Beispiel
Lautsprecher-Testergebnisse vergleichen möchte.

*"Der 8-Watt-Verstärker LAV 8 ist bausicher und erfordert keine schwer zu
beschaffenden Einzelteile. In Verbindung mit einem guten Breitbandlausprecher
liefert er etwa die Klangfülle eines Spitzensupers"* (Heft 23-1952).

Wir beenden diesen Abschnitt mit einem *"Flaggschiff"* der Firma Graetz. Eine
Musiktruhe des Modelljahres 1955/56 mit 5 Lautsprechern und 9 Röhren zum
Preis von 1.100 DM: *Belcanto 4R/234 (UKW-Spitzen-Musikschrank).* ***Bild 2-115***

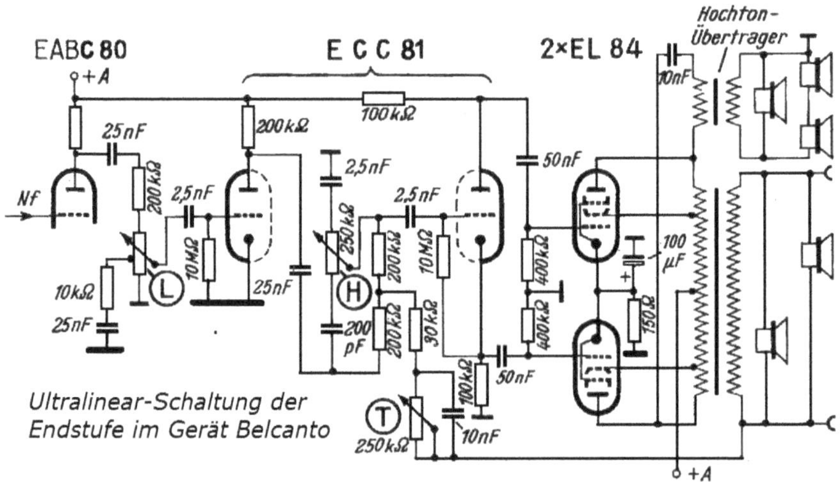

*Ultralinear-Schaltung der
Endstufe im Gerät Belcanto*

"4R" steht für *vier Richtungen* oder *Rundstrahl-Raumklang*. Die Truhe ist 1,22 m breit, der größte Lautsprecher misst 21 x 32 cm. Wer nun eine hochkomplexe Schaltung zur Klangformung erwartet, wird enttäuscht. Die Schirmgitter-gegenkopplung *(Ultralinearschaltung, s. auch **P122**)*, die Lautsprecher und deren Anordnung in einem massiven Gehäuse garantieren den erwarteten Raumklang.

Die Stellglieder für Lautstärke, Höhen und Tiefen erscheinen vergleichsweise einfach: Die Tiefen werden durch eine mehr oder weniger starke Gegenkopplung der Höhen (10nF) betont, die Höhen werden durch die Kondensatoren 2,5 nF oder 200 pF mehr oder weniger weitergeleitet.

Der Hochtonübertrager liegt in Reihe mit einem 10nF-Kondensator. Um die Wirkung besser zu verstehen, berechnen wir den bei verschiedenen Frequenzen wirksamen Widerstand dieses Kondensators:

Rc bei 50 Hz: 320 kΩ, bei 800 Hz: 20kΩ, bei 8 KHz: 2 kΩ

Wenn wir nun noch den Gegenkopplungspfad überschlägig betrachten, haben wir ein Problem: Ein Ende der Sekundärwicklung des Gegentakttransformators muss auf Masse liegen. Nachdem wir aber wissen, dass es sich um eine Gegenkopplung handeln muss, können wir das obere Ende der Sekundärwicklung im Schaltplan nachträglich auf Masse legen.

Warum? Wenn Primär- und Sekundärwicklung den gleichen Wicklungssinn haben, sind die Signale an der Primär- und der Sekundärwicklung phasengleich. Damit gegenphasig rückgekoppelt wird, muss das obere Wicklungsende der Sekundärwicklung auf Masse gelegt werden.

Das wurde hier einfach vergessen. Wer bei dieser gedanklichen Prüfung unsicher ist, muss sich einen originalen Schaltplan besorgen und wird auch fündig.

Originale Schaltpläne stehen den Mitgliedern im *www.radiomuseum.org* zur Verfügung. Aber auch diese können Druckfehler haben, was aber selten vorkommt *(s. im Abschnitt 2.3.4).*

Mit dem Raumtoneffekt experimentieren: Im Zusammenhang mit zweikana-ligen Endstufen wurde mehrfach auf einen Raumklangeffekt durch Phasen-verschiebungen hingewiesen *(Imperial 519W und Blaupunkt Salerno)*. Im Band 2 wurde im Abschnitt 1.5.2 ein *"Phasenschieberbrettchen"* gezeigt, das sich zum Experimentieren eignet. Es handelt sich um eine 5-fache Reihung von RC-Koppelgliedern *(s. Abschnitt 1.6)* mit den Werten 15nF / 10 kΩ, bei der Frequenz von 1 kHz ergibt sich für ein Glied eine Phasenverschiebung von 45^0. Aufgrund der Wechselwirkung mit den jeweils nachfolgenden Stufen erhöht sich diese Frequenz etwas, was aber unbedeutend ist. Der Spannungsverlust muss durch eine zusätzliche Verstärkerstufe ausgeglichen werden.

2.3.2 Der perfekte Raumklang durch stereophone Wiedergabe …

… zunächst nur über den Plattenspieler, setzte sich mit Beginn des stereophonen Rundfunks ab 1963 durch. Die erforderliche Basisbreite ließ sich aber nur mit externen Lautsprechern oder in großen Musiktruhen erreichen. Kleinere Geräte, schon im Stil der nordischen Form der 60er Jahre, wurden auch mit einer zusätzlichen im Stil passenden separaten Lautsprecherbox geliefert. Die für den Rundfunkempfang erforderlichen Stereodekoder wurden – mit wenigen Ausnahmen schon mit Transistoren realisiert.

Eine besondere Schaltungstechnik muss nicht besprochen werden, handelt es sich doch um eine Verdoppelung bekannter Verstärkerschaltungen.

Aber die Stereotechnik kam bei den Rundfunkempfängern nur langsam voran. Die Produktion von Stereoschallplatten begann erst 1958. Noch im selben Jahr gab es die ersten Musiktruhen mit Stereoverstärkern. Es wurde experimentiert, man ließ die tiefen Töne (< 300 Hz) im Monobetrieb in der Mitte, nur der mittlere und obere Bereich wurden stereophon – mit geringerer Leistung – rechts und links abgestrahlt. Der Übergang vom monoauralen Raumklang zur Stereophonie erfolgte langsam, experimentell Schritt für Schritt. Nur die Kunden hatten es eilig, wollten sie doch das Geld für ein neues Radio zukunftssicher *(stereosicher)* anlegen, siehe zum Beispiel rechts im ***Bild 2-116*** →

Das ging bei den größeren Geräten relativ einfach, wie das Beispiel an den Freiburg-Modellen von Saba zeigt: Die 65 cm breite Schallwand bot Platz für einen zusätzlichen Lautsprecher, auch im Freiburg 9 *(Modelljahr 1958/59)* waren schon große Seitenlautsprecher verbaut, die Gegentaktendstufe hatte zwei Endröhren EL84 und für einen zusätzlichen Ausgangstransformator fand sich noch eine Lücke auf dem Chassis. Das erste Stereomodell folgte ein Jahr später, das Bild unten zeigt die Anordnung der fünf Lautsprecher. Für den zweiten Nf-Verstärker war lediglich eine weitere Röhre EF86 erforderlich.

Bild 2-117

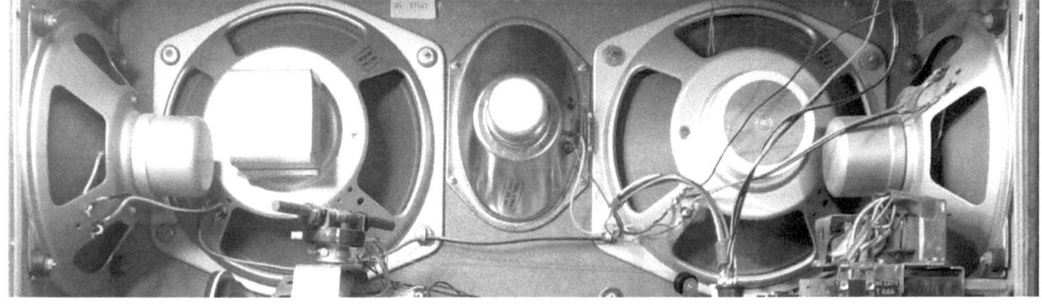

Die Triode für den Phasenumkehr blieb erhalten, weil die Endröhren im Monobetrieb im Gegentakt arbeiteten.

Das Bild rechts zeigt die Phasenumkehrröhre EBC 91 und die Umschaltung zwischen Gegentakt- und Stereobetrieb. Im Stereo-Betrieb bleibt die EBC 91 im Signalweg, was mit der Spannungsverstärkung "1" keine Probleme bereitet. ***Bild 2-118 →***

Nun macht es kaum Sinn, ein Radio aus den späten 50ern nachträglich auf eine 2-kanalige Stereofähigkeit zu erweitern, weil auch bei einem größeren Gehäuse die Breite nicht für den Stereoeffekt ausreicht.

In der Anlage **P115** *(Ein vielseitiger Stereoverstärker)* findet man eine typische Schaltungsvariante der späten 1950er Jahre. Es gab Stereo-Schallplatten, aber noch keinen Stereo-Rundfunk. Im Rundfunkbetrieb ließen sich beide Verstärkerkanäle parallel betreiben, wobei ein Kanal 180^0 phasenverschoben, also im Gegentakt, arbeitete. Das Bild rechts zeigt die Phasenumkehr für den Gegentaktbetrieb: Es wurde der Eingang des im Bild unteren Kanals verwendet, die Tonspannung wurde von der Anode über die Widerstände 2 MΩ und 3 MΩ dem Gitter der oberen Triode zugeführt, so dass beide Kanäle nun gegenphasig arbeiteten. ***Bild 2-119 →***

In dieser Betriebsart wurden die Sekundärwicklungen in Reihe geschaltet. Um den Unterschied zum Gegentaktbetrieb mit ***einem*** Ausgangstransformator deutlich zu machen sprach man auch von "Pseudo-Gegentakt-Betrieb",
S. auch **P54** *(Die Phasenumkehrstufe für den Gegentaktverstärker)*.

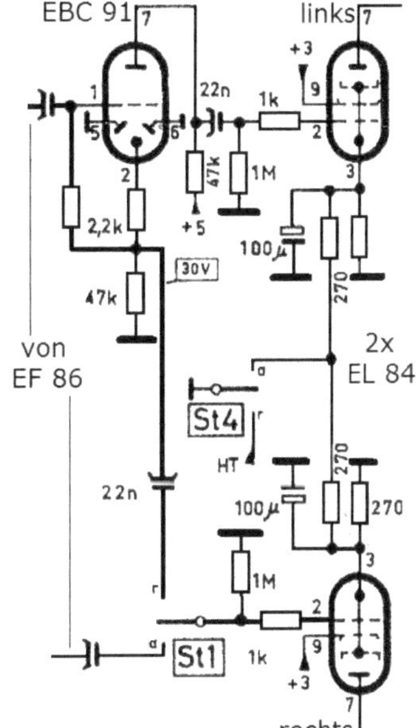

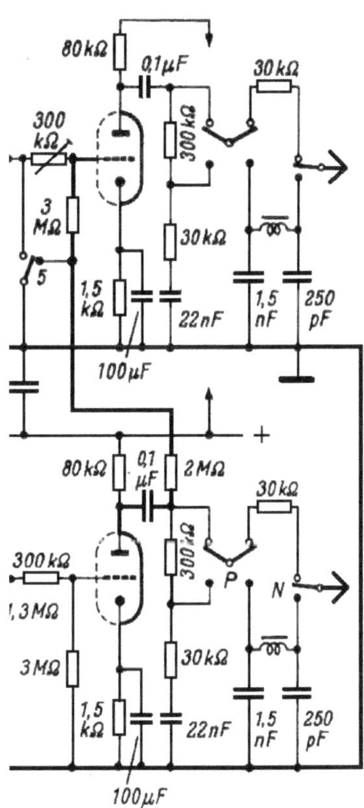

Wer einen Stereoverstärker im Stil der 50er/60er Jahre aufbauen möchte, findet geeignete Bauteile und Baugruppen in den einschlägigen Internetportalen. Für den erfahrenen Amateur ist es vermutlich reizvoller, eine selbst entworfene *(entwickelte)* Konfiguration *(s. dazu* **P30, P89***)* aufzubauen, als ein reiner Nachbau, der vermutlich auch Beschaffungsprobleme, zum Beispiel bei passenden Ausgangstransformatoren, nach sich zieht. Der Stromlaufplan von Baugruppen lässt sich leicht erstellen und die Schaltung entsprechend vermessen.

Das **Bild unten** zeigt ein Beispiel für eine so erworbene Baugruppe mit zwei gut bemessenen Ausgangstransformatoren, was vor allem dem unteren Frequenzbereich zugute kommt. Bei Verwendung externer Lautsprecher- (boxen) wäre der perfekte Raumklang realisierbar. Der Verstärker wurde im Tonbandgerät TK 47 *(Grundig)* in der Mitte der 1960er Jahre realisiert.   ***Bild 2-120***

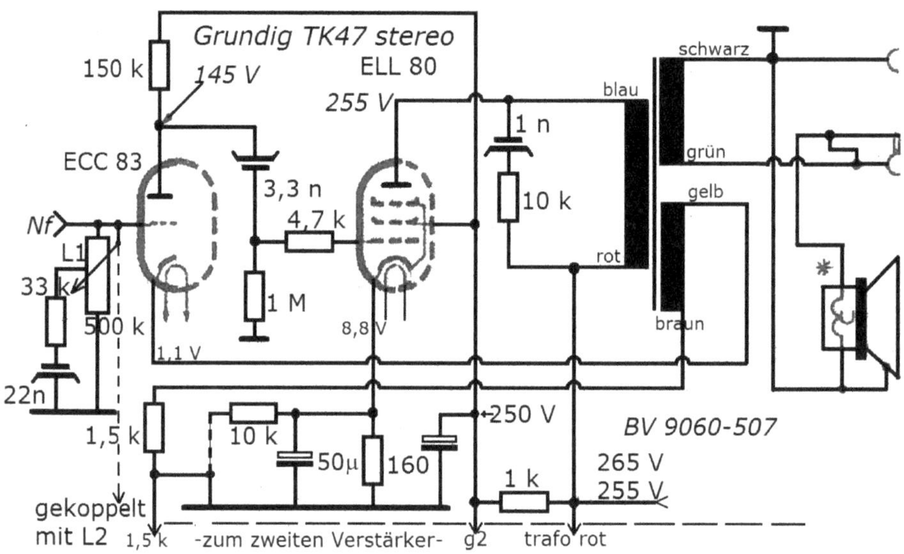

Die Doppelpentode ELL 80 entspricht zwei Systemen EL 95 und kann entsprechend ersetzt werden. Die Baugruppe eignet sich dann zum Aufbau einer Experimentierschaltung bzw. eines Messplatzes entsprechend des Beispiels im Abschnitt 2.1.7. Die Ausgangsleistung wurde mit 2x3 Watt angegeben, das ist jedoch die Maximalleistung der Röhren bei einem Klirrfaktor von 10 %.

Weil die Anordnung der Bauteile sehr dicht und unübersichtlich ist, wurden die Wicklungen mit der im *Bild 2-6* gezeigten Methode geprüft, bzw. deren Anschlüsse lokalisiert. Anschließend kann man, noch ohne Betriebsspannung, die Ausgangstransformatoren bei verschiedenen Frequenzen untersuchen.

Es ist zu beachten, dass die Kathoden der ELL80 verbunden sind, weil diese Röhre vorwiegend für Gegentakt- oder Stereobetrieb entwickelt wurde. Für eine Experimentierschaltung wären daher 4 x EL95 die bessere Wahl, zumal deren Beschaffbarkeit möglicherweise einfacher ist.

Aber diese Schaltung zeigt noch eine Besonderheit: Der frequenzneutrale Gegenkopplungsweg von der Sekundärwicklung des Ausgangstransformators auf die Kathode der Vorröhre ist uns bekannt *(s. Bild 2-30 im Abschnitt 2.1.5)*. Die Spannung wird meist einer Anzapfung der Sekundärwicklung entnommen, weil nur ein Bruchteil der Ausgangsspannung zur Gegenkopplung benötigt wird. Im *Bild 2-30* sorgt zum Beispiel eine T-Schaltung *(200 -10 -200 Ohm)* für die Reduzierung. In der hier gezeigten Schaltung wird ca. ein Sechstel der Ausgangsspannung für die Gegenkopplung benötigt. Es ist jedoch eine potentialfreie Spannung erforderlich, was hier eine separate Wicklung am Ausgangstransformator erforderlich macht. Die gegengekoppelte Spannung ist gleichphasig zur Spannung am 5 Ohm-Lastwiderstand *(Lautsprecher)* Auch hier kann es sinnvoll sein, für die Skizze eine andere Darstellung zu wählen   −   *s.* ***Bild 2-121***→.

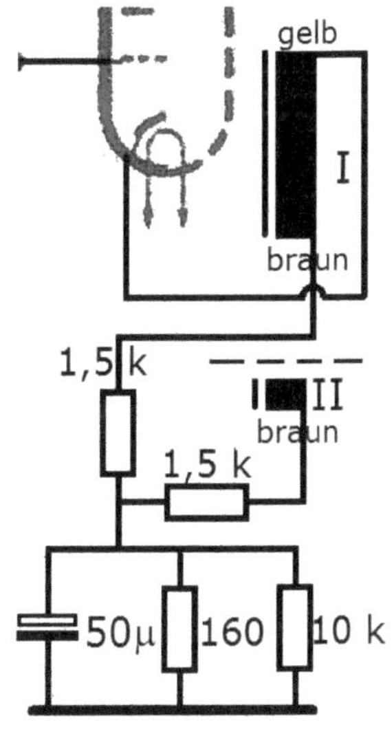

Schon im *Bild 2-120* fällt ein 10 kΩ - Widerstand im Kathodenkreis der Endröhren auf. Dieser ist im Original-Schaltplan mit einem Kontakt gezeichnet, der mit den verschiedenen Betriebsarten des Tonbandgerätes geschaltet wird. Die hier im Bild 2-120 gezeichnete Darstellung entspricht der Betriebsart "Wiedergabe".

Die Beeinflussung des 160 Ω - Widerstandes durch den parallelen 10 kΩ - Widerstand liegt deutlich im Toleranzbereich, man kann ihn daher belassen oder entfernen.

Von dieser Baugruppe gab es vermutlich einen größeren Restposten, weil das Gerät ab 1967 voll transistoriert geliefert wurde. Man findet diese Baugruppe noch gelegentlich bei ebay. Im Original ist vor den Lautstärkestellern ein passives Netzwerk zur individuellen Klanganpassung angeordnet.

Auch die vorliegende Baugruppe war noch nie eingebaut, also *"fabrikneu"* und mehr als 50 Jahre alt. Nach Inbetriebnahme mit ebenso fabrikneuen, und mindestens ebenso alten originalverpackten Telefunken-Röhren konnten folgende Daten protokolliert werden: *U_{Batt} = 266 Volt=, Wechselspannung (600 Hz) an 5 Ohm: U_{SS} = 9,2 Volt, Gewobbelter Bereich: 30 Hz − 16 KHz.*

*Bild **a*** zeigt die Ausgangsspannung an 5 Ohm, überlagert mit der Eingangsspannung. Es sind keine Abweichungen von der Sinusform erkennbar. ***Bild 2-122 a-c →***

*Bild **b*** zeigt die dazu passende Lissajousfigur, die noch keine Verzerrungen zeigt. Bei der Frequenz 600 Hz ergab sich eine Phasendifferenz von 0^0 zwischen dem Eingangs- und Ausgangssignal.

*Bild **c*** zeigt den Übertragungsbereich 30 Hz − 16 kHz (*gewobbelt*).

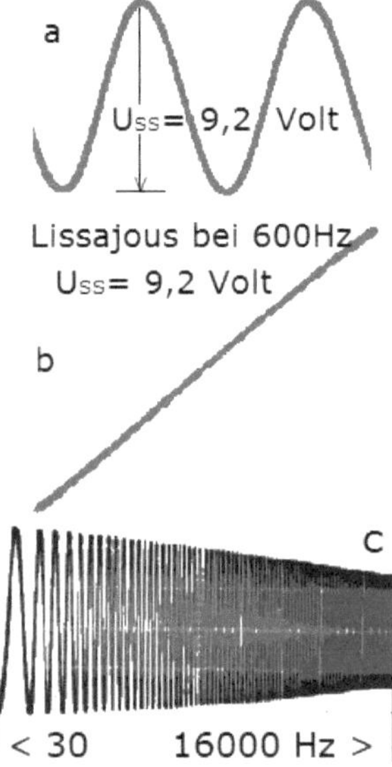

Eine "Sprache-Musik-Taste" sollte für die Klangformung ausreichen. Wegen der starken Gegenkopplung wird in jedem Fall eine weitere Vorstufe erforderlich werden.

Der Spannung von U$_{SS}$= 9,2 Volt entspricht einer Leistung von **2,1 Watt** an 5 Ohm je Kanal, noch ohne wahrnehmbare *(s. Bild b)* Verzerrungen. Die verbriefte maximale Leistung von 2 x 3 Watt kann für einen Tonbandkoffer mit zwei Bordlautsprechern überdimensioniert erscheinen, berücksichtigt aber auch die extern anschließbaren Lautsprecher.

Ohne die Gegenkopplung zur Vorstufe beginnen die nichtlinearen Verzerrungen deutlich sichtbar bei einer Ausgangsleistung von ca. einem Watt *(s. auch Abschnitt 2.1.9.1).*

Die Baugruppe ist fertig verdrahtet, nur für die Spannungsversorgung, Lautsprecher und Eingangssignale wurden rechts und links Anschlussleisten montiert.

Bild 2-123

Zu dieser Schaltung passt der Verstärkerbaustein NF1, ebenfalls von Grundig, aus dem Jahr 1962. *(s. Bild 2-124 und* **P113***).* Auch dieser Verstärker wird ohne Klangformungsnetzwerk aufgebaut. Daher kann eine starke Gegenkopplung, die mit den Kondensatoren C4 eine Höhenkorrektur bewirkt, problemlos auf die erste Triode zurückgeführt werden.

Die Phasenumkehrstufe bewirkt keine Verstärkung, so dass das erste Triodensystem als "Vorröhre" gilt, *s. auch* **P76**.

Der Klirrfaktor wird bei Nennleistung bei 1000 Hz mit 0,45 % angegeben. Ein Klangregelnetzwerk kann bei Bedarf vor die Eingänge geschaltet werden. Die bessere Lösung wäre die Reduzierung der Klangbeeinflussung auf eine Sprache / Musik-Taste und die Klangabstimmung bei der Wahl und Anordnung der Lautsprecher (-boxen) zu suchen. Die Drosseln D1 / D2 dienen nicht der Klangbeeinflussung, sie sollen laut Beschreibung Knackgeräusche unterdrücken. Man lässt sie bei einem Nachbau besser weg.

In der genannten Beschreibung findet man noch eine Variante mit 4 Röhren EL84.

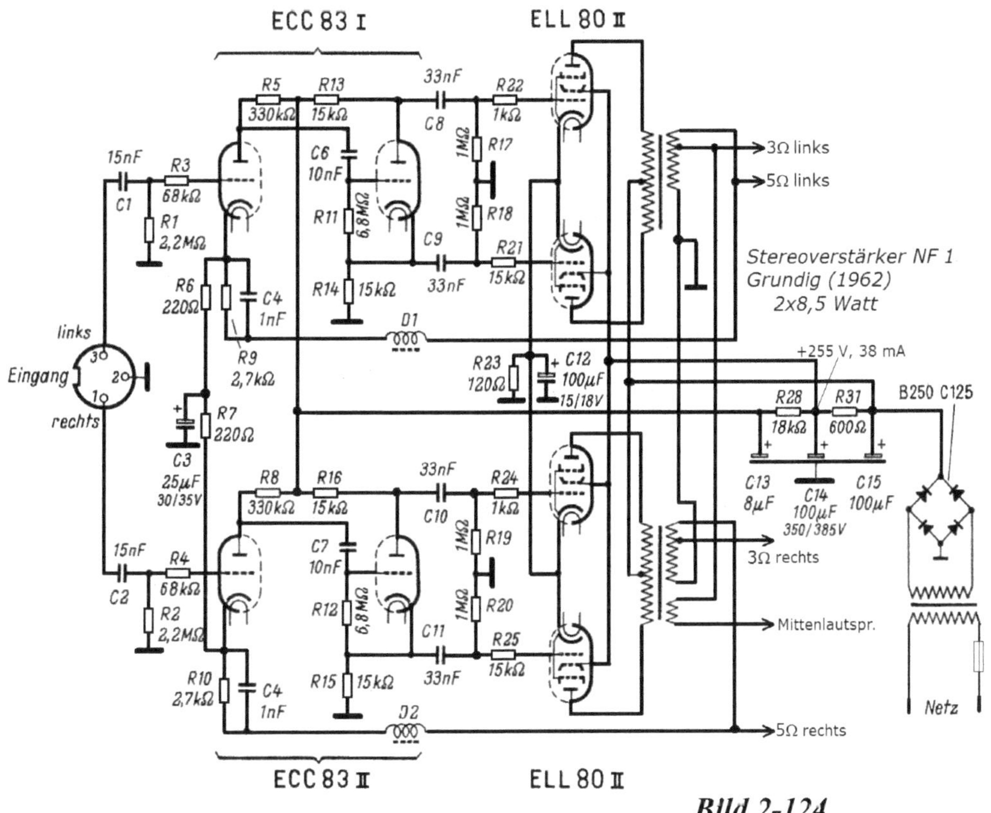

Blld 2-124

Für beide Schaltungsbeispiele gilt, dass man vor weiteren Überlegungen zur Klangformung die Baugruppe mit verschiedenen Lautsprechern, bzw. Boxen, prüft. Vergleichende Prüfungen von vorhandenen Lautsprechern und Boxen sollte man aber immer mit demselben Verstärker durchführen, wozu sich die eine ECL – Röhre besonders eignet *(s. Bild 3-12, Seite 154) und* **P120**).

2.3.3 Übliche Klangregelnetzwerke und Schaltungsbeispiele

Die Möglichkeiten der Klangbeeinflussung in den Vorstufen wurden bereits im Band 2 ausführlich – mit einem Dutzend Beispielen - behandelt. Weitere Schaltungsvarianten findet man in der fast unendlichen Vielfalt der realisierten Schaltungsvarianten. Aber auch das "Lesen" eines Schaltplans muss geübt werden. Die Originalpläne sind oft unübersichtlich, so dass man sich darin verläuft und Zeit verschwendet. Aber die Orientierung an vorhandenen Schaltplänen kann sinnvoll sein. Ende der 1950er Jahre war der Markt für preisgünstige Zweitempfänger für das Regal weiter gewachsen, was sich auf die Entwicklung dieser Geräte wie folgt auswirkte: Man realisierte bezüglich der Klangformung wieder relativ einfache Schaltungen, die in Verbindung mit neuen Materialien bei Lautsprechern und Gehäusen gute Ergebnisse zeigten.

Man setzte auf eine starke frequenzunabhängige Gegenkopplung und schaltungstechnisch einfache Klangbeeinflussung außerhalb der Gegenkopplungswege. Das las sich in der Fachliteratur (1959) dann so:

Am augenfälligsten ist, daß die Klangbeeinflussung nicht im Gegenkopplungsweg der Endstufe erfolgt. Dieses „billige" Verfahren, das man bei Rundfunkgeräten der Mittelklasse antrifft, setzt die klirrgradvermindernde Gegenkopplung in den Bereichen herab, die angehoben werden sollen. Natürlich liegt deshalb z. B. bei den Bässen der Klirrfaktor höher als in den Mittellagen.

Bis zu den Geräten der Mittelklasse finden wir überwiegend den Aufbau mit zwei Röhren – Endpentode und Vorverstärker – vor, was aber nicht unbedingt zu einfachen und übersichtlichen Stromlaufplänen führt. Das gilt vor allem nicht bei mehrstufigen Vorverstärkern mit frequenzabhängigen Gegenkopplungspfaden, was vor allem das Risiko der Schwingneigung erhöht.

Bei selbst entworfenen Varianten mit Gegenkopplungen über mehrere Stufen ist es daher sinnvoll, die Klangformung von den Gegenkopplungsnetzwerken zu trennen und eventuell ganz "nach vorne" zu verlagern (*s. Band 2, S.83 und P95*). Das bietet sich vor allem bei getrennt aufgebauten Verstärkern an, weil man dort auf das Lautstärkepoti mit Anzapfungen verzichten kann. Der Betrieb mit wechselnden Tonquellen macht sowieso (*z. B. für jede Schallplatte*) jeweils eine passende Einstellung für Lautstärke und Klang erforderlich. Es ist auch einzusehen, dass ein Verstärker mit einer Gegentaktenstufe in der 2-stelligen Leistungsklasse wohl eher nicht im Bereich <100 mW betrieben wird. Denn erst in diesem Bereich wärc eine Justierung zur gehörrichtigen Lautstärke erforderlich.

2.3.4 Der Umgang mit Schaltplänen

Das Bild rechts zeigt den Nf-Bereich der SIEMENS Schatulle M47. Es empfiehlt sich jedoch, Schaltpläne zuerst auf mögliche Fehler zu untersuchen. Schon auf den ersten Blick fällt auf, dass der Anodenstrom bei beiden Triodensystemen gleich groß ist, was in Zusammenhang mit den angegebenen Spannungs- und Widerstandswerten unwahrscheinlich ist. Vor weiteren Prüfungen überzeugen wir uns, dass die Widerstände auch wie angegeben verbaut sind. Die weitere Überprüfung mit dem ohmschen Gesetz zeigt, dass der Strom mit 0,8 mA am rechten System am Widerstand 100k zu einem Spannungsabfall von 80 Volt führt. Addiert man diesen zu 154 Volt, haben wir eine Übereinstimmung. Der Wert von 235 Volt ließ sich zuvor überschlägig ermitteln. Bei dem linken Triodensystem führte die Überprüfung jedoch zu einem Anodenstrom von ca. 0,3 mA. Fehler in Schaltplänen – auch im Original - sind leider nicht selten.

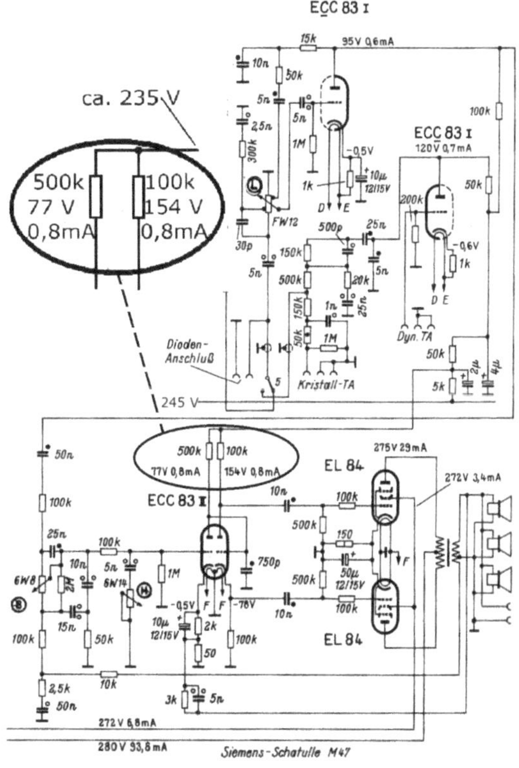

Bild 2-125

Die Klangformung ist zwischen den beiden Röhren ECC83 deutlich zu erkennen, sie entspricht der Variante der kleineren Schatulle H 42 (s. 138). Etwas unübersichtlich erscheinen dagegen links die beiden Triodensysteme.

Bild 2-126

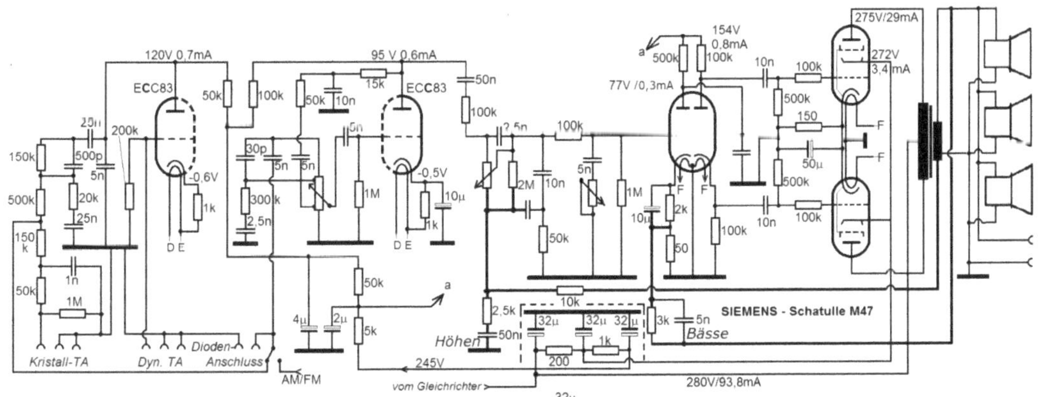

Es lohnt sich daher durchaus, solche Pläne neu zu zeichnen *(s. Bild 2-126, bzw. Anlage* **P89**), um Fehler zu vermeiden. Nun wird deutlich, dass das erste System (links) die schwächeren Signale von dynamischen Tonabnehmersystemen vorverstärkt. Diesen Eingang findet man jedoch Mitte der 1950er Jahre eher selten, *s. auch* **P39**.

Von der Sekundärseite des Ausgangstransformators führen zwei Gegenkopplungswege zum Kathoden- und zum Gitterkreis des vorletzten Triodensystems. Die beiden Spannungen müssen daher gegenphasig sein, sie werden von verschiedenen Enden der Sekundärwicklung zurückgeführt. Im Kathodenkreis hält ein 5nF – Kondensator die Bässe zurück, die dadurch angehoben werden. Im zweiten Gegenkopplungsweg schließt ein 50 nF – Kondensator die Höhen gegen Masse kurz und bewirkt deren Anhebung.

Im Detail besprochen werden die verschiedenen Schaltungen zur Klangbeeinflussung in den PDF-Dateien **P40** *(Schaltungen zur Klangbeeinflussung)* und **P41** *(Niederfrequenz-Entzerrer).*

Für Versuche bzw. eine Analyse kann man wie folgt vorgehen: Man errechnet die kapazitiven Widerstände für die Frequenz 800 Hz. Das ist zum Beispiel für C = 25 nF: R_{C800} = 8 kΩ. Dann lassen sich leicht die Werte für 80 Hz (80 kΩ) und 8 kHz (800 Ω) ermitteln.

Um einen unübersichtlichen oder sparsam beschrifteten Schaltplan besser zu verstehen oder einzelne Funktionen zu prüfen, kann man den Übertragungsbereich zwischen dem TA–Eingang und dem Lautsprecher untersuchen. Dabei muss der Lautsprecher durch einen passenden Lastwiderstand ersetzt werden. ***Bild 2-127*** →

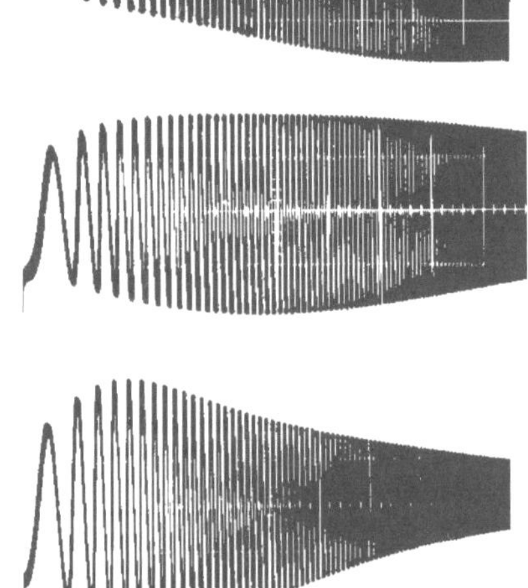

Die Bilder rechts zeigen, dass Höhen- und Tiefen-Steller reagieren, mehr aber nicht. Das Abtasten mit dem Wobbler kann helfen, ein komplexes Klang-regelwerk besser zu verstehen. Eine endgültige Prüfung nach einer Restauration oder nach selbst konzipierten Änderungen sollte aber auch mit den Lautsprechern nach Gehör vorgenommen werden.

2.3.5 Einige schaltungstechnische Übungen *("Schaltplan lesen")*

Für Fortgeschrittene ist die nächste Übung geeignet. Wir versuchen, besondere Merkmale dieser Schaltung zu erkennen: ***Bild 2-128*** →

a) Gegenkopplung mit 5 Picofarad zwischen Anode und Steuergitter der Endröhre *(s. auch Abschnitt 2.1.9.3 b)*

b) Gegenkopplung mit 2,5 nF von der Anode der Endröhre an die Kathode der EF 804 *(Absenkung der mittleren Frequenzen, also der Bässe und Höhen))*

c) Frequenzneutrale Gegenkopplung durch fehlenden Kathodenkondensator bei der Endröhre EL *12 (s. auch Abschnitt 2.1.9.1).*

d) Resonanzkreis 100 Hz an der Kathode EF 804 forciert tiefe Töne *(Tiefenanhebung),* die durch Gegenkopplung von

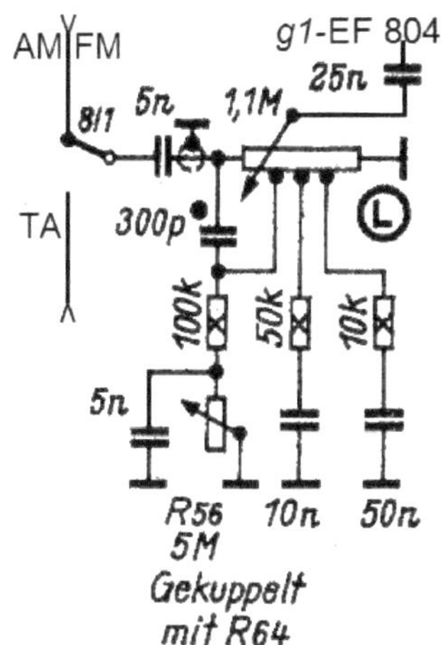

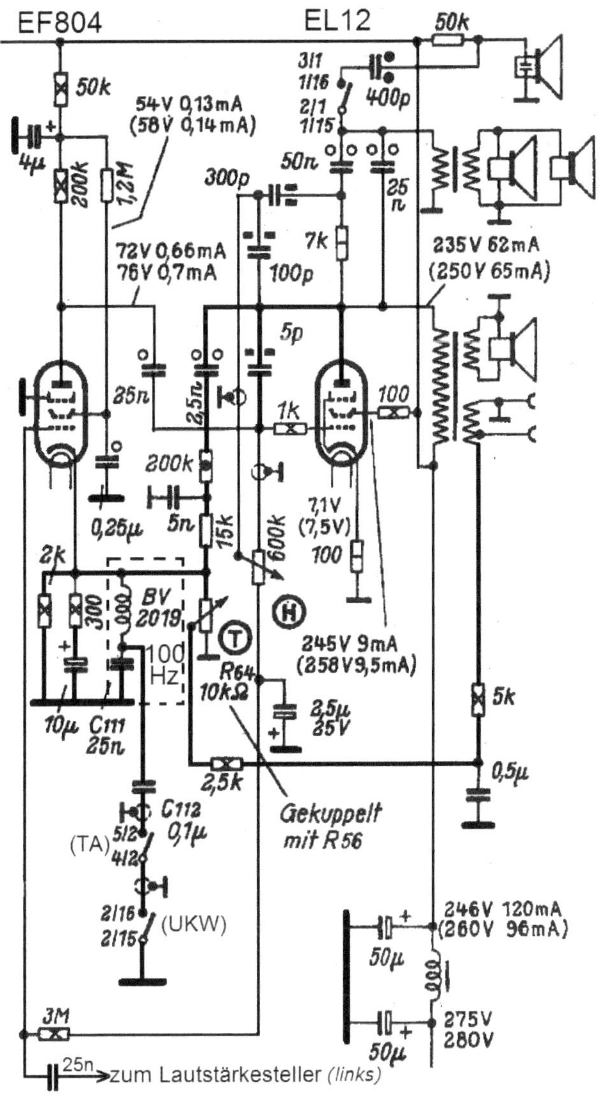

Grundig 5040 W/3D

der Sekundärwicklung des Ausgangstransformators über R64 abgeflacht wird. In den Betriebsarten *UKW* und *TA* wird diese Frequenz noch einmal auf ca. 45 Hz abgesenkt

e) Durch Koppelung der Potentiometer R64 und R56 wird die gehörrichtige Lautstärke beeinflusst.

f) Es gibt keine Anzapfung am Ausgangstransformator zur Brummkompensation, diese wird durch die Netzdrossel erreicht.

(FUNKSCHAU Schaltungssammlung 1955 S.12/13)

Im Bild unten *(Schatulle H42,* s. **P130***)* sind die kapazitiven Widerstandswerte für 800 Hz im Klangregelnetzwerk eingetragen, zusätzlich sind die Werte für 80Hz und 8 kHz vermerkt. Das Klangregelnetzwerk für die Einstellung der Höhen und Tiefen beeinflusst nicht die Bassanhebung für die gehörrichtige Lautstärke. Diese wird – wie üblich – durch eine Gegenkopplung vom Ausgangstransformator auf den Lautstärkesteller erreicht. Die Klangformung der Schatulle H42 wird bereits im Band 2 *(S. 57)* gezeigt und hier näher untersucht. Die Schatulle H42 ist ein Beispiel dafür, dass ein Gerät mit eher sparsamer Klangformung aufgrund der Eigenschaften des Gehäuses, Art und Anordnung der Lautsprecher, zu den *"Klangwundern"* gezählt werden kann.

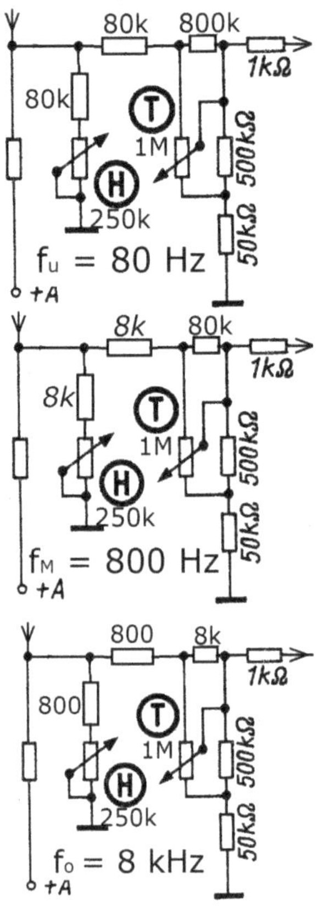

Hilfreich für das Verständnis der Klangbeeinflussung kann die Darstellung des Netzwerks für die obere *(8 kHz)* und untere *(80 Hz)* Frequenz sein, siehe < ***Bilder 2-129*** >

EABC 80   EL 84

Aus: Dr. E. von Lommel **(1929)**, **Lehrbuch der Experimentalphysik:**

Wird eine Batterie von passender höherer Spannung (etwa 90 Volt) ... mit dem negativen Pol an die glühende Kathode, mit dem positiven Pol an die Anode gelegt, so geht ein Strom von Elektronen durch die Röhre, dessen Stärke .... nur durch die Zahl der in der Sekunde die Anode erreichenden Elektronen bestimmt ist.

Fig. 267.

Schaltungsschema für eine Verstärkerröhre.

Die rechts gezeigte, häufig verwendete Schaltung hat bei eigenen Schaltungsentwürfen den Vorteil, dass sie ohne frequenzabhängige Gegenkopplungspfade arbeitet und somit eine Sicherheit gegen Schwingneigungen bietet. Aus dem

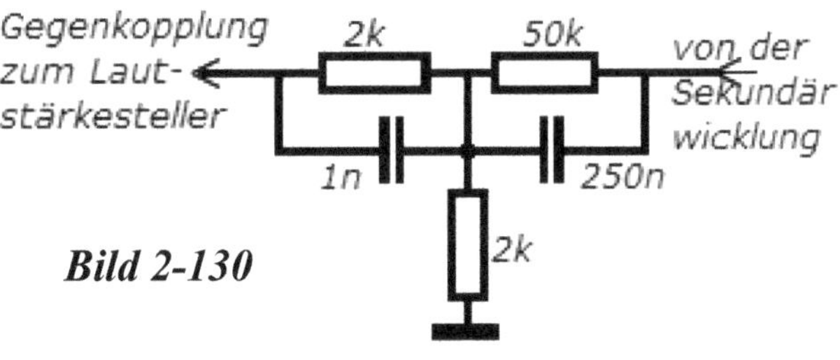

Bild 2-130

gleichen Grund findet man bei Hi-Fi-Verstärkern mit komplexen Gegenkopplungsnetzwerken die Klangformung bereits am Eingang, noch vor der ersten Verstärkerstufe. (s. *Band 2* und..) Diese Variante eignet sich daher besonders für Bauvorhaben. Die übliche Gegenkopplung zur Sicherstellung der gehörrichtigen Lautstärke führt auch hier von der Sekundärwicklung des Ausgangstrafos zum Lautstärkesteller (*s. Band 2, S. 57 und* **P40**).

Die Trennung zwischen einem Netzwerk zur Klangbeeinflussung und einem Gegenkopplungsnetzwerk zur Sicherstellung der gehörrichtigen Lautstärke wurde hier konsequent realisiert und kann für eigene Schaltungsentwürfe empfohlen werden. Diese Doppel-T-Schaltung ist uns bereits im Abschnitt 2.1.6.2 begegnet.

Die Differenzierung der möglichen Klangstufen kann wie folgt sortiert werden:

a) **Einfache Umschaltung** zwischen zwei Klangfarben *(hell – dunkel),* zum Beispiel durch einen Zug-Druck-Schalter *(S. Philetta 54, S. 121 und* **P230**)

b) **Ein Klangsteller** zur kontunuierlichen Einstellung der Höhen bzw. Tiefen, *(s. Braun Sk4 und Telefunken Caprice, (Bilder S. 125 und 154).*

c) **Ein Steller für die Höhen und ein Steller für die Tiefen**, das entspricht der Normalausstattung in der Mittelklasse.

d) **Höhen- und Tiefensteller mit zusätzlichen Klangtasten**.

Die Klangtaste „Sprache" haben wir bereits besprochen. In dieser Einstellung wird nur ein mittlerer Frequenzbereich übertragen, das Problem der gehörrichtigen Lautstärkeeinstellung hat sich somit erledigt. Der Hörer kann damit die Nachrichten optimal hören, ohne eine Einstellung mit zwei Klangstellern suchen zu müssen. Bei der Übertragung von Musik gibt es nicht nur verschiedene stilistische Richtungen. *Jazz, Konzert, Solo, Bass, Orchester, Intim,* sogar eine „Hörspiel"-Taste findet man. Bedenkt man, dass bei allen Kategorien eine individuelle Empfindung berücksichtigt werden muss, können die zusätzlichen Klangtasten, die *„Sprache"*-Taste ausgenommen, als „vertriebliche Maßnahmen" gelten.

Die Schaltungstechnik bezüglich der Anordnung der Klangtasten ist vielfältig.

Das nächste Bild zeigt eine im Gerätebericht als *„verzwickelt"* bezeichnete Anordnung zur Beeinflussung der Höhen im bereits bezüglich der Lautsprecheranordnung erwähnten *Blaupunkt Granada 20300* aus dem Jahr 1960 *(P116)*.

"Die Höhenregelung sei an Bild 4 erläutert, denn es handelt sich hierbei um ein etwas verwickeltes Zusammenspiel mehrerer Frequenzweichen."

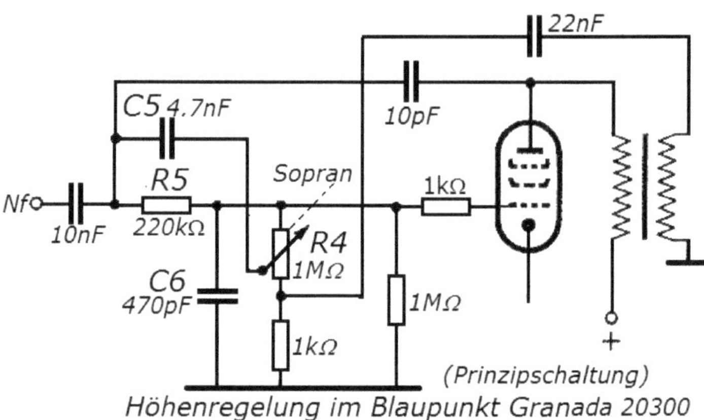

Bild 2-131

Es handelt sich im Bild 2-130 um eine Prinzipschaltung. Von einer weiteren Sekundärwicklung wird, wie üblich, die Gegenkopplung für die gehörrichtige Lautstärke und die Basseinstellung versorgt.

Die Gegenkopplung: Im Bild 2-130 fällt zuerst der Gegenkopplungspfad von der Sekundärwicklung des Ausgangstransformators auf. Die Anordnung 22nF / 1kΩ entspricht einem Koppelglied *(s. Abschnitt 1.6 – Bild 1-36)* und ist, was die Klangeinstellung betrifft, weitgehend frequenzneutral. Berechnen wir den Wechselstromwiderstand des Kondensators C = 22nF für die Frequenzen 80-800-8000 Hz, wird deutlich, dass die hohen Töne stärker gegengekoppelt werden, denn unterhalb einer Grenzfrequenz von 7,2 kHz nimmt die Gegenkopplung deutlich ab, die darunter liegenden Frequenzen werden angehoben. Frequenzen > 7,2 kHz werden stark gegengekoppelt, unerwünschte Harmonische werden unterdrückt, d.h. nichtlineare Verzerrungen werden ausgebremst.

Die Klangformung: Das von der Vorröhre (EABC 80) kommende Signal erfährt durch den Tiefpass R5/C6 eine Absenkung der Höhen. Befindet sich der Schleifer von R4 *("Sopran")* am oberen Anschlag, wird der Tiefpass jedoch überbrückt und die Höhen werden betont. Am unteren Anschlag von R4 liegt C5 über 1kΩ fast auf Masse und dämpft die Höhen, die Wirkung entspricht einer Tonblende.

2.3.6 Rückkopplung in der Klangformung

Rückkopplung gilt als heißes Eisen, weil damit unerwünschte Schwingungen ausgelöst werden können. Wir haben gesehen, dass Gegenkopplungswege über maximal 2 Stufen ausgeführt werden, um diese Schwingungen zu vermeiden. Jede Stufe erzeugt – im Wesentlichen durch die Koppelglieder – sich addierende frequenzabhängige Phasenverschiebungen. Das zeigen auch die Lissajous-Figuren bei Messungen am Ausgangstransformator *(s. Bild 2-55)*. Die Zeitschrift FUNK befasste sich in der Ausgabe 4/1940 **(P95)** mit diesem Problem.

Damit eine der Klangformung dienende Gegenkopplung nicht zur Mitkopplung wird, ist deren Wirkung meist auf maximal zwei Stufen *(s. Abschnitt 2.1.9.4)* begrenzt. Auf Ausnahmen, z.B. am Saturn 54, wurde hingewiesen. Die durch Mitkopplung einsetzenden Schwingungen sind schwer aufzuspüren, weil sie auch in nicht mehr hörbaren Frequenzen und nur in bestimmten Stellungen der Klangsteller auftreten *(s. Band 2, Abschnitt 4.7)*. Es ist zu beachten, dass in der Literatur der 50er Jahre die Aufteilung der Rückkopplung in Mit- und Gegenkopplung nicht immer beachtet wurde.

Bei mehrstufigen Nf-Vorverstärkern hat das zur Konsequenz, dass die Gegenkopplung nicht mehr dem Lautstärkesteller für die gehörrichtige Einstellung zugeführt werden kann, was im Abschnitt 2.3.4 am Beispiel der Schatulle M47 gezeigt werden kann.

Die Maßnahme "Mitkopplung" ist jedoch noch nicht erledigt, sie ist nur im Schaltplan schwer aufzuspüren. Hat man zum Beispiel durch eine frequenzneutrale Gegenkopplung auch einen eigentlich anzuhebenden Bereich abgesenkt, so kann man diesem durch Mitkopplung dieses Bereiches wieder anheben. Diesem Thema widmet sich die FUNKSCHAU in dem Beitrag *"Rückkopplung im Nf-Verstärker"*: **P45)**   ***Bild 2-132→***

Das Beispiel im Bild rechts zeigt eine frequenzneutrale Rückkopplung auf die Vorstufe, die ein Teil des durch den Kathodenwiderstand der Endröhre bedingten Verstärkungsverlust ausgleichen kann. Der Widerstand R_{Rk} kann nun durch einen Kondensator oder durch ein Netzwerk mit Kondensatoren ergänzt werden. Experimente mit Resonanzkreisen sind vermutlich interessant.

2.3.7 Die Klangtasten - Euphorie der späten 50er

In der zweiten Hälfte der 50er Jahre findet man verstärkt Klangtasten vor. Die Funkschau 13/1956 *(Der reich besetzte Jahrgang 1956/57)* widmet sich diesem Thema unter dem Leitartkel **"Klang ... das ist mehr Psychologie als Technik"**

In der weiteren kritischen Auseinandersetzung mit dem Nutzen der Klangtasten bleibt allein die Bequemlichkeit bei der Bedienung. 10 Seiten widmen sich der Schaltungstechnik der Klangtasten. Kein Hersteller konnte sich diesem Trend entziehen.

In diesen Jahren entstand auch das wohl bekannteste vier bis fünfteilige Klangregister, das **Wunschklang-Register** von Grundig. Die Frequenzbereiche wurden hier kontinuierlich eingestellt, zur Selektion wurden Resonanzkreise verbaut (**P134**). 			***Bild 2-133***→

Telefunken gibt mit dem Modell *"Concertino" ein Beispiel für eine mit sparsamen Mitteln aufgebaute Klangregelstufe, die sich durch eine besonders klare und übersichtliche Schaltung auszeichnet".*

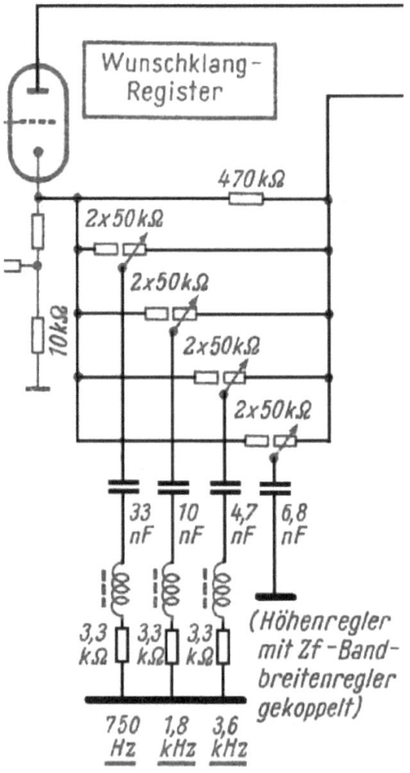

Das Klangregister besitzt vier Tasten: **Solo** (Sopran) − Jazz − Orchester − Baß.
In Stichpunkten: Zur Solo-Taste gehören die Kontakte Sa und Sb. Sa reduziert die Gegenkopplung frequenzneutral, Sb schließt den Tiefenanhebungskondensator (0,1μF) kurz. Das resultiert in einer Höhenanhebung zugunsten der Sprachverständlichkeit bei Gesang. Beim Drücken der **Jazz**-Taste gelangen mehr Höhen zum Anzapfpunkt des Lautstärkestellers. Die **Orchester**-Taste hat keine Kontakte, sie löst einfach alle anderen Kontakte aus, die Musik ertönt also "volles Rohr".
Die **Bass**-Taste öffnet den Kontakt Ba, die Kapazität im Gegenkopplungspfad wird fast halbiert, die Höhen werden abgesenkt. Der Kontakt Bb stärkt die tiefen Töne am Anzapfpunkt des Lautstärkestellers.
Dann gibt es noch einen Kontakt des Kurzwellenbereichs. Er wird von der Kurzwellenbereichs-Taste betätigt und schließt den Baßanhebungs-Kondensator beim Kurzwellenempfang kurz.

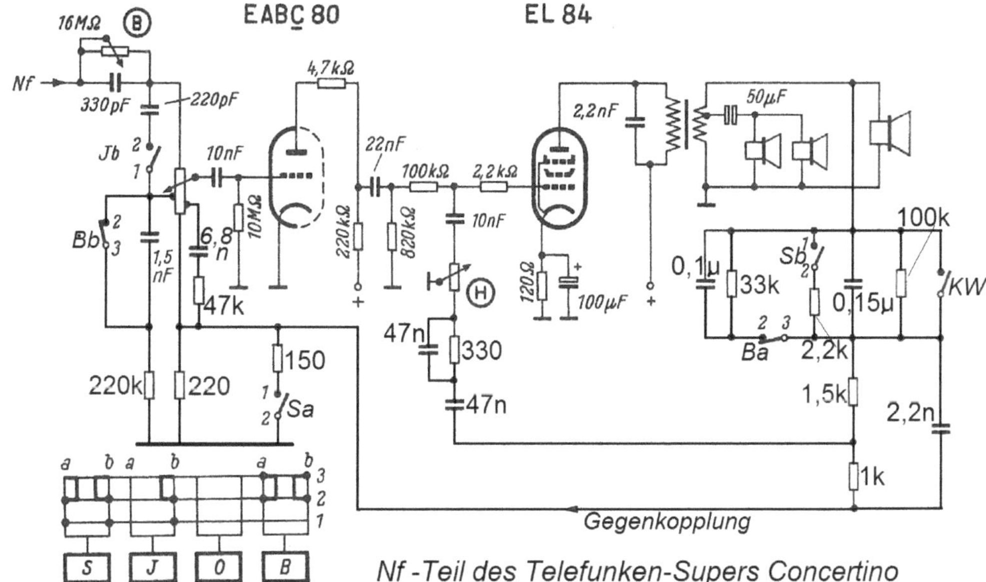

Nf -Teil des Telefunken-Supers Concertino

Bilder 2-134 (oben)   **2-135** (unten)

Weniger übersichtlich, in dem folgenden Beispiel sechs Stück, ergänzend zu den üblichen Stellern für hohe und tiefe Töne, stellen sich die Klangtasten in den Bildern **2-135/136** dar. In der Funkschau 13/1956 findet man dazu in der Rubrik "aus der Laborarbeit" einen Bericht aus dem Hause *Nordmende*.

Bild 2-136 zeigt die Implementierung der Klangtasten *Jazz, Solo, Sprache und Bass* in den Geräten *Turandot , Rigoletto und Carmen* im Modelljahr 1962/63 von Nordmende. Zum Verständnis der Schaltungen betrachten wir das im Schaltplan vorhandene Tastenschema. Hier sind alle Tastenkontakte im Zustand *„nicht gedrückt"* gezeichnet. Die Kontakte werden wie folgt zugeordnet: Bass (A), Sprache (B), Solo (C), Jazz (D).

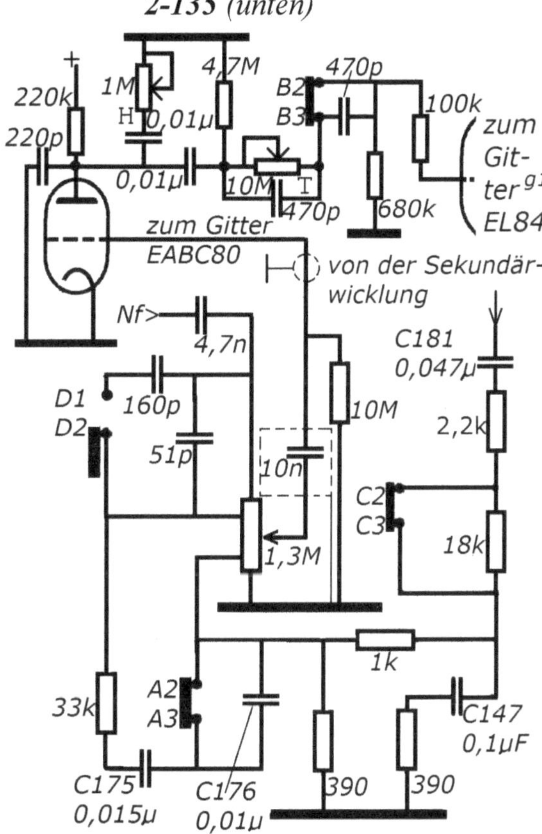

Zum Verständnis der Tasten können wir wieder den Wechselstromwiderstand der verbauten Kondensatoren bei drei verschiedenen Frequenzen betrachten, der Einfachheit halber bei 80 Hz, 800 Hz und 8 kHz. So ist bei der „Sprache"-Taste ersichtlich, dass **tiefe Töne abgesenkt** werden. Mit der gleichen Schaltung werden die Bässe im Gegenkopplungspfad zunächst gedämpft, was aber hier einer Rücknahme der Gegenkopplung entspricht, also einer **Anhebung der Bässe.** Höhen- und Tiefensteller entsprechen einander, einmal R-C in Reihe, einmal R-C-parallel.

Im Original-Schaltplan wirkt diese verhältnismäßig einfache Schaltung etwas unübersichtlich und wurde daher neu geordnet *(paint)*.

Nordmende begann ebenfalls im Modelljahr 1956/57 mit dem Einbau von Klangtasten. Im Vergleich mit dem vorigen Beispiel von 1962/63 wird deutlich, dass die Anpassungen je Modelljahr eher sparsam ausfielen.

Die folgenden Skizzen wurden im bereits erwähnten Heft 13/1956 der FUNKSCHAU gefunden, die Schaltung kann beim Modell Coriolan 57 (s. **P129**) nachempfunden werden. Zu den Bildern:

(rechts oben) Frequenzgang in Abhängigkeit von der Lautstärke, Taste Solo bei verschiedenen Lautstärken
*(rechts **unten**) Frequenzgang bei gedrückter Orchester-Taste in Abhängigkeit vom Höhensteller*

Bilder 2-136

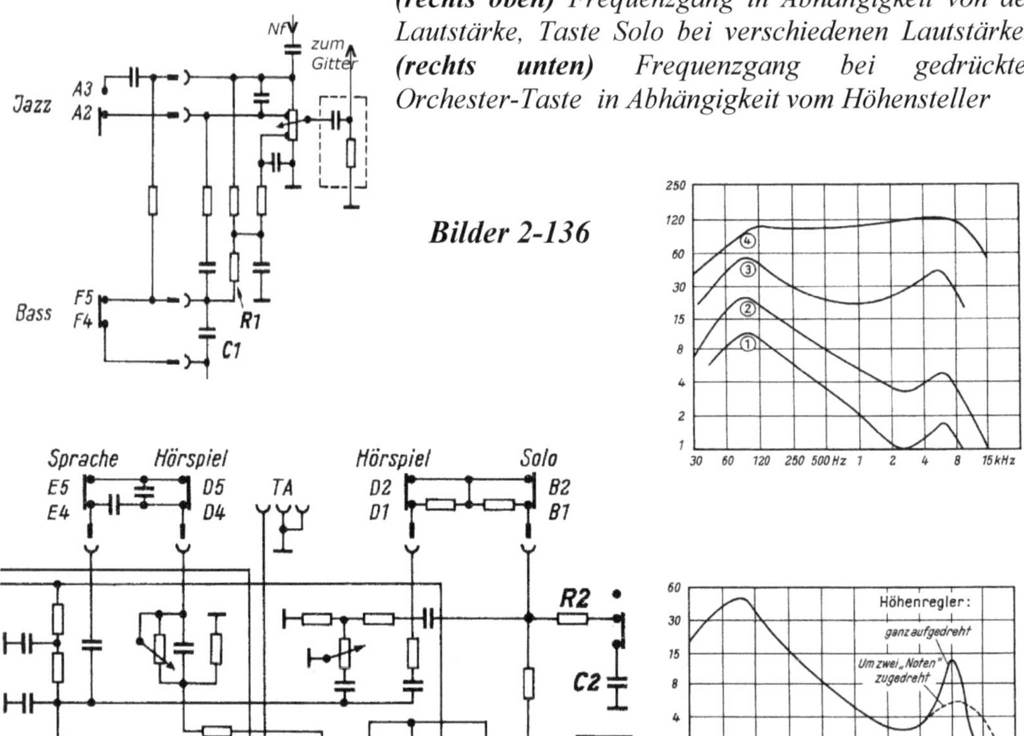

Zum Abschluss dieses Abschnittes erholen wir uns mit einer einfachen Übung. In vorherigen Abschnitten wurde die Meinung vertreten, dass eine „Sprache"-Taste, die ja auch im nicht gedrückten Zustand der „Musik"-Einstellung entspricht, ausreichend sein sollte. Das wird bei SABA deutlich, hier gehört die Sprache/ Musik-Taste mit op-

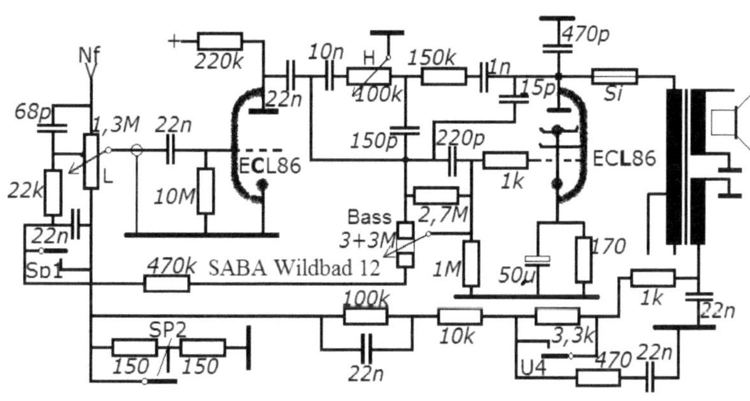

tischer Anzeige bis zu den Freiburg-Modellen zur Ausstattung. ***Bild 2-137***

Dazu reichen zwei Kontakte im Gegenkopplungspfad vor dem Lautstärkesteller.

2.3.8 Die weitere Entwicklung in den 60er Jahren …

… soll kurz umrissen werden, denn die Schaltungstechnik hatte keine neuen Ideen, nur die Anordnung der Schaltungselemente änderte sich. Durch den Stereodecoder entfiel die Abhängigkeit von dem Ratiodetektor, also vom Röhrentyp EABC. Mehrfachröhren vom Typ ECC und ECL setzten sich durch. **(P104)**

Folgende Meilensteine wurden bisher besprochen:

ab1954: Der Raumklang setzt sich durch *(s.* **P48, P49, P50***)*

ab 1958: Stereo-Betrieb im Nf-Teil für Schallplatten *(s. Abschnitt 2.3.2)*

Der nun doppelt vorhandene Tonverstärker wurde eher einfacher, denn der Raumklang war ja nun eine Eigenschaft des Stereoeffekts. Für eine ausreichende Leistung sorgten Gegentaktendstufen mit neuen Röhren vom Typ ECLL,

ab 1963: Beginn des Stereo-Rundfunks *(s. Abschnitt 3.1.2)*

Dazu wurde der neu entwickelte Stereodekoder erforderlich, der schon bald mit Transistoren aufgebaut wurde. Röhrendekoder sind daher kaum zu finden.

Trotzdem gab es noch neue Röhren, wie zum Beispiel im Jahr 1963 die ECC 808, die für Vorverstärker im Nf-Bereich entwickelt wurde. In der Anlage **P136** findet man die Röhre ECC 808 in einem Stereo-Vorverstärker: Es handelt sich um einen Beitrag aus dem *Telefunken – Laborbuch Band 4* aus dem Jahr 1967, mit Schaltplan, Beschreibung und Stückliste. Weitere neue Nf-Röhren: ELL80 *(1960)*,

ECLL800 *(1963)*.

Bald folgten die ersten UKW-Bausteine mit Transistoren.

Abgesehen vom Stereodekoder war die funktionelle Entwicklung der 50er-Radios **Anfang der 1960er** abgeschlossen. Konstruktiv änderte sich noch nicht viel, denn der Platz für den UKW-Tuner war bereits reserviert und für die zusätzliche Baugruppe „Stereo-Decoder" fand sich Platz auf den meist reichlich bemessenen Chassis.

Der Stereorundfunk war nun flächendeckend verfügbar. Aber eine Verbreiterung der Stereobasis scheiterte – Musiktruhen ausgenommen – an den handelsüblichen Gehäusen. Für dem stereophonen Raumklang wurden zur Verbreiterung der Stereo-Basis Lautsprecherboxen erforderlich, was das Bild der Empfänger veränderte: Der Platz für die Lautsprecher wurde frei und die Radios wurden in der zweiten Hälfte der 60er Jahre zu Regalradios mit geringerer Höhe. Weil es keinen zwingenden Grund gab alle Empfängermodelle zu überarbeiten, stand den Kunden für einige Jahre eine Vielfalt von Gerätetypen – vom *(mono-)* Küchenradio bis zur Stereoanlage – zur Verfügung.

Auch im Tonverstärker setzten sich bald Transistoren durch, was nun durch die geringere Wärmeentwicklung, zu einer weiteren Reduzierung der Höhe der Gehäuse führte.

Ab 1970 wurden die Verstärker vom Hf-Teil getrennt, was dann zu den – bis heute üblichen – übereinander gestapelten Türmen führte: Tuner, Verstärker, Plattenspieler, Tonbandgerät, …

Sieht man von der Umstellung auf die Halbleitertechnologie ab, war die Funktionalität der 50er Radios nun vollständig.

Bei den Kunden galt nun dem Verstärker eine besondere Aufmerksamkeit: Leistung, Klirrfaktor und Anpassung an die Boxen waren im Fokus. Um zum Beispiel ein klassisches Konzert originalgetreu mit perfekter Dynamik und geringem Klirrfaktor zelebrieren zu können, wurden größere Verstärkerleistungen gefordert. Die Wohnzimmer wurden in den 1970er Jahren ebenfalls größer. Und die Fachliteratur hatte eine neue Zielgruppe.

Die deutsche Radioindustrie war nicht mehr die Nummer eins, denn die eleganten flachen Verstärker waren in den USA schon in den 1960er Jahren auf dem Markt.

Damit Verstärker nicht zu sehr vernachlässigt werden, findet der Leser im Anhang ca. ein Dutzend einschlägige Beiträge. Darunter ein zweiteiliger Aufsatz aus der FUNKSCHAU: **P60, P61, und: P73, P87, P111 bis P115, P128, P131, P133, P136**

2.4 Schaltungen für Hf – und/oder Nf – Übertragung?

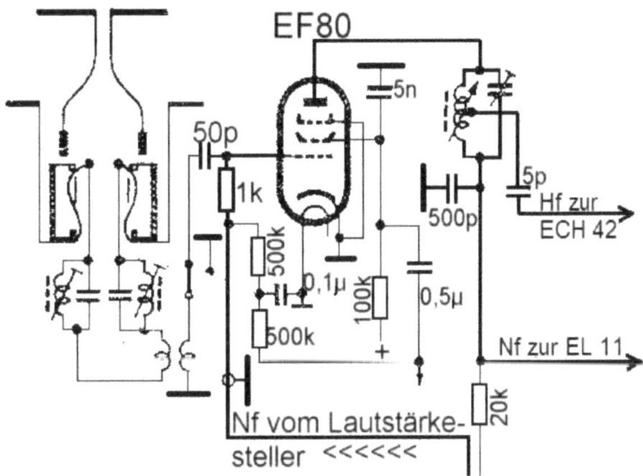

Zum Übergang vom Nf-Bereich zu den Hochfrequenzen betrachten wir noch einmal einen Ausschnitt aus der im *Band 2, Seite 64,* gezeigten Schaltung: Es handelt sich um eine UKW-Vorstufe aus dem Jahr 1951, was an deren einfacher Schaltung *(Reflexschaltung)* ersichtlich wird. ***Bild 2-138***

Es wird deutlich, dass die EF 80 der UKW-Vorstufe auch als Nf-Vorverstärker genutzt wird, so dass direkt das Gitter der Endröhre EL 11 folgen kann. Für die Tonfrequenzen ist der Resonanzkreis oben rechts praktisch nicht vorhanden.

Band 2 *(Seite 63)* zeigt noch eine weitere Schaltung, in der eine FM-Zf-Röhre zur Nf- Vorverstärkung genutzt wird.

Wir benutzen diesen Gedanken zur Vorbereitung auf den folgenden Abschnitt: Im Hochfrequenzbereich sind wir auf geeignete Messgeräte zur Darstellung der Signale angewiesen, oder wir benutzen selbst angefertigte Referenzbaugruppen, um Hf-Signale hörbar oder messbar zu machen. Band 2 zeigt im Abschnitt 4.4 eine *"Referenzbaugruppe Tonverstärker"*.

Für den nächsten Abschnitt könnte ein kleinerer, einfach aufzubauender Tonverstärker mit Lautsprecher nützlich sein. Im Abschnitt 2.3.1 *(Seite 125)* finden wir drei Beispiele für einfach aufzubauende Verstärkerbaugruppen für Testzwecke: Nora Dux, Braun Sk4 und Telefunken Caprice. Weil wir schon wissen, dass erst der Lautsprecher den Klang mitbringt, sollten wir Lautsprecherbuchsen vorsehen, um auch Boxen anschließen zu können. Aber: Eine Sprechleistung von einem Watt ist ausreichend, große Transformatoren können sehr unhandlich sein.

Zum Beispiel Nora Dux und Paganini **(P230)***, Braun Sk4* **(P126)***, Telefunken Caprice 56* **(P120)** *2 Watt, S. 122, Schatulle H42, S. 138 und* **P130***.*

Oder wenn es etwas mehr sein soll: Lav 8, 8 Watt, S.126.

3. Im Bereich der Hochfrequenzen

Die ersten Röhren waren eine Weiterentwicklung der Glühlampen, aus der durch Einbau einer weiteren Elektrode schon eine Diode wurde. Sie wurden daher als „Lampen" bezeichnet.

Die verschiedenen Funktionseinheiten im Hochfrequenzteil wurden in den ersten beiden Bänden ausführlich behandelt. Im Fokus stand die Wiederinbetriebnahme mit weitgehender Erhaltung des Originalzustandes. Wenn jedoch einzelne Funktionseinheiten fehlen oder nicht reparabel sind, muss improvisiert werden.

In den Fachzeitschriften der 50er Jahre findet man auch Bauanleitungen für vollständige Empfänger, jedoch wurde zum Beispiel bei Bandfiltern und UKW-Tunern auf deren Bestellbarkeit im Handel verwiesen. Bandfilter für 10,7 MHz und UKW-Bausteine sind auch heute noch erhältlich, ebenso wie verschiedene Ausführungen von Stereodekodern. Die folgenden Abschnitte behandeln die Anpassung von nicht originalen Bauteilen und funktionale Erweiterungen. Dazu gehören die erforderlichen Messungen.

3.1 Bandfilter ...

... müssen zuerst auf deren grundsätzliche Eignung untersucht werden. Die Messverfahren wurden umfassend beschrieben *(s. auch Band 2, Abschnitt 7)*. Die Anwendung der Wobbelfunktion erleichtert die Prüfungen, dazu gehört jedoch ein gewisses Maß an Erfahrung. ***Bild 3-1→***

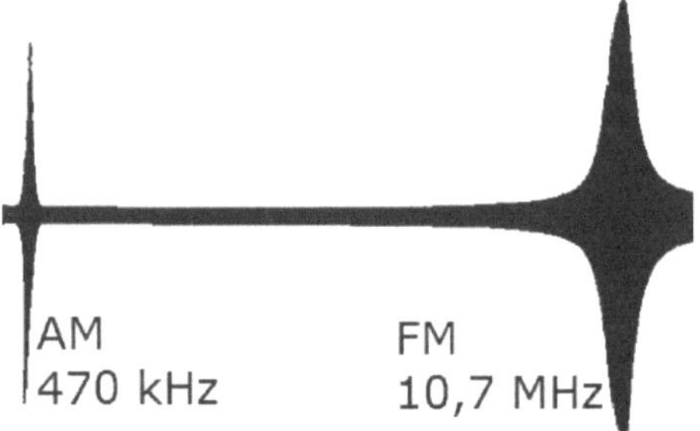

Das Bild rechts zeigt das Ergebnis der Funktionsprüfung eines ausgebauten Bandfilters mit der Wobbelfunktion.

Im Band 2 *(Abschnitt 1.3)* wurde darauf hingewiesen, dass man auch ohne die Wobbelfunktion zum Ziel kommen kann.

Bevor man sich mit zweikreisigen Bandfiltern und deren Kopplung beschäftigt, sollte man mit einkreisigen Filtern beginnen. Die *Bilder 3-2* zeigen die einfach einzustellenden Resonanzkurven.

Bezüglich der Kopplung beider Bandfilterkreise unterscheidet man zwischen kritischer, unter- und überkritischer Kopplung *(s. Band 2, Abschnitt 6.6.2)*.

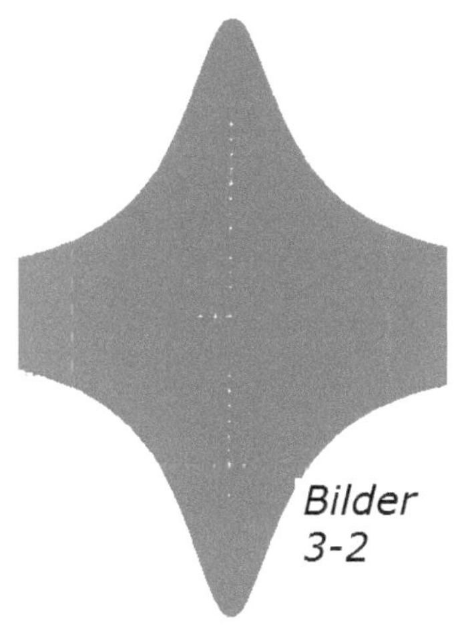

Bilder
3-2

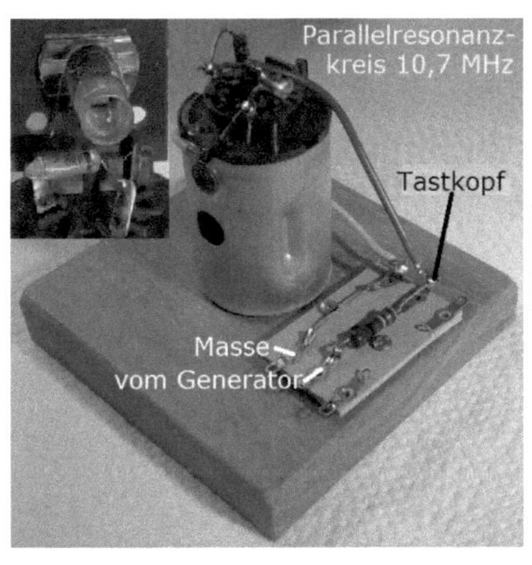

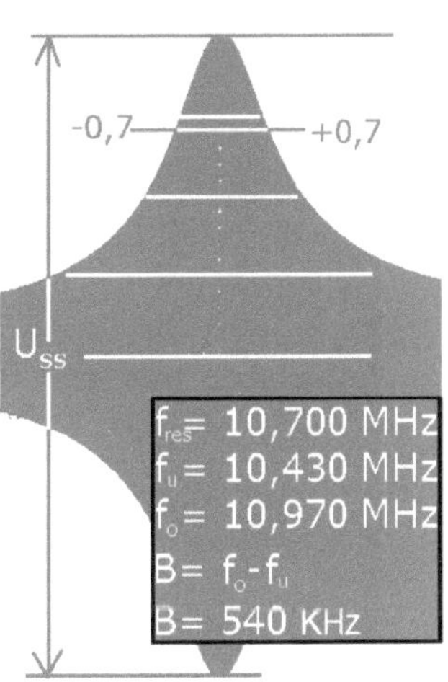

Darstellung aus dem Leserseminar 2/2017

Bei den meisten Bandfiltern ist die Kopplung nicht ohne weiteres einstellbar, was dem im *Bild 3-4* gezeigten Muster entspricht. Die Spulenkerne werden jeweils von oben und unten eingeführt. Zur Abstimmung auf die Resonanzfrequenz gibt es jeweils zwei mögliche Kernpositionen, von denen die äußeren Positionen *(bei kritischer Kopplung)* gewählt werden. Wird die Resonanzfrequenz bei der inneren Kernposition gesucht, sind die Kreise überkritisch gekoppelt *(s. auch Band 2, Abschnitt 6.6.2.b und* **P20** *(Röhrengekoppelte Resonanzkreise – Rundfunkbandfilter – 16 Seiten)* und **P100** *(Zf – Bandfilter – 4 Seiten).*

Über viele Jahre wurden bis zur Einführung des Stereorundfunks Geräte mit 2-kanaligen Tonverstärkern für den Betrieb mit Schallplatten geliefert. Möchte man nun ein Radio für den Stereorundfunk hochrüsten, sollte die Bandbreite erhöht werden. Dazu probiert man mit Veränderung der Resonanzfrequenzen oder der Kopplung einzelner Kreise. Es empfiehlt sich aber, zunächst eine einfache Testschaltung gemäß Bild 3-2 aufzubauen. Es ist zudem sinnvoll, erste Erfahrungen zum Abgleich der Bandfilter im Zf-Verstärker an einem isolierten Exemplar zu sammeln, wie gewohnt mit einer einfachen Brettschaltung.

Um eine Durchlasskurve gemäß der Abbildung 3-3(links)

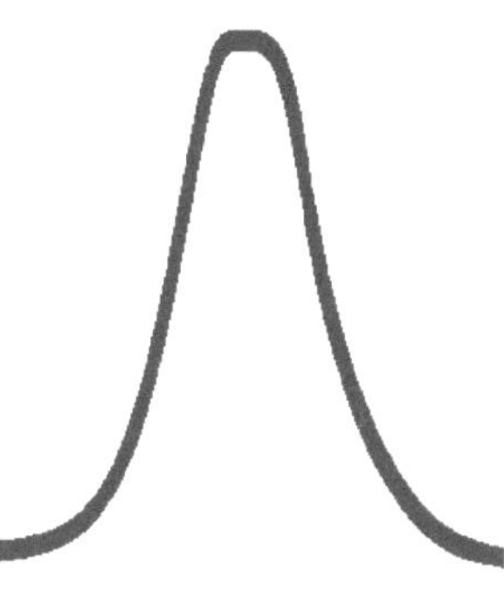

⇐Bild 3-3 zu erzeugen, braucht man zweikreisige Bandfilter, weil die besondere Ausprägung der Kurve auch durch den Kopplungsgrad beider Spulen eingestellt wird.

Es kommt beim Experimentieren nicht auf die genaue Einhaltung der Frequenz 10,7 MHz an.

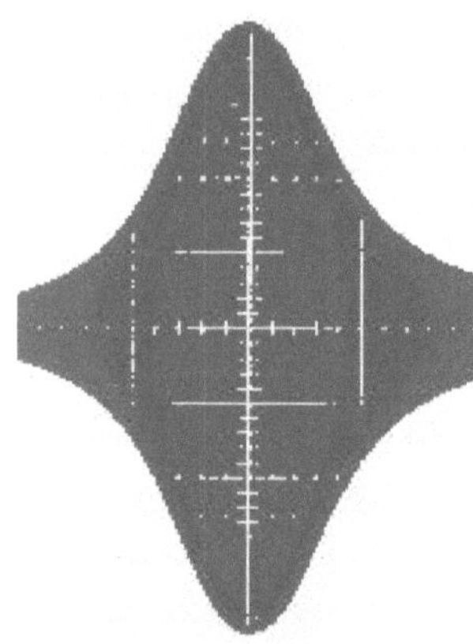

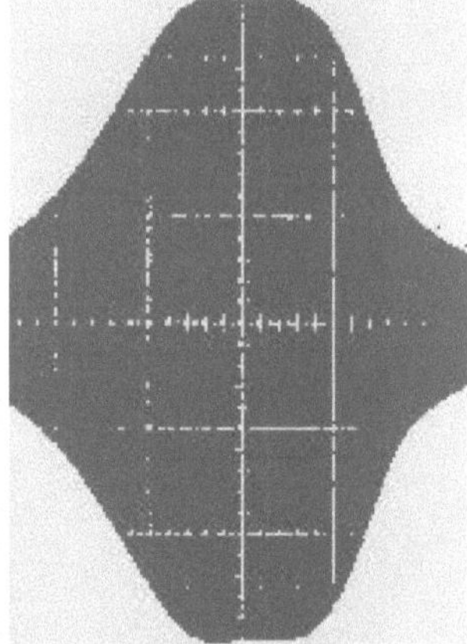

FM/AM   Bandfilter

links oben: *rechts oben:*
abgeglichen   leicht über-
(kritisch)   kritisch
links unten: *rechts unten:*
verstimmt   überkritisch

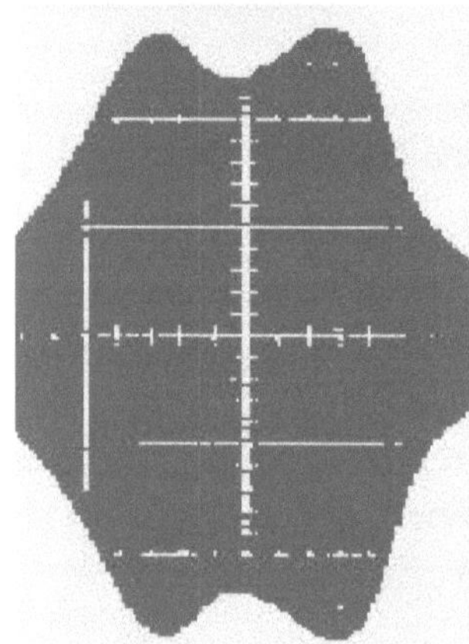

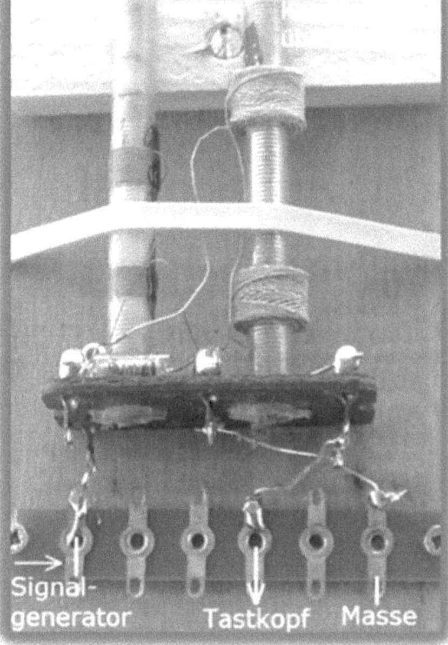

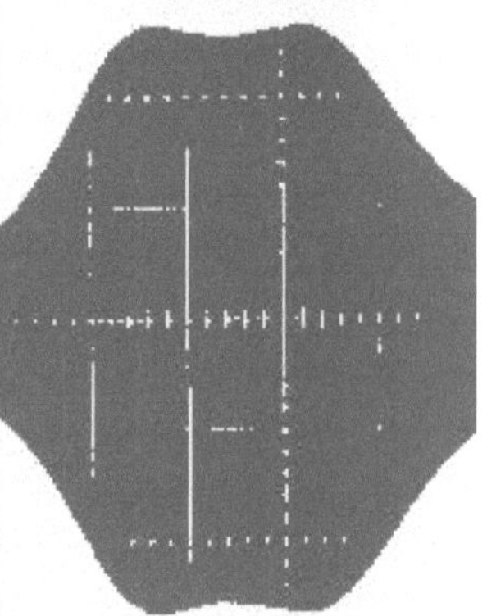

Darstellung aus dem Leserseminar 2/2017   ⇑ *Bilder 3-4*

Bild 3-4 liest sich wie folgt, oben links beginnend, im Uhrzeigersinn:

Links oben: Beide Kreise sind auf die Resonanzfrequenz abgestimmt, die kritische Kopplung wird erreicht.

Rechts oben: wird die Kopplung noch etwas verstärkt, bleibt die mittige obere Zone noch etwas geradlinig, die Bandbreite wird etwas größer, bis sie im Bild

rechts unten beginnt, eine Delle auszubilden, die sich im Bild

links unten weiter mit nochmals zunehmender Bandbreite verstärkt. Diese Entwicklung wird in allen einschlägigen Fachaufsätzen aufgezeigt, wie zum Beispiel im ***Bild 3-5*** *(s. auch im Anhang* **P20:** *Röhrengekopelte Resonanzkreise, Rundfunkbandfilter)* oder auch im Handbuch für Hochfrequenz und Elektro-Techniker **(L12),** siehe im ***Bild 3-6.*** Dort sieht man Möglichkeiten, durch eine Kombination verschiedener Kopplungsgrade "x" die Bandbreite des Zf-Verstärkers zu beeinflussen.

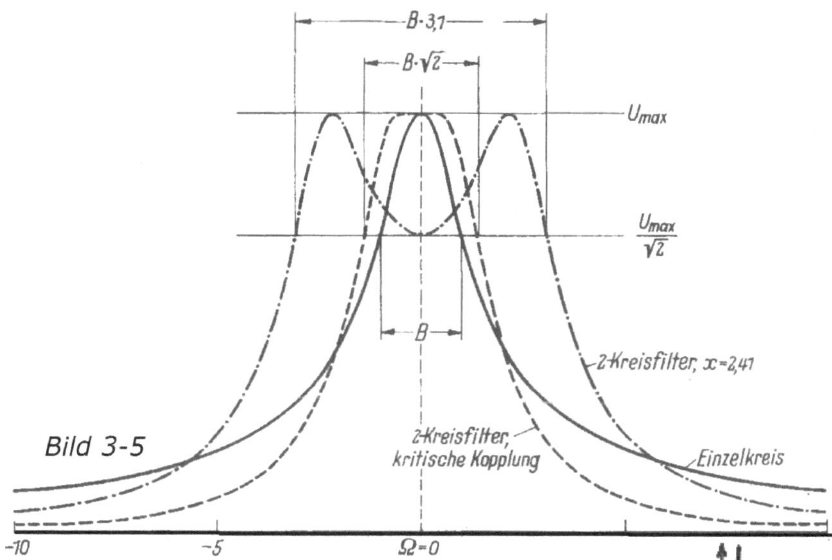

Die sich bei überkritischer Kopplung ausbildende "Delle" zwischen zwei Höckern bleibt dann bei weiteren Abstimmversuchen hartnäckig erhalten.

Bild 3-6→

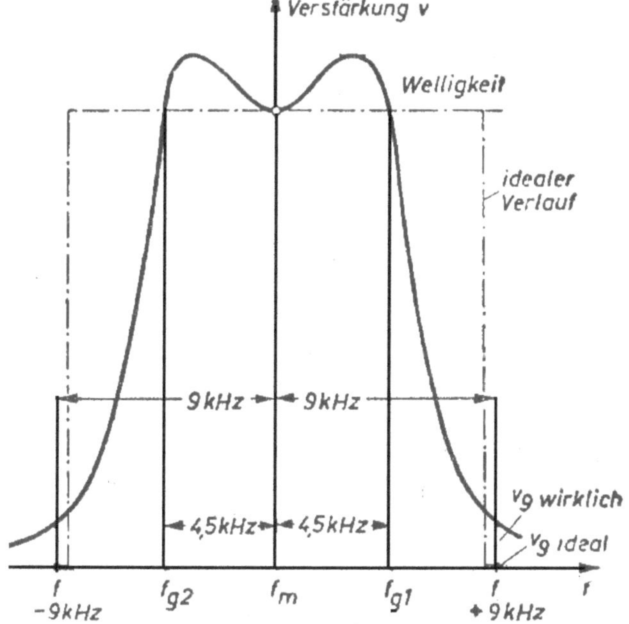

Eine sehr anschauliche Beschreibung über den Zusammenhang zwischen Bandbreite und Kanalabstand findet man in *"Elektrische Nachrichtentechnik"* (**L15**) von Dr.-Ing. Heinrich Schröder,

⇐ **Bild 3-7** siehe im Bild links. Es handelt sich um die Durchlasskurve des Zf-Verstärkers im AM-Bereich. Hier ist ein Kanalabstand von 9 kHz international vereinbart.

"Deshalb müssen die Band-

filterkurven für AM auf jeden Fall in 9 kHz Abstand von der Bandmitte eine große Sperrwirkung haben". Für den FM-Bereich ist eine Bandbreite von 180 kHz und ein Kanalabstand von 300 kHz angegeben.

Die Darstellunng der Bandbreite im FM-Bereich ist weniger übersichtlich:

Hier ist nicht nur die die Bandbreite des Nutzsignals maßgeblich, vor allem aber ist der Frequenzhub der Modulation zu berücksichtigen. Hier entstehen nahezu unendlich viele Modulationsprodukte, so dass ein Richtwert für die Bandbreite festgelegt werden muss. Die allgemeingültige Grundlage für die Berechnung der *(mindestens)* erforderlichen Bandbreite folgt dem Ausdruck: $B \approx 2(\Delta H + f_n)$,

ΔH = Frequenzhub, f_n = höchste Niederfrequenz **(L14)**.

Daraus folgt: mindestens: $2(75 + 15) = 180$ kHz

Aber wir haben es jetzt mit selbst entwickelten Schaltungsvarianten zu tun und müssen fallweise auch die für den Stereoempfang erforderliche größere Bandbreite im Zf-Verstärker berücksichtigen.

Im Anhang E 5 des zweiten Bandes findet man einen Überblick typischer Bauformen der Bandfilter. Das Selbstwickeln der Bandfilterspulen ist für den UKW-Bereich möglich, jedoch sind einige Vorschriften zu beachten. So müssen zum Beispiel bei einer Anordnung gemäß

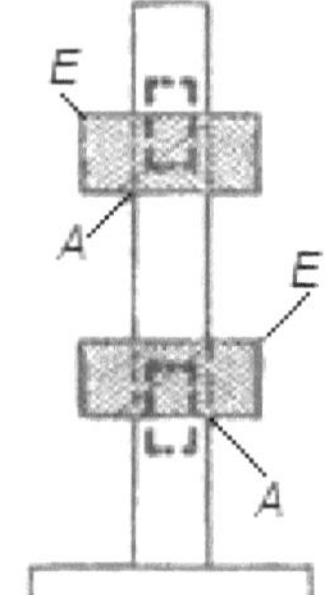

⇐ *Bild 3-8 (links)* die Spulen **zueinander entgegengesetzten Wickelsinn** haben. (*A*nfang, *E*nde). Damit beschäftigt sich die Anlage **P62** *(Die Bemmessung des Ratiodetektors).* **Bild 3-9 →**

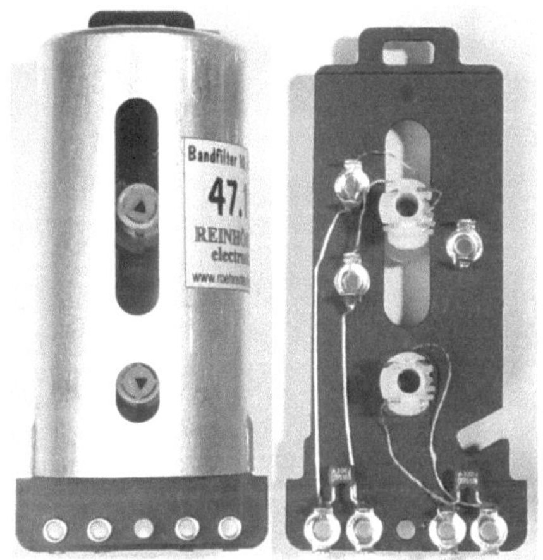

Für Röhrenradios geeignete Band- und Ratiofilter findet man auch bei Reinhöfer Electronic *(www.roehrentechnik.de)*. Es gibt Filter für Chassismontage *(siehe rechts im Bild)* und für Leiterplattenmontage, die Kopplung ist bei allen Versionen einstellbar. Dazu wird die obere Spule in dem deutlich sichtbaren Langloch verschoben. Die mittlere Position entspricht der normalen kritischen Kopplung *(s. Bild 3-9)*.

Abgebildet ist ein FM-Bandfilter für 10,7 MHz *(47.11)*, Kombinationsbandfilter für AM un FM *(47.12)* sind ebenfalls erhältlich.

Bei dieser Bauart werden die Wicklungen **gleichsinnig** ausgeführt.

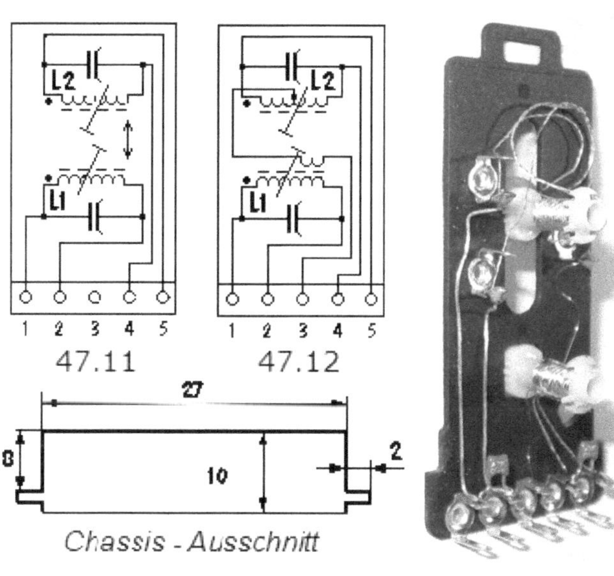

⇐Bild 3-10

Bei der Betrachtung – bzw. Vermessung 2-kreisiger Bandfilter können wir die mühsam gelernten Geheimnisse der Leistungsanpassung wieder vergessen. Resonanzkreise arbeiten quasi hochohmig im Leerlauf. Das ist in den Bildern 3-11 und 3-12 beim Sekundärkreis, der mit dem hochohmigen Steuergitter verbunden ist, deutlich zu sehen. Der Primärkreis wird über den Anodenwiderstand (≈ 900 kΩ) versorgt.

Daher können wir Bandfilter auch bei **ausgeschaltetem Gerät** messen *(wobbeln, s. Band 2, S. 98).*

Dafür haben wir uns jetzt die Probleme mit der Kapazität der Tastköpfe eingefangen, die bei 10,7 MHz zu einer deutlichen Verstimmung der Kreise *führen (s. Band 2, S. 111).*

Die *(unteren)* kalten Enden der Kreise liegen signalmäßig auf Masse, was an der Skizze rechts gezeigt werden kann.   **Bild 3-11→**

(Darstellung aus dem Leserseminar 2/2017)

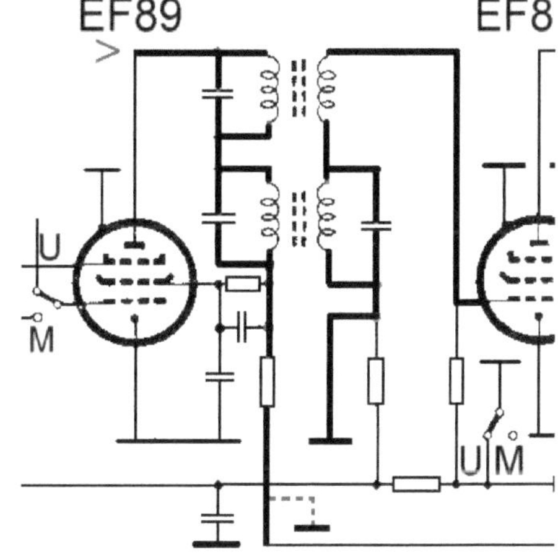

Im Resonanzfall besteht zwischen Primär- und Sekundärkreis eine Phasendifferenz von 90° (s. Band 2, Abschnitt 9.2.2).

Bezüglich des Aufbaus eines Zf – Verstärkers wurde darauf hingewiesen, dass ein fliegender Aufbau nicht möglich – und die Maßnahmen zur Erweiterung der Bandbreite im Gerät sehr mühsam – bzw. ebenfalls nicht möglich werden.

Für erste Versuche eigener Aufbauten (**P30,** *Über den Selbstbau von Geräten*) hält man sich an eine möglichst einfache Schaltung, wie die folgende Abbildung zeigt. Es handelt sich um das Telefunken-Modell *Caprice* von 1956, (s. **P120**). Es wurde der bekannte UKW-Tuner von Telefunken verbaut, der aufgrund seiner kompakten Form in "*mehr als hunderttausend Geräte*" eingebaut wurde. Andere geeignete Tuner wird man leicht finden. Im Band 2 wird das Thema "*Referenztuner*" im Abschnitt 8.2.6 über 3 Seiten beschrieben, auch der Telefunken-Tuner ist dort abgebildet.

Im UKW-Tuner befindet sich bekanntlich das erste Bandfilter für 10,7 MHz, so dass wir neben dem Ratiofilter nur ein weiteres Bandfilter brauchen. Die Bandbreite im Zf-Teil wird im Telefunken − Caprice *(1956−Bild 3-12)* mit 135 kHz angegeben. Das ist für das Klangvolumen eines Kleingerätes ausreichend.

3.1.1 Realisierungsbeispiele zur Bandfilteranordnung

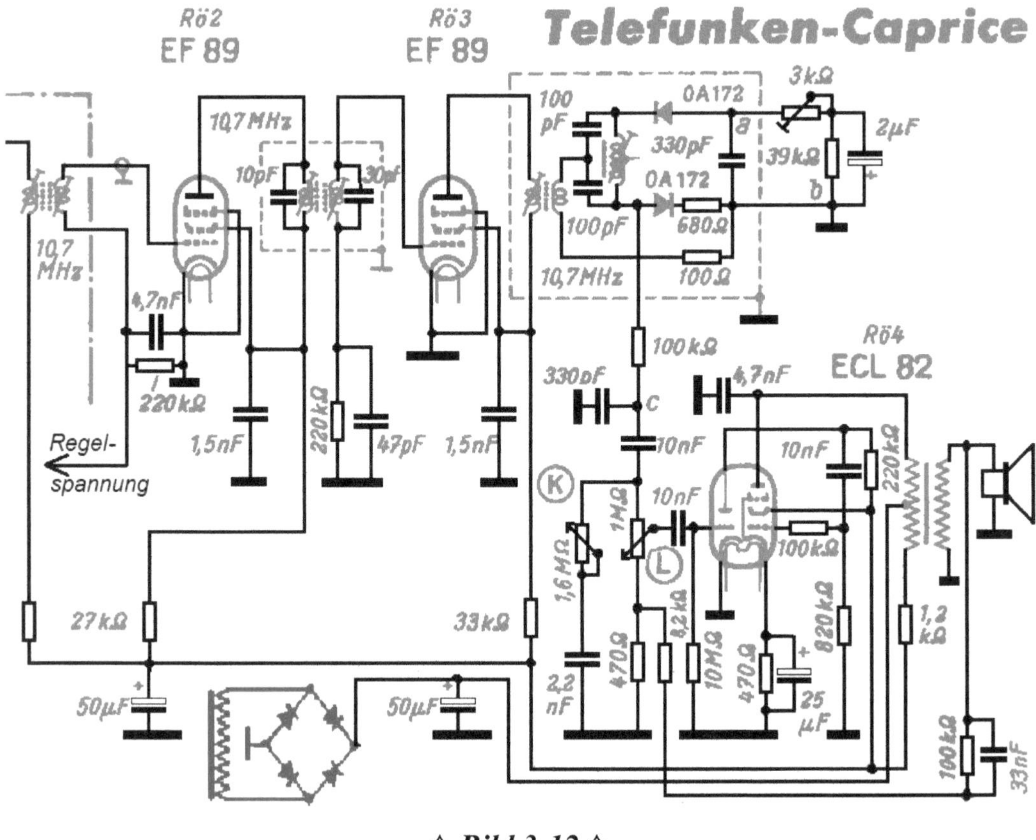

⇑ *Bild 3-12* ⇑

"*Für den UKW-Empfang dient dieser FM − Super mit 10 Abstimmkreisen, 6 Röhrensystemen und Ratiodetektor mit 2 Germaniumdioden*"

"*Die beiden folgenden Zf-Stufen mit zwei Pentoden EF 89 sichern eine sehr hohe*"

Verstärkung bei guter Begrenzung; hier erzeugt die erste Pentode mit Hilfe der Strecke Kathode–Gitter 1 die nötige Regelspannung; sie liegt an dieser Röhre und an der Hf–Vorröhre an.– Im Ratiodetektor übernehmen zwei Dioden vom Typ OA 172 die Gleichrichtung; der 3–kΩ –Regler erlaubt die Einstellung auf beste Begrenzung". (Textauszug: **P120)**

Die Notwendigkeit und die Schaltungsvarianten einer Regelspannung wurden im Abschnitt 6. des zweiten Bandes besprochen.

Zf-Verstärker wie im *Bild 3-12* abgebildet, sind ausreichend und in kleineren Geräten – klein und preiswert – zu finden. Sie eignen sich für den Aufbau von Experimentierschaltungen bzw. Referenzbaugruppen.

Aber es geht auch anders, wie Bild 3-13 zeigt. Ein Beispiel mit vier Bandfiltern, das ebenfalls in einem *"nur UKW – Gerät"*, ein 11-Kreis – UKWSuper, gefunden wurde. Auch in diesem Schaltbild sind die Kondensatoren für die Neutralisation *(s. Abschnitt 3.2)* vor den Schirmgittern deutlich zu erkennen. Das vollständige Schaltbild mit einer kurzen Beschreibung findet man bei **P81**.

⇓ ***Bild 3-13***

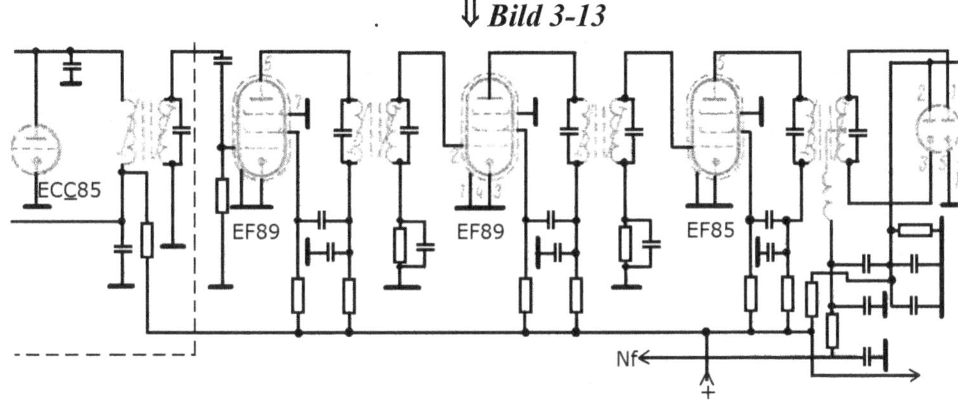

Der Filtersatz und die Schaltung wurden ca. 1960 in Creuzburg *(Thür.)* entwickelt, eine ausführliche Beschreibung findet man unter der Bezeichnung des Spulensatzes "SSP 223" im Internet: Es werden Hinweise zum Aufbau gegeben, insbesondere zur Schwingneigng und Begrenzung, zum Masse-Anschluss der kalten Enden der Heizspannung, zu den Leitungslängen im Hf-Bereich, usw. Ein weiteres Beispiel für nützliche Hinweise:

„Die richtige Wahl der Masseanschlüsse der Begrenzungsglieder (RC) ist für die Unterdrückung der Schwingneigung mit von Bedeutung."

Ein weiterer Empfänger mit separat aufgebautem FM-Zf-Verstärker mit insgesamt 11 FM-Kreisen findet man bei der *Biennophone Celerina*, mit völlig getrennten Hf-Empfängern und einem gemeinsamen Nf-Vertärker mit einer ECL 86.

Das Bild rechts zeigt einen Schaltungsaus-
schnitt mit der üblichen Schirmgitterneutralisation *(s. Abschnitt 3.2).*   ***Bild 3-14⇒***

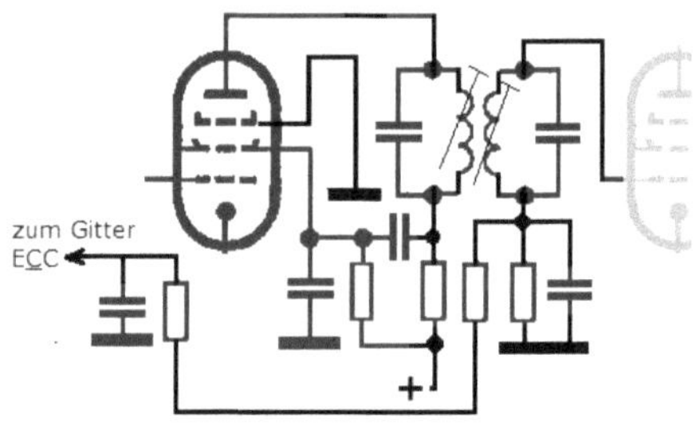

Zf-Verstärkerstufen sehen relativ einfach aus,
man profitiert beim Aufbau von Erfahrungen
bezüglich der Leitungslängen, deren Führung
und Massepunkten. Das geht aber nicht immer
gut, siehe dazu Abschnitt 3.3.1.

3.1.2 Die Bandbreite bei Stereoempfang …

… ist kein Thema der 50er Jahre, sieht man von den ersten zweikanaligen
Tonverstärkern Ende der 50er Jahre ab *(s. Abschnitt 2.3.2).*

Der Stereoempfang begann 1963 und hatte für die klassische Form der 50er
Radios keine Bedeutung *(s.auch Abschnitt 2.3.8).*

Bild 3-15 zeigt den Frequenzbereich des Stereo-Multiplex-Signals. Für die
erforderliche Bandbreite werden 230 kHz empfohlen. Für den normalen
einkanaligen Betrieb kann man unter 200 kHz bleiben, zum Beispiel bei 170 kHz.
Kleine *(Zweit-)*Geräte, die aufgrund ihrer Bauform nur den mittleren
Freqenzbereich wiedergeben, können diese Grenze noch unterschreiten.

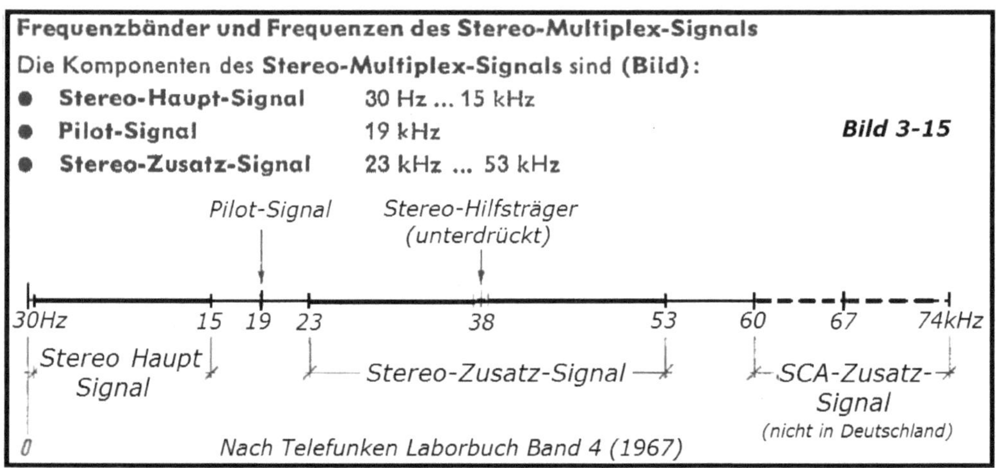

Man beachte den Kanalabstand von 300 kHz im UKW-Bereich.
Den für den Stereoempfang erforderlichen Ratiodetektor finden wir in jedem
Schaltplan, eine Besprechung erfolgte daher bereits im Band 1 (Abschnitt 3.07)
und im Band 2 (Abschnitt 6.2). In den folgenden Abschnitten findet man vor allem
die vielen möglichen Schaltungsvarianten, unter denen man sich bei einem
eigenem Konzept entscheiden kann, Experimente mit eigenen Entwürfen nicht
ausgeschlossen.

3.2 Neutralisation, Regelung und Begrenzung im Hf-Bereich

Dieses bisher nicht behandelte Thema kommt bei eigenen Schaltungsvarianten auf uns zu. Zur Neutralisation werden Kondensatoren verbaut, die wir bisher grundsätzlich geprüft und bei Bedarf erneuert haben. Damit war die Funktion der Neutralisation gewährleistet, bzw. das Thema nicht aktuell.

Das gilt auch für die Schaltungen zur Begrenzung des Hf-Signals, die in manchen Anordnungen auch der Regelung dienen.

Auf die Notwendigkeit einer Verstärkungsregelung im Hochfrequenzbereich wird im Band 1 *(Abschnitt 3.01)* und im zweiten Band 2 *(Abschnitt 5.1.4)* hingewiesen.

3.2.1 Neutralisation

Mit Neutralisation ist eine durch Rückkopplung *(Mitkopplung)* enstehende Schwingneigung gemeint, die durch schaltungstechnische Maßnahmen *(Gegenkopplung) „neutralisiert"* wird. Schaltungstechnische Maßnahmen zur Rückkopplung *(Gegen- und Mittkopplung)* sind uns bereits von der Klangformung im Tonfrequenzverstärker bekannt, s. Abschnitt 2.3.6.

Die Gitter-Anoden-Kapazität *(Cga)* einer Röhre ist meist <<1pF, so dass sich im Nf-Bereich die dadurch entstehende Rückkopplung von der Anode auf das Steuergitter, also vom Ausgang auf den Eingang, nicht bemerkbar macht.

Im Hochfrequenzbereich kann das anders aussehen, hier macht sich eine Kapazität von 1pF bei einer Frequenz von 1 MHz schon im kΩ-Bereich bemerkbar, aber nur mit einer geringen Kopplung.

Eine Verstärkerstufe im Zwischenfrequenzverstärker hat am Eingang und am Ausgang Resonanzkreise, die auch Phasenverschiebungen bewirken, so dass über den C_{ga} – Weg eine Mitkopplung entstehen kann, die zum Schwingeinsatz führt. Diese Schwingneigung muss also neutralisiert werden.

Man unterscheidet, je nach dem Weg der erforderlichen Gegenkopplung, zwischen Steuergitter-, Bremsgitter- und Schirmgitterneutralisation (L7, **P25, P32, P99**).

Das Bild links zeigt eine Steuergitterneutralisation *(C$_N$),* das Bild rechts zeigt eine Schirmgitterneutralisation *(C$_{g1g2}$) – (Bilder aus Telefunken Laborbuch Band 1).*

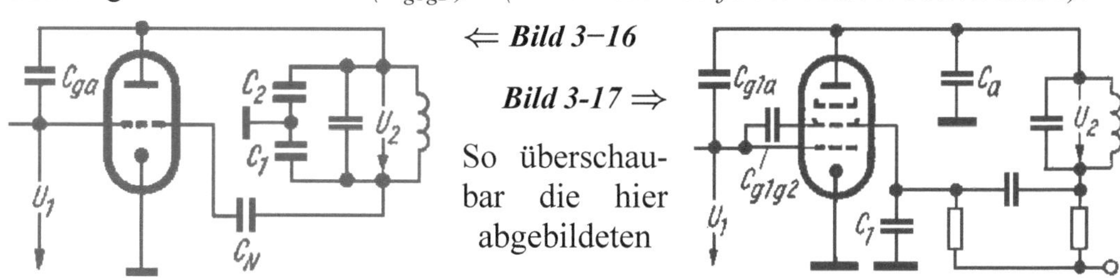

Schaltungen erscheinen, wird es doch mitunter schwierig, die Neutralisation aus dem Stromlaufplan eines Radios herauszulesen. Im Zf-Verstärker des AM-Bereiches *(s. Bild 3-30)* ist die Neutralisation nicht erforderlich.

Andererseits sind diese Schaltungen so elementar, dass sie sogar MEYERS ENZYKLOPÄDISCHES LEXIKON *(Band 17, 9. Auflage)* erwähnt:

MEYERS ENZYKLOPÄDISCHES LEXIKON

In der *Elektronik* Bez. für eine schaltungstechn. Maßnahme, durch die z. B. in HF-Verstärkern eine Rückkopplung des Ausgangs auf den Eingang und damit eine Selbsterregung unterbunden wird. Dies wird im Prinzip durch Kompensation der rückgekoppelten Wechselspannung durch eine gleichgroße, gegenphasige Hilfsspannung erreicht. Die meisten Neutralisationsschaltungen sind, wie ihre Ersatzschaltbilder zeigen, Brückenschaltungen (z. B. die Neutrodynschaltung).

Neutralisationsschaltung eines HF-Verstärkers zur Kompensation der über die Gitter-Anoden-Kapazität C_{ga} einer Triode rückgekoppelten Wechselspannung (links) und das zugehörige Ersatzschaltbild (C_n Neutralisationskapazität, C_a Anodenkapazität, L_a Anodeninduktivität, C_g Gitterkapazität, L_g Gitterinduktivität)

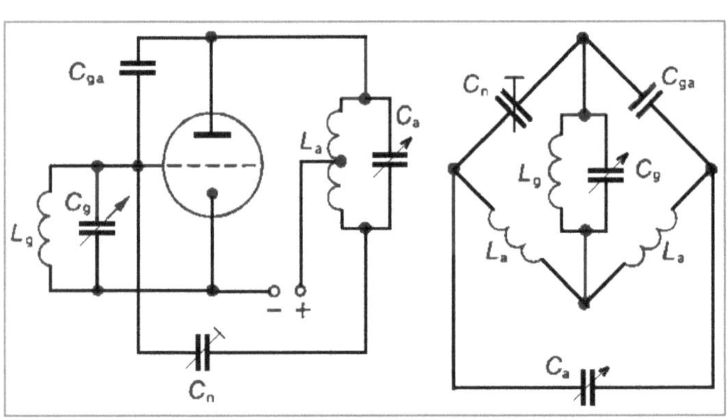
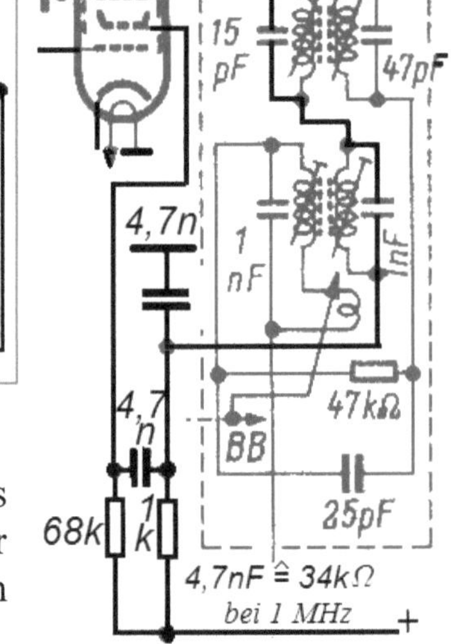

⇑**Bilder 3-18-a/b**⇑

Das bedeutet nicht, das die in den Radios implementierten Schaltungen zur Neutralisation so klar überschaubar sind. Sie stellen sich oft unübersichtlich dar, siehe rechts im   **Bild 3-19** ⇒

Weil in manchen Schaltungsvarianten ein Kondensator mit wenigen pF die Neutralisation bewirkt, könnten auch zwei verdrillte Drähte der Neutralisation dienen. Schaltungen zur Neutralisation im Zf-Verstärker sind als Vorsichtsmaßnahme zu verstehen, und manchmal schwer lokalisierbar. Denn oft reicht nur ein veränderter Wert eines Bauteils für unerwünschte Kopplungen. Reduziert man zum Beispiel den Wert eines Kondensators der eigentlich

Hochfrequenzen abblocken soll, so wird er etwas durchlässig. Beim Aufbau eines Zf-Verstärkers orientiert man sich daher besser an einer der in unendlicher Vielfalt vorhandenen Schaltungen.

Das Bild rechts zeigt eine typische Anordnung einer auf das Schirmgitter gerichteten Gegenkopplung.

Bild 3-20→

(Darstellung aus dem Leserseminar 2/2017)

Literatur:

P25 Die Rückwirkung über die Gitter-Anoden-Kapazität

P32 Die Neutralisation

P95 Theorie und Praxis der Gegenkopplung

P99 Neutralisationsschaltungen Telefunken Laborbuch Band 1: *Sicherheit gegen Selbsterregung sowie Stabilität in Hf- und Zf- Stufen*

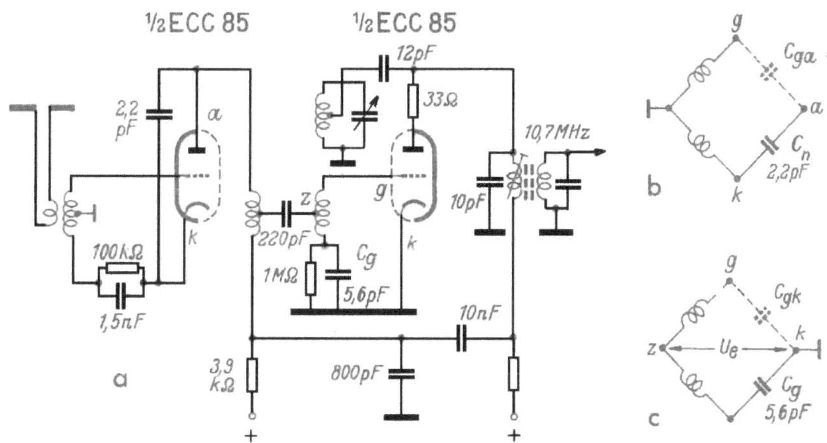

In der Anlage **P239** wird eine Neutralisation im UKW-Tuner des Philips-Jupiter 543 A (Modelljahr 1955) anhand der folgend abgebildeten Prinzipdarstellung beschrieben: *Bild 3-21⇓*

UKW-Teil des Philips-Jupiter; b=Neutralisierung der Hf-Vorstufe, c=Entkopplung des Oszillators

3.2.2 Regelung und Begrenzung im Hf-Bereich

Im AM-Bereich wird die bei der Demodulation entstehende negative Gleich-spannung auf die Steuergitter der vorgeschalteten Röhren *(EF-, ECH-)* geführt. Diese Verbindung ist häufig mit den Buchstaben "AVR" *(Automatische Verstärkungsregelung)* gekennzeichnet *(s. auch Bilder 3-25/35)*.

In der Anlage **P127** findet man dazu den folgenden Hinweis:
Der Ratiodetektor regelt das Bremsgitter der EF 89 beim FM-Empfang, der AM-Detektor liefert die Regelspannung für ECH 81 und EF 89.

Die Realisierung im FM-Bereich finden wir in großer Variantenvielfalt vor. Dafür wird die im Ratiodetektor entstehende negative Spannung benutzt, die man dann im Stromlaufplan verfolgen kann. Meist werden die Steuergitter im Zf-Verstärker, oder auch das Gitter der ersten Triode im UKW-Tuner mehr oder weniger negativ vorgespannt. Auch die Steuerung des Bremsgitters der letzten Zf-Röhre ist üblich *(s. dazu Bild 3-35)*.

Seltener findet man eine Steuerung der Begrenzung ohne die vertraute Regelspannung, die dann nur noch dem Gitter der Abstimmanzeigeröhre zugeführt wird. So suchen wir die Regelspannung in den Bildern 3-12, 3-13 und 3-36 vergeblich. Bei den sogenannten Prinzipschaltbildern fehlen oft Einzelheiten, aber auch das vollständige Schaltbild Caprice *(S.154)* hilft uns nicht weiter. In einer ausführlichen Beschreibung findet man an anderer Stelle den folgenden Satz:

⇓ ***Bild 3-22***

"Die Begrenzung bzw. deren Einsatz hängt von der Zeitkonstante der im Zuge Gitter – Kathode der Zf-Röhren (EF89, EF85, bzw. EF80) liegenden R-C Kombination ab. Bekanntlich wird die Begrenzerröhre nicht mit einer festen Gittervorspannung betrieben, sondern die Verstärker- und Begrenzerwirkung wird durch das RC-Glied, dessen Zeitkonstante und durch die Wahl des Arbeitspunktes (Schirmgitter-spannung) bestimmt. Die Begrenzung soll möglichst schon bei schwachen Sendern einsetzen."

Bild 3-23 ⇓

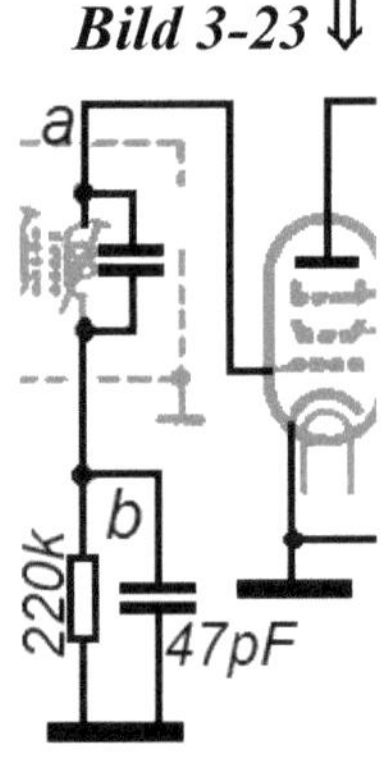

Mit dem Oszillogramm links zum Bild rechts wird die Begrenzung der Zwischen-frequenz verständlich.

Die Darstellung der so entstehenden negativen Gleichspannung findet man selten näher erläutert. Greift man auf eines der Anfang der 50er Jahre viel gelesenen "Bastelbücher" von Heinz Richter zurück, findet sich eine Spur:

"Erhält nun der Schwingungskreis eine kräftige Hochfrequenzspannung, so beginnt ein Gitterstrom in der Röhre zu fließen, der eine Aufladung des Kondensators C zur Folge hat. Infolgedessen bildet sich eine negative Vorspannung aus, die den Arbeitspunkt der Röhre in Kennliniengebiete mit kleinerer Steilheit verschiebt, so daß die Röhre weniger verstärkt."

(RADIOTECHNIK FÜR ALLE, 1949)

Bild 3-24 →

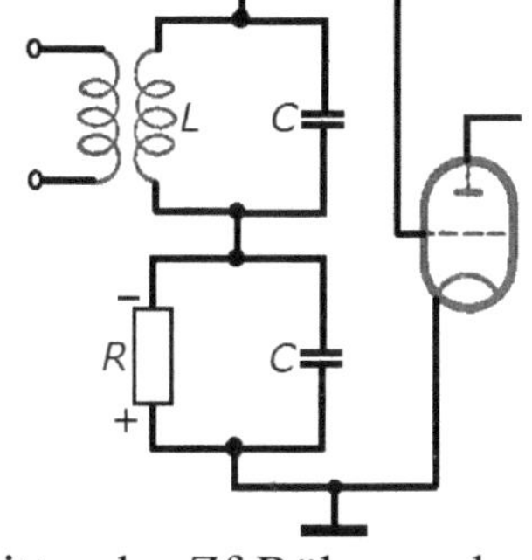

Betrachtet man die Zf-Stufen für getrennt aufgebaute AM- und FM-Bereiche fällt eher auf, dass im FM-Bereich in den einzelnen Stufen eine Begrenzung wirksam wird, während man im AM-Bereich eher die über mehrere Stufen wirkende Regelspannung findet.

Die folgende Abbildung zeigt nochmals – zur Übung – den Weg der AM-Regelspannung (AVR) und die entsprechenden Schaltungen im FM- Bereich zum Bremsgitter der Zf-Röhre und – wie oben beschrieben – die Begrenzung am Steuergitter durch *R1* und *C2*. Weiter fallen drei Kondensatoren *C3 (1pF)* auf, die bei beiden Röhren einen Rückkopplungspfad herstellen, der die Bandbreite verringert und damit die Trennschärfe erhöht *(s. **P127** Blaupunkt Granada 20300)*

⇓ **Bild 3-25** ⇓

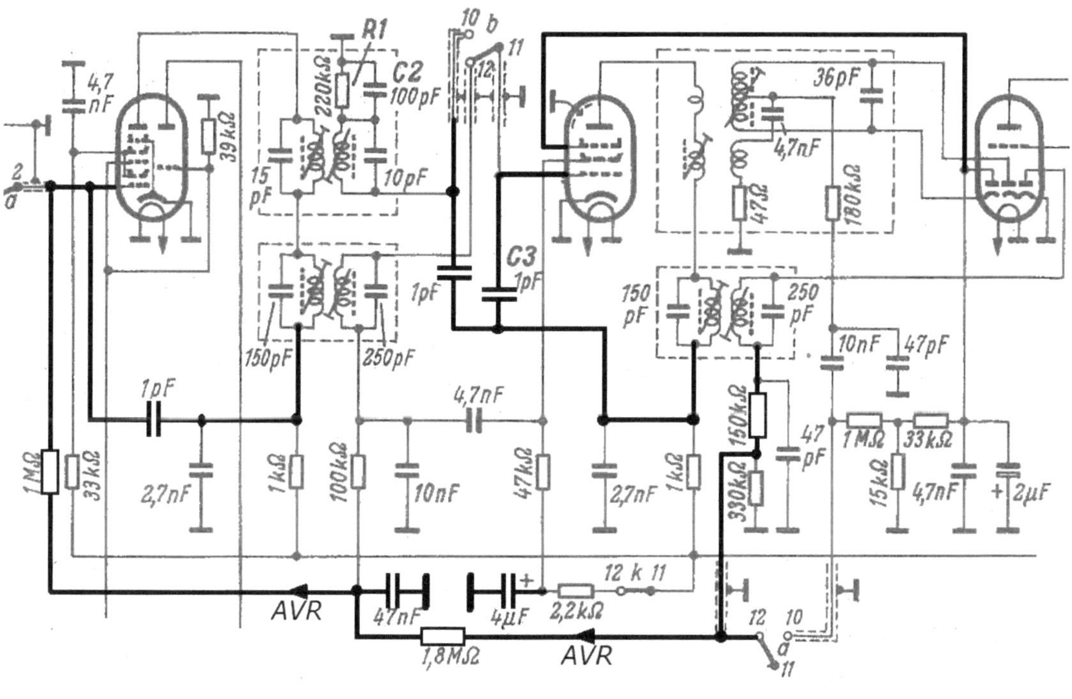

In der Anordnung der Schaltungen zur Regelung und Begrenzung der Signale im Hf-Bereich stand den Entwicklern eine fast unendliche Vielfalt an Lösungsmöglichkeiten zur Verfügung.

Für den Leser erschließt sich damit ein entsprechend großes Feld bei der Übung "*Schaltplan lesen*". Im ⇓ ***Bild 3-26*** ⇓ sieht man eine eher seltene, aber über-

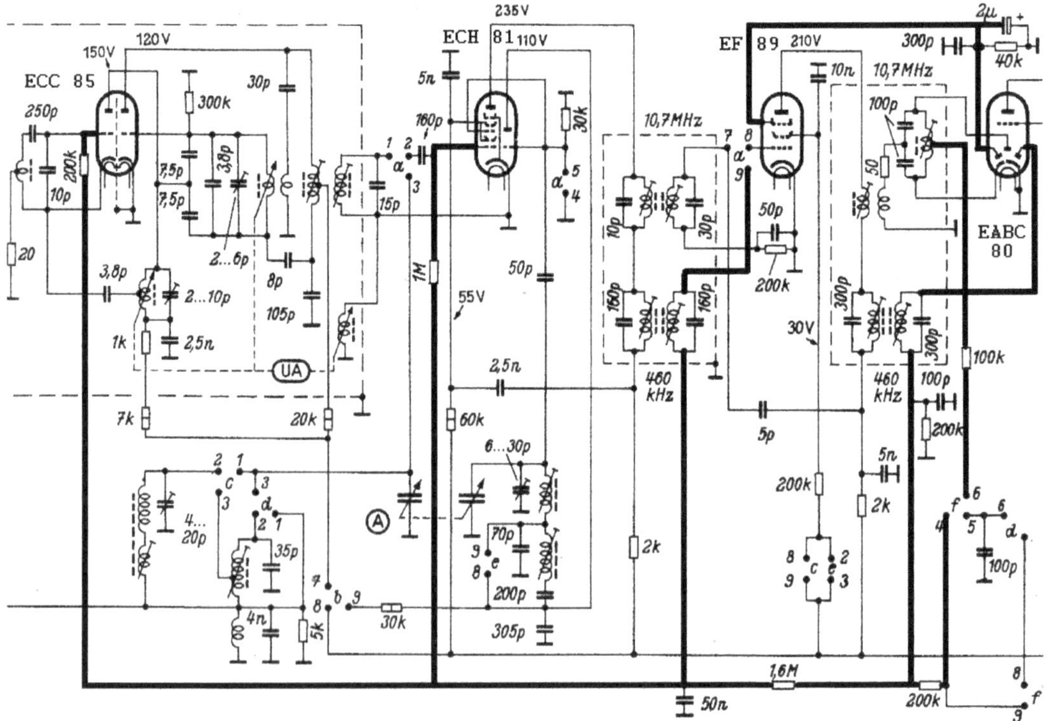

schaubare Anordnung in der *Jubilate 55* von Telefunken *(Funkschau Schaltungssammlung Band 1955, Nummer 31)*:

Die negative Regelspannung wird in den Demodulatoren erzeugt und im AM-Betrieb den Steuergittern beider Röhren im Zf-Bereich zugeführt. Das Bremsgitter der Zf-Röhre EF 89 erhält im UKW-Betrieb eine Begrenzung durch die negative Spannung des Ratiodetektors, die auch am Steuergitter der ECC 85 liegt. Das Gitter der EF 89 erfährt im FM-Betrieb eine zusätzliche Begrenzung durch das an der Kathode liegende 50p – 200k – Glied. Im AM-Betrieb liegt das Bremsgitter der EF 89 über 40 kΩ an Masse.

Die Funktion der Regelung lässt sich leicht prüfen: man wird feststellen, dass sich die am Ausgang des Ratiodetektors nachgewiesene Gleichspannung nach Erreichen eines maximalen Wertes – auch nach Erhöhung des Eingangssignales – nicht weiter erhöht. ⇓ *Bild 3-27* ⇓

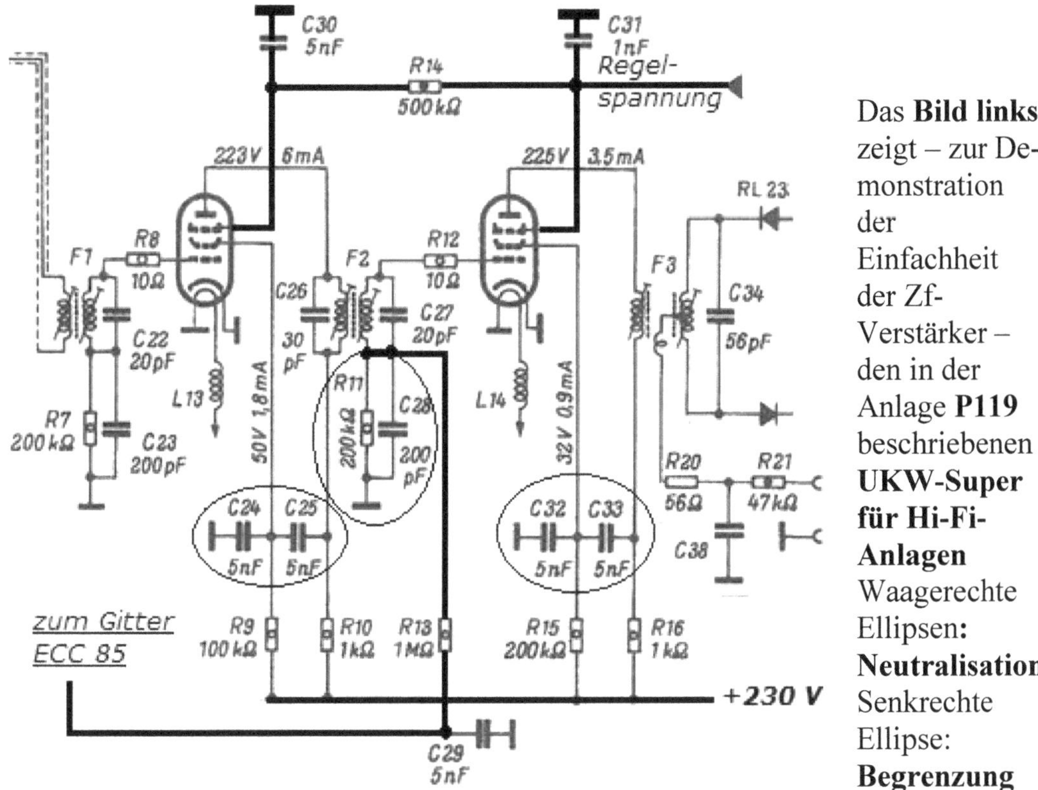

Das **Bild links** zeigt – zur Demonstration der Einfachheit der Zf-Verstärker – den in der Anlage **P119** beschriebenen **UKW-Super für Hi-Fi-Anlagen** Waagerechte Ellipsen: **Neutralisation** Senkrechte Ellipse: **Begrenzung**

In der Fachliteratur der 50er Jahre wurde der Begriff "regeln" etwas großzügig verwendet. Heute unterscheiden wir *(normgerecht)* zwischen "*steuern*" und "*regeln*": Wird die negative Gleichspannung vom Ratiodetektor auf das Bremsgitter der Vorröhre oder weiter zurückliegende Steuergitter zurückgeführt, so handelt es sich um eine Regelung. Daraus resultiert der Begriff der *Regelspannung*. Wird diese Gleichspannung an das Gitter einer Abstimm-Anzeigeröhre geführt, so handelt es sich um eine Steuerung. In der Literatur der 40er Jahre findet man auch die Begriffe *Vorwärts-* und *Rückwärtsregelung*, auch in den 50er Jahren wird noch von der Rückwärtsregelung gesprochen. Solche sprachlichen Bereinigungen dauern viele Jahre, was auch die noch andauernde Mutationsphase vom *Schraubenzieher* zum *Schraubendreher* zeigt.

3.3 Zf-Verstärker(-stufen) selbst aufbauen

Schon im zweiten Band wurde gezeigt, dass im Bereich der Hochfrequenzen fliegende Aufbauten nicht mehr zu verwertbaren Ergebnissen führen. Jeder Draht hat eine Induktivität und eine Kapazität, vor allem aber muss auf die Masseverbindungen geachtet werden, um unerwünschte Kopplungen, die nicht immer hörbar werden, zu vermeiden. Die Folgen würde man beim Wobbeln des Zf-Verstärkers oder einzelner Stufen am Bildschirm erkennen.

Das *Bild 3-2* bildet insofern eine Ausnahme, da es sich hier lediglich um einen Funktionstest handelt, es werden keine Messergebnisse gewonnen, man trainiert das *"Fingerspitzengefühl"*. Erst danach sollte man sich an sensible Messungen heranwagen. Ein Zf-Verstärker hat zudem die Eigenschaft, dass die einzelnen Stufen miteinander wechselwirken. Der Austausch eines zerstörten Bandfilters gegen ein weitgehend baugleiches des selben Herstellers ist sicher möglich. Es ist hilfreich, sich vorher mit den Übungen gemäß Bild 3-2 bis 3-4 warmzulaufen. Ein größeres Unterfangen, wie es zum Beispiel die Vergrößerung der Bandbreite für den Stereo-Rundfunk darstellt, wird durch die schlechte Zugänglichkeit der meist dicht verbauten Filter behindert. Hier kann es sinnvoll sein, den Zf-Verstärker neu separat aufbauen, so wie wir das schon im zweiten Band mit den Referenz-baugruppen kennengelernt haben. Der Zf-Verstärker mit Ratiofilter wurde bereits im Band 2 - Abschnitt 7 behandelt.

Hat man sich mit den Bandfiltern durch die vorgenannten Versuche etwas angefreundet und die Neutralisation verstanden, stellt sich der Zf-Verstärker sehr einfach dar.

Der Umgang mit den Verstärkerstufen des Nf-Bereiches ist ungleich schwieriger, weil die zahlreichen Rückkopp-lungspfade unkontrollierte Schwingungen auslösen können.

Denn ohne das Bandfilter gibt es im Zf-Verstärker rund um die Röhre nur wenige Bauteile, wie auch das rechts gezeigte Bandfilter aus *Caprice (S. 154)* nochmals zeigt: ***Bild 3-28→***
Wir erkennen die Schirmgittergegenkopplung mit 2 Bau-teilen und rechts das RC-Glied für die Begrenzung *(s. auch Bild 3-20 im Abschnitt 3.2.1).*

3.3.1 Das besondere Gerät? *Biennophone-Celerina*

Der Leser könnte nun das Buch beiseite legen und mit Hilfe des Schaltplans in der Anlage **P132** versuchen, eventuelle Besonderheiten zu erkennen.

Informationen zu Biennophone findet man unter: www.biennophone.ch

a) Hier sind die Empfangsbereiche AM / FM im Hochfrequenzbereich getrennt aufgebaut, man hat quasi zwei Empfänger. Das hat den Vorteil, dass die Schaltungen dem mehr als 20-fachen Unterschied bei den Zwischenfrequenzen angepasst werden können. Auf den ersten Blick fällt schon die Anzahl der Verstärkerstufen im UKW − Bereich auf.   ⇓ *Bild 3-29* ⇓

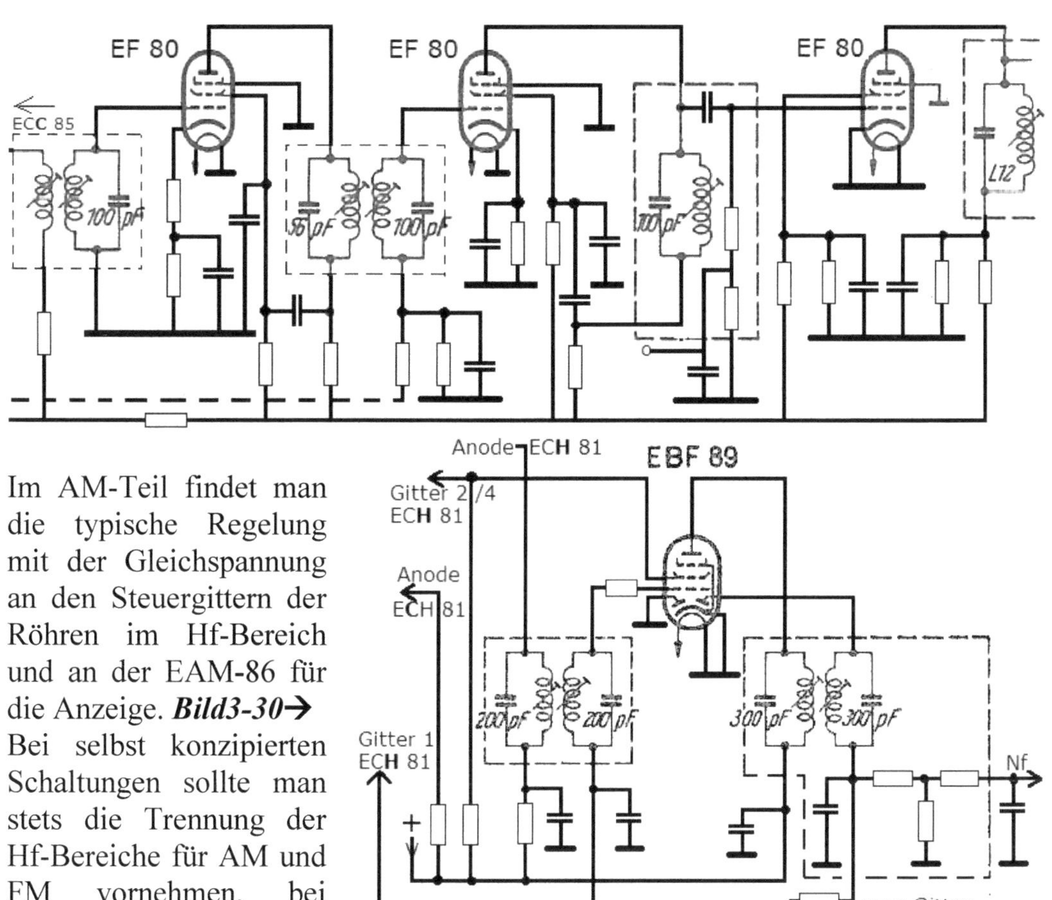

Im AM-Teil findet man die typische Regelung mit der Gleichspannung an den Steuergittern der Röhren im Hf-Bereich und an der EAM-86 für die Anzeige. *Bild3-30→* Bei selbst konzipierten Schaltungen sollte man stets die Trennung der Hf-Bereiche für AM und FM vornehmen, bei Kurzwellenempfang jedoch mehrere Stufen im AM-Bereich vorsehen. Für Fortgeschrittene bliebe die Option auf eine Doppelüberlagerung im Kurzwellenbereich.

b) Ein Fehler im Schaltplan?

Die an das Steuergitter der Abstimm-Anzeigeröhre herangeführten Gleichspanungen sind wichtige Orientierungspunkte in unübersichtlichen Schaltplänen. Sie führen zu den Demodulatorstufen. Im Celerina-Plan findet man den entsprechenden Schaltkontakt "*1*o" des FM-Bereiches nicht belegt vor, siehe im

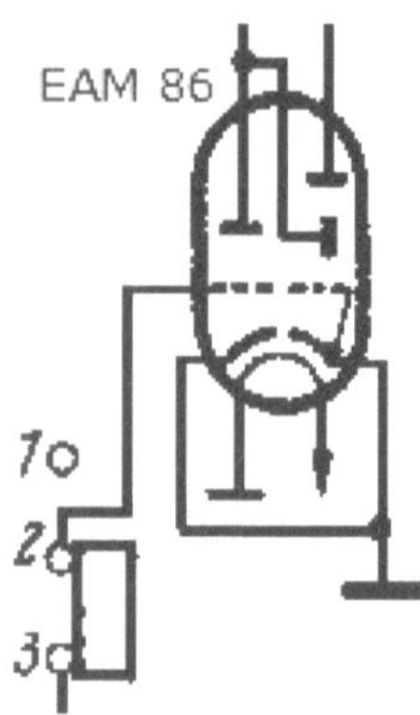

⇐ *Bild 3-31*. Mit viel Fantasie findet man eine Stelle im Zf-Verstärker, die vermutlich mit dem Schaltkontakt vor der Anzeigeröhre verbunden werden muss. In dem im *Bild 3-29* gezeigten Schaltplanausschnitt findet man in der Mitte unten eine "o-" Markierung, die als Anschlusspunkt verstanden werden kann, aber ungewöhnlich für eine Steuerspannung der Anzeigeröhre ist. In späteren Ausgaben der Pläne wurde diese Verbindung gezeichnet, aber auch mehrfach korrigiert.

Werfen wir noch einen Blick auf den Demodulator im UKW-Bereich:

c) Ratiodetektor ?   *Bild 3-32*→

Nun gab es schon ein Problem, weil die Regelspannung nicht auffindbar war. Fast übersehen könnte man noch eine vermutlich falsche Polung der Dioden D1 und D2. Denn normalerweise findet man an dieser Stelle den uns schon fast vertrauten Ratiodetektor. Hier überrascht uns eine

Phasendiskriminator-Schaltung (*s. Bild rechts und Bild 16* in **P27**), was dem Verfasser des Artikels **P132** entgangen war,

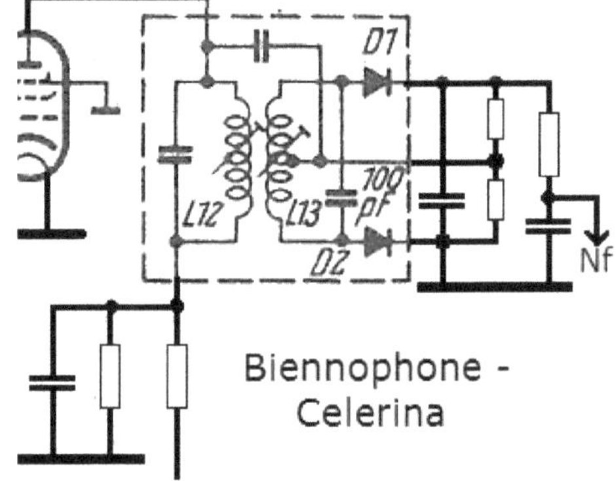

er spricht vom Ratiodetektor. Spätere Erfahrungsberichte sind weniger begeistert als der Autor des Empfängerberichtes **P132**. Die Dioden sind also richtig gezeichnet, eine negative Regelspannung steht daher nicht zur Verfügung.

Es muss demnach noch vor dem Phasendiskriminator einen Begrenzer geben, der auch die negative Spannung für die Röhre EA**M** 86 liefert:

Das Steuergitter der rechts im Bild 3-29 gezeigten EF 80 liegt gleichstrommäßig auf Masse. Sobald jedoch die von der Vorröhre gelieferte Wechselspannung größer wird, beginnt in der Röhre rechts ein Gitterstrom zu fließen, die Röhre wird durch die positiven Halbwellen ausgesteuert. Die negativen Halbwellen laden den in der Gitterzuleitung befindlichen Kondensator auf, weil an dem dazu parallel liegenden Widerstand eine Spannung abfällt *(s. Bild 3-23 im Abschnitt 3.2.2)*.

Man wird in der Fachliteratur der 50er/60er Jahre, die sich mit Schaltungen der FM-Demodulation befassen, kaum noch einen Phasendiskriminator finden, der Ratiodetektor war bereits Standard.

Fazit: Es handelt sich nicht nur um das besondere Gerät, sondern auch um den besonderen Bericht.

Wie kann sich der Leser gegen Fehlinformationen schützen?
Man orientiert sich nach Möglichkeit an Original-Schaltplänen. Der im Beitrag **P132** gezeigte Plan ist ist kein Original des Herstellers. Es fehlen eine genaue Modellnummer und weitere Angaben im unteren Bereich des Plans. Der Plan entspricht dem Modell 6100 – Celerina/Garant. Dieser Plan weist das Erstellungsdatum *30.5.60* aus. Das nachfolgende Modell 6200 – Celerina/Garant kam 1962 mit Veränderungen bzw. Korrekturen im FM-Zf-Verstärker, die Gleichspannung für die Anzeigeröhre ist jetzt im Schaltplan vorhanden. Zur Erzeugung der Regelspannung für den FM-Tuner wurde noch eine Diode spendiert. ***Und nun?***

Weitermachen: es handelt sich zweifellos um einen Extremfall der Empfängerberichte, der mir als Verfasser so noch nie begegnet ist. Wir merken uns: nur Originalpläne verwenden! Im Abschnitt 2.3.4 wurde auch auf mögliche Druckfehler in Originalplänen hingewiesen und aufgezeigt.

Man kann auch davon ausgehen, dass Geräteberichte von in der Bundesrepublik Deutschland vertretenen Herstellern in enger Abstimmung bearbeitet wurden. Diesbezügliche Hinweise findet man gelegentlich in den Berichten.

3.3.2. Die Versuchsschaltung

Nachdem wir nun wissen, dass ein Zwischenfrequenzverstärker eher einfach verdrahtet ist, bauen wir die Versuchsschaltung so auf, dass der Baustein später eine Verwendung finden kann: In einer Referenzbaugruppe zum Experimentieren, als Ersatzteil oder als Baustein eines neu konzipierten Empfängers. Hier wird folgende Vorgehensweise empfohlen:

Wir kopieren den Zwischenfrequenzverstärker aus einem möglichst übersichtlichen Schaltbild, hier des bereits gezeigten Gerätes *Caprice* von TELEFUNKEN (s. *Bild 3-12*).

Wer sich noch nicht sicher fühlt, kann sich auch am Grundig-Super-87 *(Bild 3-35)* orientieren, eine Beschreibung findet sich in der Anlage **P140**.

Man baut den Zf-Verstärker zunächst auf einer kupferbeschichteten Platine auf, hier lassen sich die für die Filter erforderlichen Durchbrüche relativ einfach herstellen und die Röhrenfassungen richtig positionieren. Die auf Masse liegende Cu-Beschichtung ist auf der Oberseite, damit auf der Unterseite keine unkontrollierten Masse-Stützpunkte entstehen können.

Bild 3-33 ⇑

Bild 3-33 zeigt die obere und untere Seite des Versuchsaufbaus.

Für weitere Bestückungen wurde ein Ausschnitt der bekannten Experimentier-platinen mit doppelseitigem Klebeband fixiert. Die Haftung ist dauerhaft ausreichend, die Platine kann aber auch wieder – ohne

Spuren zu hinterlassen –   *Bild 3-34* ⇒

entfernt werden.

Damit hat man die Chance, den Ratiodetektor immer neu aufzubauen, und Varianten zu testen.

Das bereits im *Bild 3-32* gezeigte Ratiofilter (s. **P132)** hat die Dioden im Gehäuse des Filters untergebracht, wie auch im Bild rechts.

Danach sind die kurzen Verbindungen nicht mehr so wichtig, man kann ohne Risiko mit dem Rest der Ratioschaltung experimentieren. Es verbleiben maximal 10 Bauteile, Kleingeräte kommen auch mit 5 zusätzlichen Bauteilen aus wie im

168

Bild rechts *(Grundig-Super-87)* verbaut, s. Anlage **P140**.

Bild 3-35→

Bild 3-35 zeigt auch die Begrenzung durch Zuführung der negativen Regelspannung an das Bremsgitter der Röhre (*s. Abschnitt 3.2.2*).

Die R-C Anordnung vor dem Steuergitter wurde auch im Bild 3-12 besprochen. Wenn man nun mit der Funktion dieser Parallelschaltung vertraut ist, wird man staunen, wie oft zu diesem *"Trick"* gegriffen wurde.

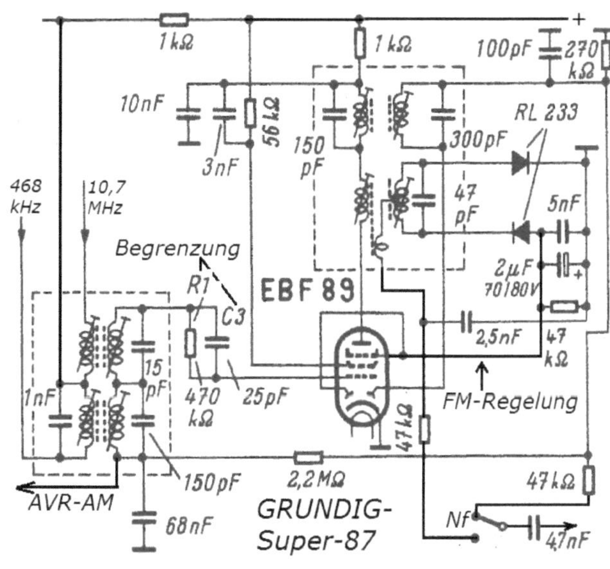

Für erste Versuchsschaltungen sollte man mit entsprechend einfachen Demodulatorschaltungen arbeiten, um mögliche Fehlerursachen einzugrenzen. Man kann zum Beispiel mit einer einfachen Schaltung im FM-Bereich *(nach Bild 3-34)* beginnen, also *"von hinten"* anfangen, und später eine weitere Zf-Stufe davor anordnen.

Aber zurück zu unserem Aufbau gemäß Bild 3-33: Die Prüfungen der Funktion des Zf-Verstärkers wurden im Abschnitt 7 des zweiten Bandes beschrieben. Im Bild 3-33 wird rechts oben beispielhaft die 90° Phasenverschiebung im Resonanzfall gezeigt, die sich auch mit einem Kreis *(s. Band 2, Seite 122)* nachweisen lässt.

Die im Versuchsaufbau fehlende Spule des Eingangsbandfilters wurde durch einen 470 kΩ Widerstand ersetzt, das Prüfsignal *(10,7 MHz)* kann über einen Kondensator im zweistelligen pF-Bereich eingekoppelt, oder auch eingestreut werden. Im Band 2 *(Abschnitt 6.6.1)* wurde der Aufbau eines einfachen quarzstabilisierten 10,7 MHz - Generators gezeigt.

Nachdem die Baugruppe wie geplant funktioniert, wird diese beiseite gelegt, bis das Gesamtkonzept des Vorhabens klar ist. Diese Reihenfolge ist insofern sinnvoll, weil das Projekt *"Zf-Baugruppe"* auch scheitern kann und damit auch eine bereits erstellte Gesamtplanung hinfällig würde. Sobald alle funktional gegliederten Schaltungen erprobt wurden, wird man die bestmögliche Gliederung der Bausteine ermitteln, also die Aufteilung auf verschiedene Chassisplatten planen. Dafür wählt man Cu, Messing oder Stahl, je nach Geschmack, hochglänzend oder matt. Es soll ja auch ein Hingucker werden. Es gibt kleine

Werkstätten, die erforderliche Löcher und Durchbrüche – nach einer genauen Zeichnung mit einer noch schmerzfreien Rechnung herstellen.

Bei den hier verwendeten Bandfiltern ist die Kopplung einstellbar, was weitere Experimente ermöglicht.

Die Neutralisation über die Schirmgitter der Zf-Röhren ist deutlich erkennbar.

Die Prüfung des Zf-Verstärkers erfolgt zuerst Stufe für Stufe. Wenn die erforderliche Bandbreite eingestellt ist, brauchen wir nur noch einen UKW-Tuner. Für weitere Versuche wäre der im Band 2, Abschnitt 8.2.8 vorgestellte Referenztuner geeignet.

Zur Vertiefung eignen sich folgende Beiträge:

P20   Röhrengekoppelte Resonanzkreise, Rundfunkbandfilter *(Funktechnische Arbeitsblätter Sk 41 – 16 Seiten)*

P25   Die Rückwirkung über die Gitter-Anodenkapazität *(Funktechnische Arbeitsblätter Vs83 – 9 Seiten)*

P32   Die Neutralisation *(Funkschau 18/1961 – 6 Seiten)*

P99   Neutralisationsschaltungen *(Telefunken Laborbuch Band 1 – 5 Seiten)*

P100   Zf-Bandfilter *(Telefunken Laborbuch Band 1 – 4 Seiten)*

Und für die hier verwendeten Bandfilter:
http://www.roehrentechnik.de/html/zf-bandfilter.html

Zu den Prüfungen gehört auch der Nachweis der 90° Phasenverschiebung zwischen Primär- und Sekundärkreis im Resonanzfall. *(s. im Bild 3-33 oben rechts und im Band 2, Abschnitt 7).*

Bei der im Bild 3-12 verwendeten Schaltung wird die Begrenzung über die Steuergitter beider Stufen erreicht, so dass deren Funktion sofort geprüft werden kann: Die Ausgangsspannung erreicht einen Wert, der auch bei Erhöhung der Eingangsspannung nicht weiter zunimmt.

Nun wird uns das Entschlüsseln der Schaltung eines Zf-Verstärkers nicht mehr schwer fallen:

Wir lokalisieren eine RC-Parallelschaltung vor dem Steuergitter *(im mittleren Kreis)* und die Neutralisationsschaltung *(s. Abschnitt 3.2.)*

Bild 3-36 →

Die Schaltung wird in der Anlage **(P145 -** *W 5100 Einbausuper)* besprochen.

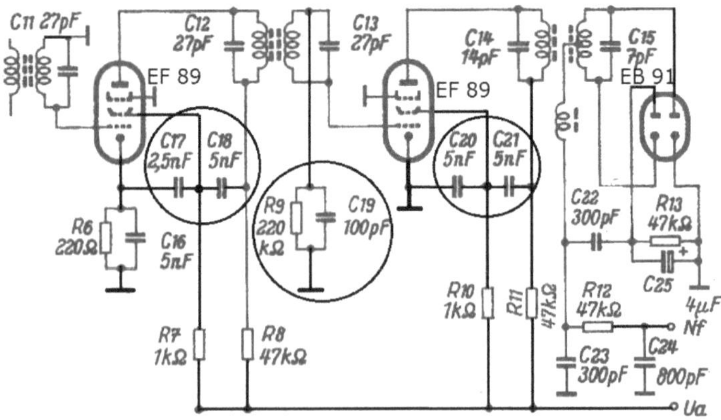

3.3.3 Der Ratiodetektor …

… wurde im zweiten Band ausführlich besprochen (s. auch **P139**). Eine weitere Vertiefung des Themas findet man in den Anlagen

P27: Diskriminatorschaltungen, *(Funktechnische Arbeitsblätter, 11 Seiten).*

P35: FM-Demodulatoren *(Für den jungen Funktechniker, 8 Seiten).*

P62: Die Bemessung des Ratiodetektors *(Ingenieurseiten, 3 Seiten).*

P103: Ratiodetektor (Verhältnisgleichrichter) mit Röhrendioden *(3 Seiten)*

Es sollte nun leicht fallen, mit jedem vorhandenen Ratiofilter einen vollständigen Ratiodetektor aufzubauen bzw. umzubauen oder eine neue Schaltung nach eigenen Vorstellungen zu entwerfen. Man hat die Wahl aus unzähligen Schaltbildern oder Beispielen aus der Fachliteratur.

Band 2 zeigt in den Abschnitten 6.4 (s. **P139**) und 6.5 den Umgang mit dem Ratiodetektor aus dem Modell Freiburg Automatic 7 von Saba. Die mit Germaniumdioden ausgestattete Schaltung stellt sich übersichtlich dar.

Für Röhrendioden steht die bewährte EABC 80 oder die EB91 *(s. im Bild rechts)* zur Verfügung.   ***Bild 3-37→***
Röhren sehen dekorativer aus, und bei Verwendung einer EABC fehlt nur noch die Endstufe des Nf-Verstärkers.

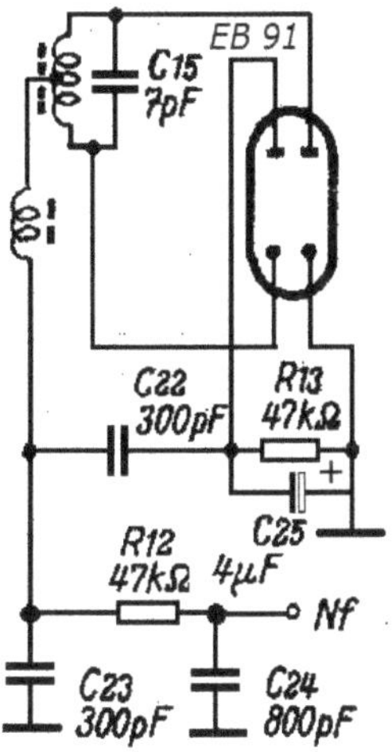

In der zweiten Hälfte der 50er Jahre wurden auch Germaniumdioden im Ratiodetektor verbaut, denn für Stereoverstärker wurde eine EABC nicht mehr gebraucht.

Im Telefunken Laborbuch *(Band 1, 5. Ausgabe 1962)* findet man Beispiele mit Röhrendioden (**P101**) und mit Germaniumdioden (**P102**).

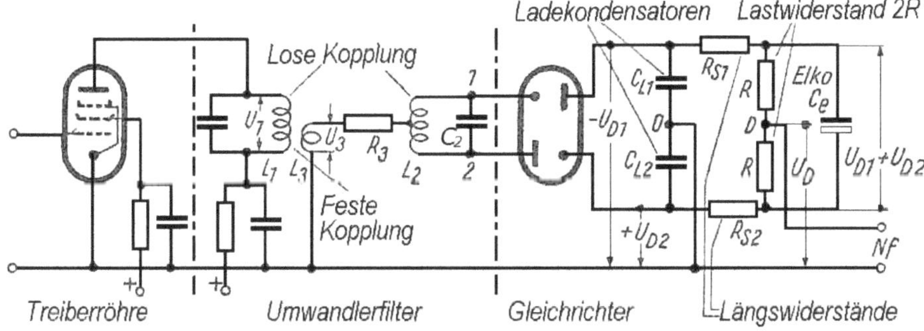

Bild 3-38 ⇑   *TELEFUNKEN Laborbuch Band 1, 5. Ausgabe 1962*

Als Treiberröhren werden z.B. EF 41, EAF 42, oder EF 89 genannt. Die Schaltung wird in mehreren Varianten besprochen.

Die Telefunken-Laborbücher können auch als Lehrbücher aufgefasst werden, sie waren treue Begleiter an den Fachschulen. **Bild 3-39** ⇓

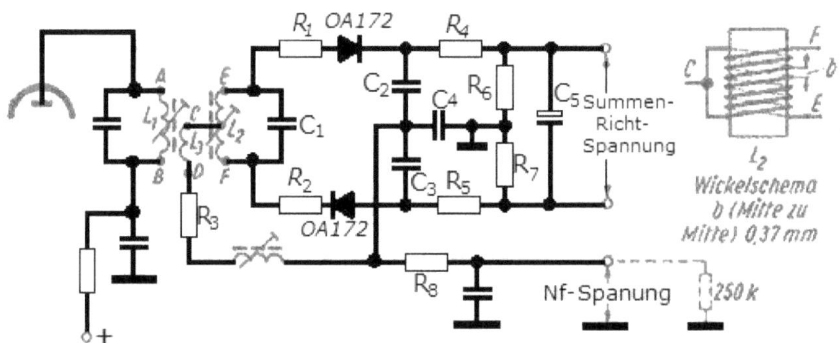

TELEFUNKEN Laborbuch Band 1, 5. Ausgabe 1962 (s. P102).

Dabei fällt auf, dass die Version mit Germaniumdioden, bezogen auf das Masse-Potiential, symmetrisch aufgebaut ist. Das ist bei Verwendung einer Röhre vom Typ EABC 80 nicht möglich, weil bei zwei Dioden die Kathoden mit der Kathode des Triodensystems verbunden sind. *Siehe rechts im*

Bild 3-40→

Die Germaniumdioden vom Typ AA113 sind noch handelsüblich.

Der symmetrische Ratio-Detektor mit Germaniumdioden wird auch in der Anlage **P35** gezeigt und der unsymmetrischen Version mit Röhrendioden gegenübergestellt.

In der Anlage **P62** *(Ingenieurseiten der FUNKSCHAU 15/1956)* finden wir eine dem Beispiel oben entsprechende Ratiodetektorschaltung, die hier mit den Anschlüssen *(1 bis 5)*

s. im **Bild 3-41**→

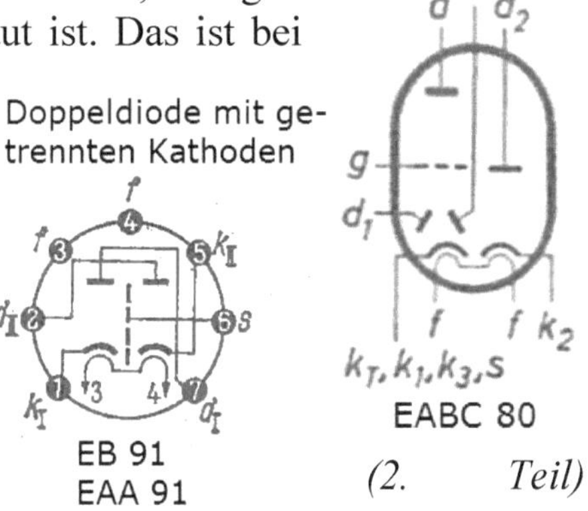

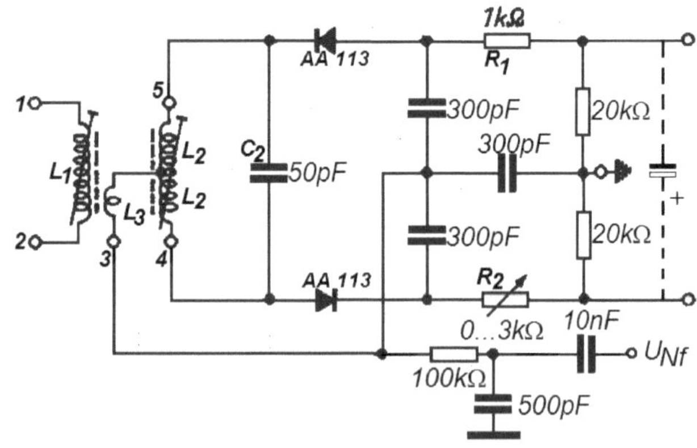

des Ratiofilters der Firma Reinhöfer gezeichnet wurden. Der hier nicht gezeigte Ratioelko wird bei Telefunken (C_5 im *Bild 3-42*) mit 2µF angegeben.

In den Telefunkenunterlagen wird auf einen möglichen Bereich von 2 bis 10 µF hingewiesen. Man kann die Größe auch mit der von der Abstimm – Anzeigeröhre gewünschten Trägheit abgleichen. Auf eine Spannungsfestigkeit im Bereich 60 bis 100 Volt ist zu achten.

In der Anlage **P62** wird die Bemessung der vollständigen Schaltung besprochen. Die Schaltung stellt sich wie folgt dar: ***Bild 3-42*** ⇓

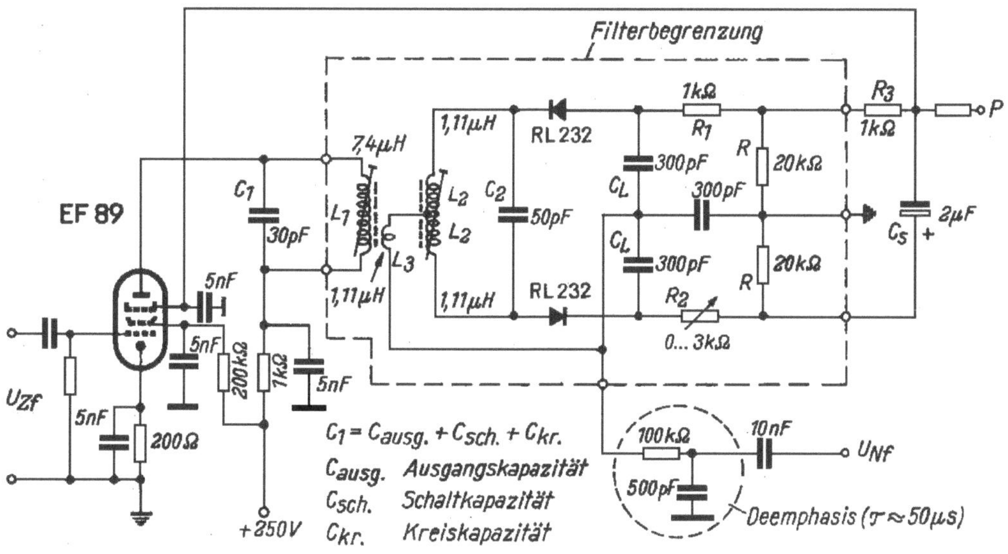

Ratio-Detektorstufe mit Richtleiterpaar RL 232 (Gesamtschaltung)

Textauszug: „*Im Punkt P kann man außer einer Regelspannung für die Vorstufe gegebenenfalls auch die Spannung für eine automatische Unterdrückung des Rauschens bei zu kleinem Eingangssignal abgreifen*".

Eine weitere Beschreibung des Ratio-Detektors findet sich – neben anderen Diskriminatorschaltungen – im Funktechnischen Arbeitsblatt Gl 21 der Funkschau, s. Anlage **P27**.

Es geht auch einfacher, wie das bereits im Kapitel 3.1.1 vorgestellte Modell Caprice von Telefunken zeigt *(Bild 3-12)*: Die Verdrahtung des Filters weicht jedoch von den bisher besprochenen Varianten ab *(S. dazu auch Band 2, Seite 103)*.

Damit sind wir beim wichtigsten Detail angekommen: Die richtige Bewertung, Diagnose einer Schaltung, denn der Aufbau ist, wie wir gesehen haben, nicht schwierig. Man ist auf die Kenntnis der Daten einzelner Bauelemente angewiesen. Dafür sind auch Prinzipschaltungen (s. **P27**) geeignet.

Wenn nun alles klar ist, liegt der Gedanke nahe, einen UKW-Tuner vor den fertigen Zf-Verstärker zu schalten und den Empfang *von "echten"* Sendern zu demonstrieren. ***Bild 3-43*** →

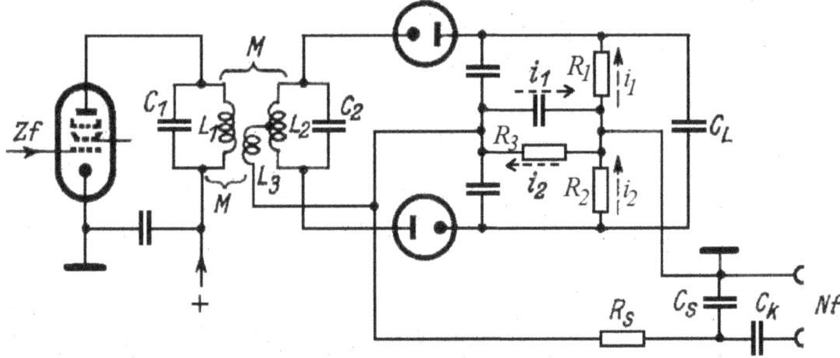

Grundschaltung des Verhältnis-Diskriminators (Ratio-Detektor)

Das Thema Referenztuner wurde schon im 2. Band diskutiert *(8.2.6 Ein Referenztuner?)* Aufgrund der beschriebenen Probleme wird die Funktion der Zusammenschaltung Tuner – Zf-Verstärker nachweisbar sein, aber möglicherweise wegen der Induktivitäten und Kapazitäten der Verbindungskabel keine Lösung bieten.

3.3.3.1 Symmetrisch oder unsymmetrisch?

Wir haben gelesen (**L14**), dass die symmetrische Version des Ratiodetektors nicht nur besser aussieht, sondern auch Vorteile hat:

"Außer symmetrischen Schaltungen werden auch unsymmetrische Schaltungen verwendet. Für sie werden weniger Bauelemente benötigt. Die Begrenzerwirkung ist jedoch schlechter".

Damit ist die Begrenzung von Störimpulsen gemeint, dieser Nachteil ist jedoch eher theoretisch zu sehen. Daher stand die Kostenersparnis im Vordergrund, man wird also kaum ein Gerät mit symmetrischem Ratiodetektor finden, auch wenn es technisch möglich wäre.

Wer schaltungstechnisch noch in der Lernphase ist, sollte mit einer möglichst einfachen unsymmetrischen Schaltung beginnen und – nach einem Erfolgserlebnis – entsprechend Bild 3-33 auf der austauschbaren kleinen Platine experimen-tieren, denn die Spannung am Ratioelko steht bei der symmetrischen Anordnung nur jeweils zur Hälfte positiv und negativ gegen Masse zur Verfügung. Das könnte für die üblichen Abstimm-Anzeigeröhren etwas knapp werden, die für eine maximale Anzeige eine Gleichspannung von −20 bzw. −22 Volt benötigen. ***Bild 3-44*** →

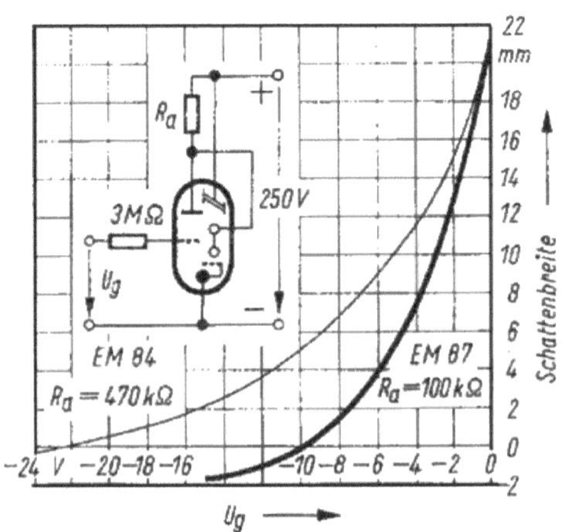

Alternativ käme eine EM 87 in Frage, deren Gitter bereits mit −10 Volt zufrieden ist. Das Bild 3-44 zeigt den Unterschied zwischen einer EM 87 und einer "normalen" EM 84. Der Sockel ist mit dem der EM 84 identisch, lediglich der Außenwiderstand R_a muss angepasst werden (*s. Anlage* **P105,** *Telefunken Laborbuch Band 3 – L9).* Die Röhre **EM 87** eignet sich auch für den Nf-Bereich, weil sich die Leuchtstreifen bei Übersteuerung überlappen und damit die Helligkeit erhöhen. Es ist eine Abstimmanzeige-Röhre für kleinere Schließ-spannung mit eingebautem Diodensystem für Abstimm- und Aussteuerungs-kontrolle.

3.3.4 Varianten zur Abstimm-Anzeige

Wir betrachten dabei einige besondere Röhren der Novalserie.

Der Aufbau einer Referenzbaugruppe *FM/AM Demodulator* mit einer EM 84 zur Abstimm-Anzeige wurde im Band 2 *(Abschnitt 6.6)* beschrieben. Röhren vom Typ EM xx sind für verschiedene Zwecke einfach verwendbar bzw. nachrüstbar.

Die Anlage **P83** zeigt ein einfaches Beispiel für eine Aussteuerungsanzeige im Nf-Bereich mit einer **EM 84** *s. Bild 3-45* →

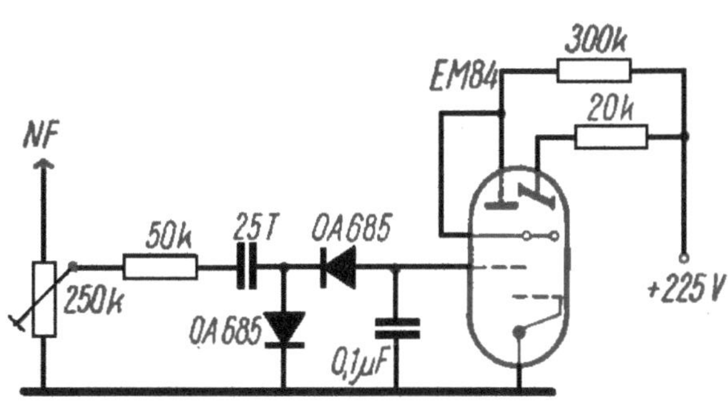

Im Abschnitt 3.3.1 wurde bereits eine **EAM 86** gezeigt, ohne auf deren Besonderheiten einzugehen. Diese Anzeigeröhre wurde nur in wenigen Radios verbaut, ist daher noch im Handel erhältlich und eignet sich für besondere Lösungen. Sie unterscheidet sich mit einem Durchmesser von 22,2 mm und einer Höhe von 43,6 mm auch äußerlich von den üblichen Röhren.

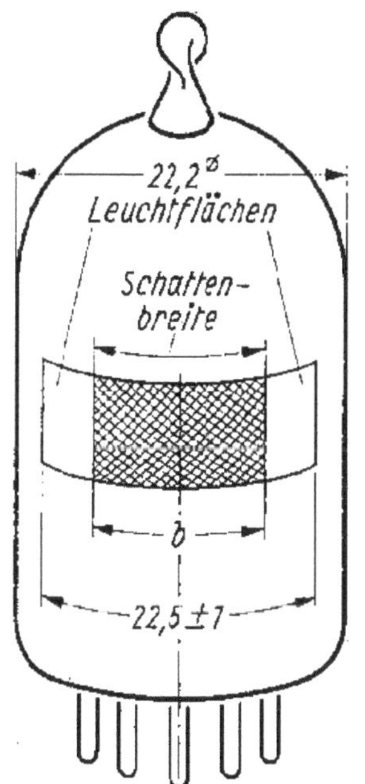

Es ist eine Abstimmanzeige-Röhre für kleine Schließspannung mit eingebautem Diodensystem. Die Diode wurde für den Einsatz in Tonbandgeräten zur Gleichrichtung des Nf-Signals gebraucht. Die waagerecht angeordneten Leuchtbänder überschneiden sich bei einer

⇐ *Bild 3-46* Übersteuerung hell leuchtend.

Die Anlage **P106** *(Anzeigeröhre EAM 86 und Anwendungsbeispiele)* befasst sich auf 6 Seiten mit deren Einsatzmöglichkeiten: Gleichspannungsanzeige, Wechselspannungsanzeige, Nullanzeige und Absorptions-Frequenzmesser.

Eine weitere Variante der Anzeigeröhren entstand durch eine duale Anzeige (EMM) mit zwei gleichen Systemen zum Spannungsvergleich. Aber nicht nur, wie das folgende Beispiel zeigt: ***Bild 3-47*** →

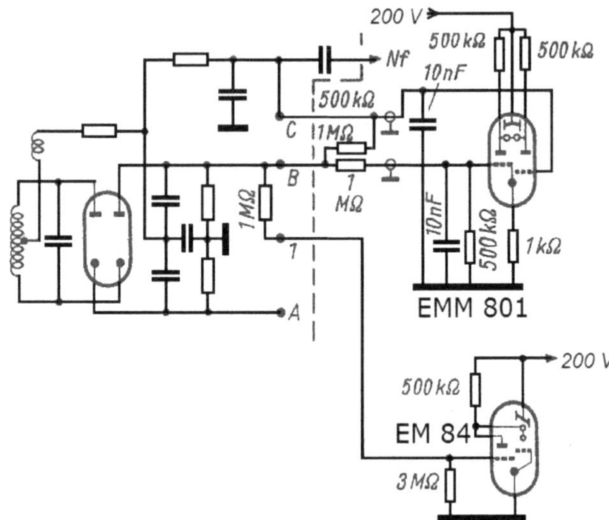

In der Funkschau 17/1959 wird eine Anzeigeeinheit mit einer EM 84 und einer EMM 801 beschrieben, die zur Ergänzung eines *"UKW-Hochleistungsempfängers mit Hi-Fi-Mischverstärker für 15 W Ausgangsleistung"* entwickelt wurde. Der Empfänger besteht aus einem AM- und einem FM-Modul:

"Beide Einbausuper besitzen keine Anzeigeröhren. Deshalb wurde zur groben Anzeige von Feldstärke und Abstimmung ein Magisches Band eingebaut. Da hiermit der Nulldurchgang des Diskriminators jedoch nicht exakt angezeigt wird, ein hochwertiges Meßinstrument aber viel zu teuer ist (man müsste mit rund 80,- DM rechnen) wurde eine neuartige Schaltung mit der Telefunken-Doppel-Anzeigeröhre EMM 801 (zwei magische Bänder nebeneinander) verwendet. Die Schaltung ist in Bild 3 dargestellt" (FS 17/1959).

Aber es geht auch ohne Anzeigeröhre:
Im Band 2, Abschnitt 6.6.2 wird ein Drehspulinstrument im µ-Ampere-Bereich zur Anzeige verwendet, ein weiterer Vorschlag findet sich in der Anlage **P144:** *"Exakte Abstimmanzeige beim Verhältnisdetektor"* (Funkschau 14/1957)
Der Aufsatz zeigt, dass diese Art der Abstimmanzeige und Kontrolle auch als Vorteil gesehen werden kann. ***Bild 3-48*** ⇓

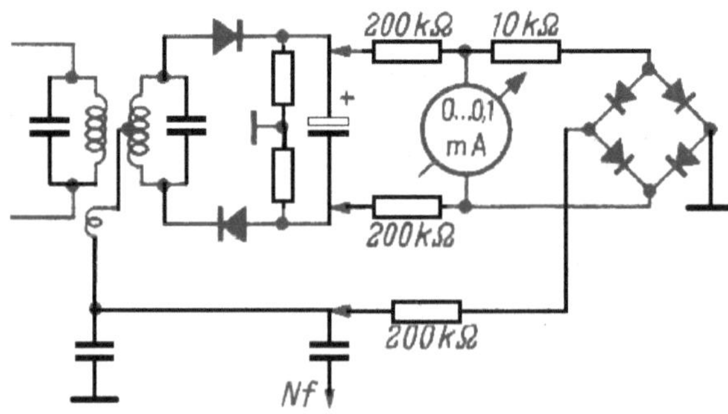

3.4 Der Stereodekoder ...

... gehört nicht mehr zu den 50er Jahren, ist auch für einen Selbstbau problematisch. Im Internet findet man originale ausgebaute Baugruppen, neu entwickelte Decoder mit IC-Bausteinen und Anleitungen für einen Selbstbau.

Im *Telefunken Laborbuch Band 4 (1967)* wird das Thema auf 32 Seiten behandelt: Grundlagen *(s. auch Abschnitt 3.1.2, Bild 3-15),* verschiedene Realisierungen und Bauanleitungen. Es werden drei Decoder-Arbeitsverfahren beschrieben, *Bild 3-49* zeigt den Blockschaltplan eines Decoders nach dem *"Hüllkurven-Verfahren".*

Bild 3-49 ⇓

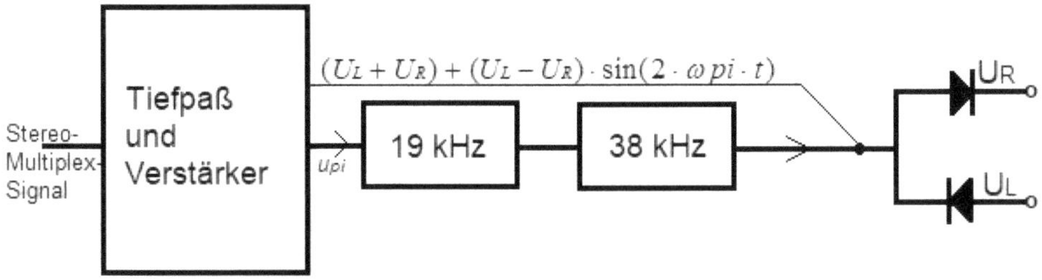

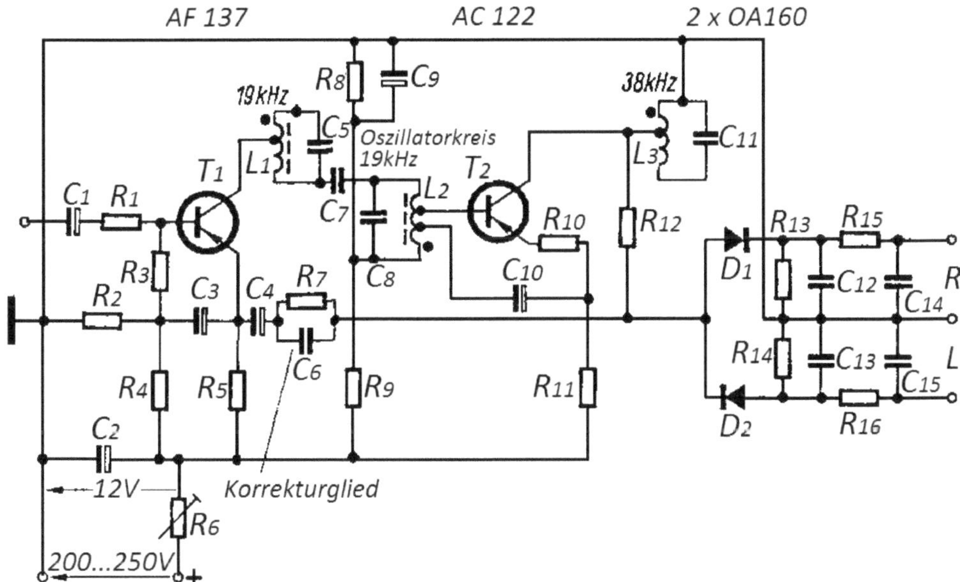

Nach diesem Verfahren wird ein mit zwei Transistoren bestückter, relativ einfacher Bauvorschlag mit Stücklisten und Wickelvorschriften beschrieben *(s. Anlage* **P148**).

Bild 3-50 ⇓

Ein Nachteil dieser einfachen Schaltung besteht in einer Empfindlichkeit bei zu geringer Signalspannung.

3.5 Der UKW-Tuner …

… wurde im zweiten Band *(Abschnitt 8.2)* besprochen. Der bereits erwähnte Telefunken Tuner besticht durch seinen übersichtlichen Aufbau, es gibt in manchen Versionen (s. **P137**) keine Verbindungen mit nachfolgenden Funktionseinheiten *(zum Beispiel Regelspannungen)*, ist also universell verwendbar. Die Schaltung wurde bereits im ersten Band gezeigt *(Abschnitt 3.0.4)*, jedoch nicht beschrieben. Während die äußere Form der Telefunken-Tuner weitgehend unverändert blieb, ist die Schaltung modellspezifisch angepasst worden. So unterscheidet sich die eben genannte, im Telefunken Laborbuch *(Band 1)* gezeigte Version *(s. auch* **P137***)*, von der unten gezeigten Schaltung, die man zum Beispiel

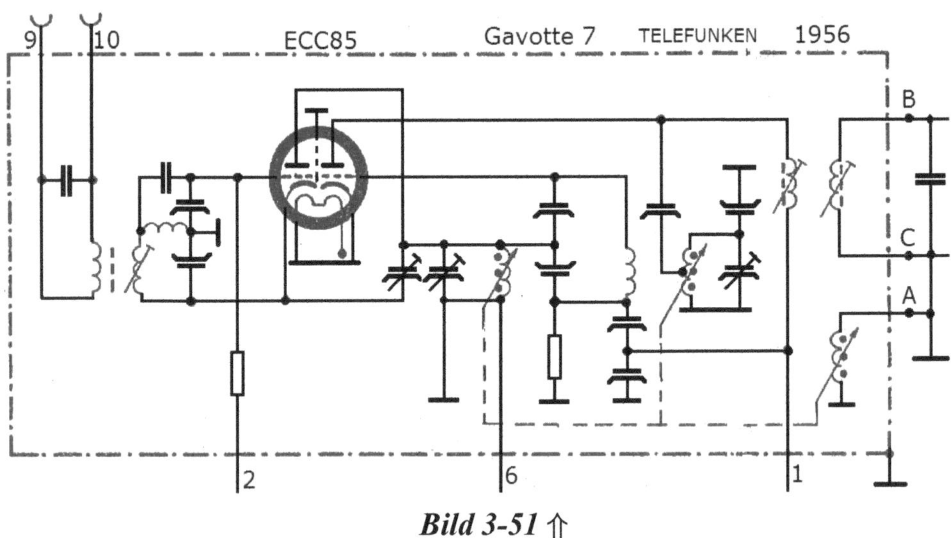

Bild 3-51 ⇑

in der Anlage **P120** findet. Der Unterschied liegt vor allem im Spulenvariometer, das hier um die unten rechts gezeichnete Spule erweitert wurde. Diese Spule ermöglicht eine Beeinflussung der Bandbreite im Kurzwellenbereich *(Kurzwellenlupe)*. Bei Geräten ohne Kurzwellenbereich liegt der Ausgang "A" auf Masse. Dieses Geheimnis wurde schon im Band 2 in den Abschnitten 9.3.3 / 9.4 gelüftet. Außerdem gibt es eine Regelspannung *(Anschluss 2)*.

Wenn die Herkunft des Tuners nicht bekannt ist, muss man die Belegung der Anschlussleisten prüfen. Dabei hilft die Verortung der signifikanten Bauteile, was am Beispiel des Telefunken − Tuners wie folgt gezeigt werden kann: Im *Bild* **3-49** sieht man rechts das erste Bandfilter, das immer im *(oder am)* Tuner verbaut ist. Man erkennt es sofort an der − im Vergleich mit den übrigen Spulen des Tuners − deutlich höheren Windungszahl und dem typischen Bandfilter-Aufbau.

Die Anschlüsse des Telefunken-Tuners sind *(links im **Bild 3-52** ⇑)* mit den Ziffern 1 bis 10, an der anderen Seite des Gehäuses mit Buchstaben gekennzeichnet. Die Bandfilterausgänge sind also gut vom Eingang, dem Antennenanschluss und allen anderen Anschlüssen entkoppelt. Die Bezeichnungen der Anschlüsse findet man ins Blechgehäuse eingeprägt.

Funktionsprüfungen eines UKW-Tuners sind etwas schwierig. Der Ausfall einer der beiden Triodensysteme gehört zu den häufigsten Störungen. Die möglichen Prüfungen des Oszillators mit einem Zweitempfänger wurden in den ersten Bänden beschrieben, das Zf-Signal kann bereits mit einem Oszilloskop gezeigt werden. Auf die Kapazität des Tastkopfes ist zu achten.

Eine optische Prüfung auf Unversehrtheit der *(keramischen!)* Bauteile ist unerlässlich, was aber nur nach einer gründlichen Reinigung mit Wattestäbchen möglich ist. Wegen des meist gekapselten Aufbaus der Tuner beschränken sich Störungen oft auf die verbauten Röhren. Die verwendeten keramischen Kondensatoren sind im Prinzip unkaputtbar, sofern sie nicht mechanischen Einwirkungen ausgesetzt wurden. Das passiert manchmal bei Durchführungskondensatoren *(Dukos)*, die aber hier nicht verwendet wurden. Der abgebildete Baustein war stark verschmutzt, wurde also vermutlich noch nie geöffnet. Das ist ein gutes Zeichen, auch die Bandfilterkerne befanden sich noch in den jeweils äußeren Positionen.

Selbst in diesem übersichtlichen Aufbau des Tuners werden die Probleme eines möglichen Selbstbaus sichtbar: Sie liegen bei den konstruktiven Details der abstimmbaren Kreise und den Masseverbindungen, die im Bild als Lötverbindungen auf einem massiven Kupferblech sichtbar sind. Der Selbstbau eines

UKW-Tuners ist also nicht empfehlenswert. Man wird ein Schrottchassis mit einem unbeschädigten Tuner finden, hat aber die Qual der Wahl.

Die Königsklasse präsentiert sich mit dem SABA-Tuner *(im **Bild 3-53** ⇑ links ohne Schutzdeckel)* mit den Abmessungen 15 x 11 x 5 cm. Das ist nicht gerade platzsparend, was der Vergleich mit dem Taschenradio des Verfassers, das bereits im Band 2 − Seite 22 − zu sehen ist, zeigt. Die Abstimmung erfolgt durch ein Dreifachvariometer.

Der Tuner wäre möglicherweise, oben gut sichtbar unter Glas montiert, ein visueller Faszinationspunkt.

Am anderen Ende der Größen-Skala finden wir zum Beispiel einen Telefunken Tuner, der nur wenige Jahre mit den Maßen 8,5 x 9 x 3 (B x H x T - cm) in die Jubilate-Modelle *(hier: Jubilate 1061)* eingebaut wurde. Er eignet sich daher besonders für unsere Versuchsaufbauten. Die Vorder- und Rückseiten sind mit Blechen verkleidet, die auch den unteren Teil der Röhre einschließen,

siehe im Bild rechts: ***Bild 3-54*** ⇒

Hat man sich für einen Telefunken-tuner entschieden, ist das passende

Schaltbild erforderlich, weil die Belegung der Anschlüsse verschieden ausfallen kann. Die Anschlusspunkte für die Heizspannung sind in den meisten Schaltbildern nicht vermerkt, man findet aber in den Schaltplänen die rechts gezeigte Skizze; Rö1 ist hier eine ECC 85. Die Anschlüsse 4 und 5 beziehen sich auf den Röhrensockel und sind nicht mit den Bezeichnungen am Tunergehäuse identisch.

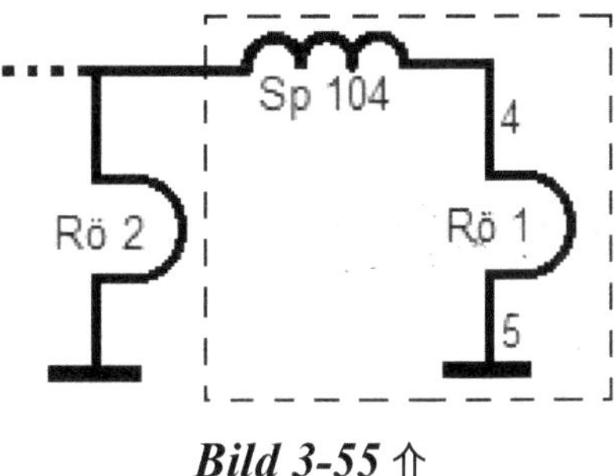

Bild 3-55 ⇑

Pin 5 liegt bereits innerhalb des Tunergehäuses auf Masse, Pin 4 wird über eine Drossel an den Anschlusspunkt 5 des Tunergehäuses geführt. Die Drossel dient als Hf-Sperre und hat eine Induktivität von 0,6µH (s. P137).

Dem Gitter der ersten Triode wird *(entsprechend Bild 3-49)* eine Regelspannung zugeführt, die Anschlussöse legen wir zunächst über ca. 1MΩ auf Masse.

Neben den Schrott – Chassis findet man im Internet jede Menge an röhrenbestückten ausgebauten Tunern.

Man wird einen selbst durchgeführten Aufbau des UKW-Tuners vermeiden, die Auswahl an Schrott-Chassis ist reichlich, Tuner sind mit wenigen Ausnahmen modular und gut geschirmt aufgebaut. Im Gegensatz zum Zwischenfrequenzverstärker, bei dem die Schaltungstechnik auch den konstruktiven Aufbau weitgehend vorgibt, finden wir den konstruktiven Aufbau der UKW-Tuner in unendlicher Vielfalt vor. Der hoch verdichtete Aufbau sieht oft *"gebastelt"* aus und erschwert eine Fehlersuche beträchtlich, was bei den Philettas von Philips sichtbar wird: Hier findet man den Tuner ungeschützt, ohne schirmendes *"Kästchen"*, in einer Ecke der Unterseite des Chassis, wie

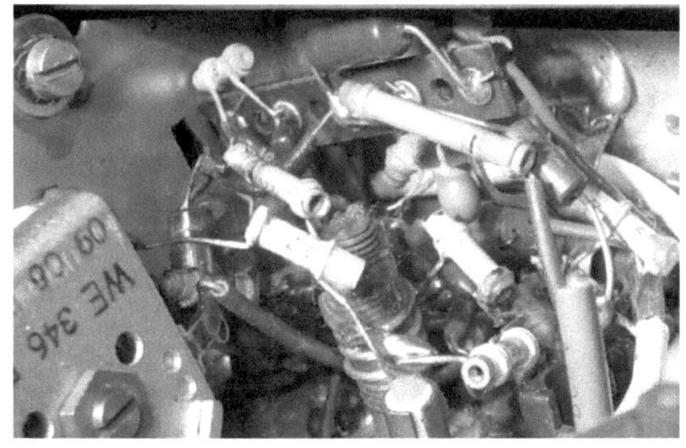

im *Bild 3-56* ⇑ sichtbar.

In einem sich übersichtlich darstellenden Grundig-Tuner sind die leicht anzufertigenden Spulen im 100 MHz-Bereich gut sichtbar:

Bild 3-57 →

Man wickelt versilberten Cu-Draht frei oder bei Abstimmbarkeit auf einen Spulenkörper.

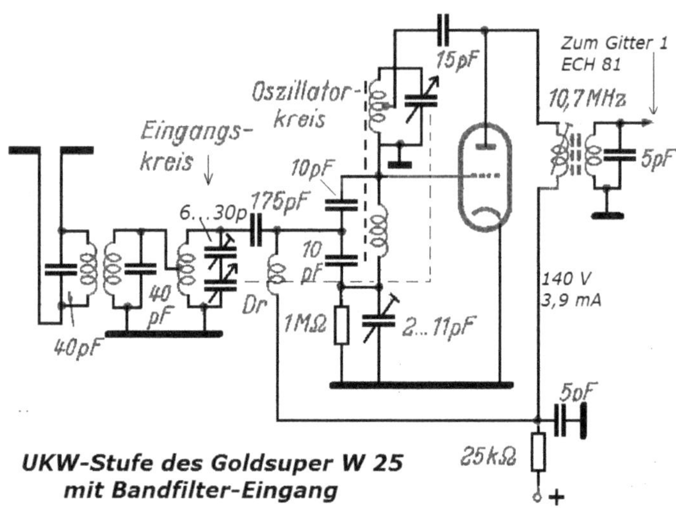

Eventuelle Anzapfungen lassen sich leicht ausprobieren. Wer auf eine eigene Ausführung nicht verzichten möchte, kann es mit der rechts abgebildeten Ausführung versuchen. **Bild 3-58**⇒

Eine Beschreibung des **Goldsuper W 25** findet man in der FUNKSCHAU Schaltungssammlung 25-32/1955 (Anlage **P 239).**

UKW-Stufe des Goldsuper W 25 mit Bandfilter-Eingang

Das **UKW Modul** NORD-MENDE – Turandot und Parsifal zeigt – im Bild 3-57 zur Abschreckung – noch einmal die Komplexität eines typischen UKW-Moduls in einem Gerät der Mittelklasse. Die Anlage **P124** enthält eine Beschreibung mit Schaltbild des Parsifal von Nordmende. **Bild 3-59** ⇓

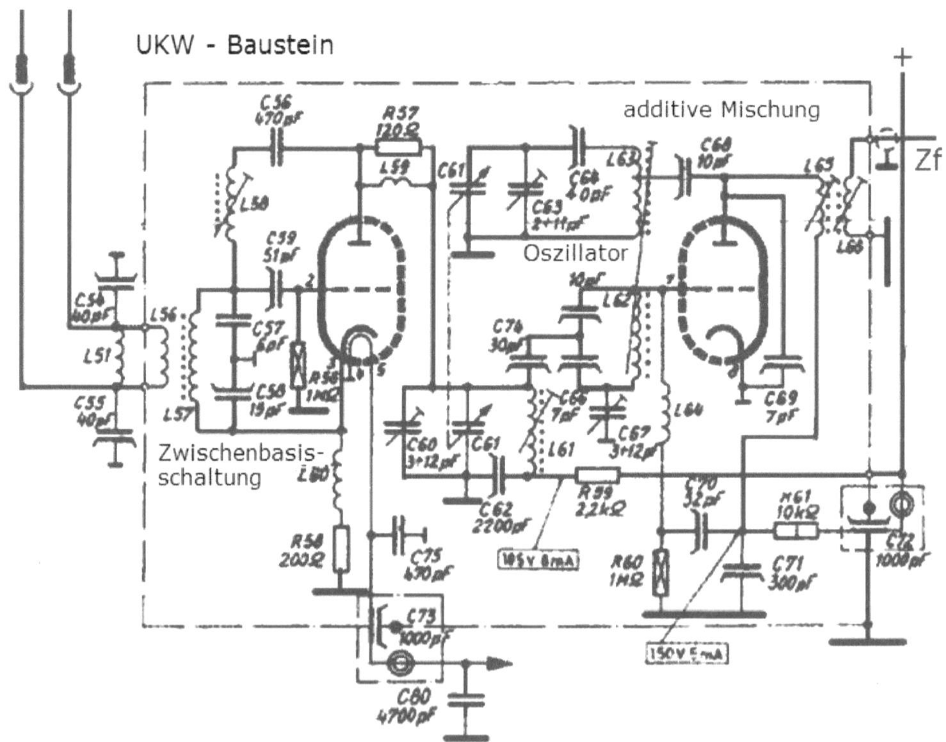

Hier finden wir auch zwei der gegen mechanische Einwirkungen empfindlichen Durchführungskondensatoren, C72 und C73.

In der Fachliteratur findet man meist nicht die Originalpläne der Hersteller, weil diese dem Format der Zeitschriften angepasst werden müssen. Man ist gut beraten, diese Pläne auch mit den Originalplänen zu vergleichen, wie das Bild rechts zeigt: In der FUNKSCHAU – Schaltungssammlung (s. **P138**) findet man zum Beispiel bei der Graetz – Canconetta 515 die Kathode der EC**C** 85 nicht angeschlossen vor, sie muss – wie rechts im ***Bild 3-60→*** abgebildet – auf Masse liegen. An der Heizspannung verhindert ein Kondensator (2,5nF) die Übertragung von Hochfrequenzen über die Heizleitungen.

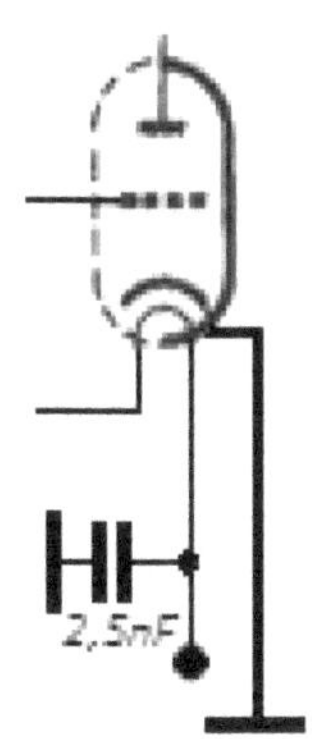

Vergleichsweise einfach und zum Experimentieren geeignet erscheint ein im Telefunken Laborbuch Band 2 (1962) beschriebener UKW – Tuner mit zwei Transistoren. Das ist kein Stilbruch, weil UKW-Tuner und Stereo-Decoder schon Anfang der 1960er Jahre vereinzelt mit Transistoren aufgebaut wurden.

Für einen Versuchsaufbau sollte man für die Transistoren Fassungen verwenden:

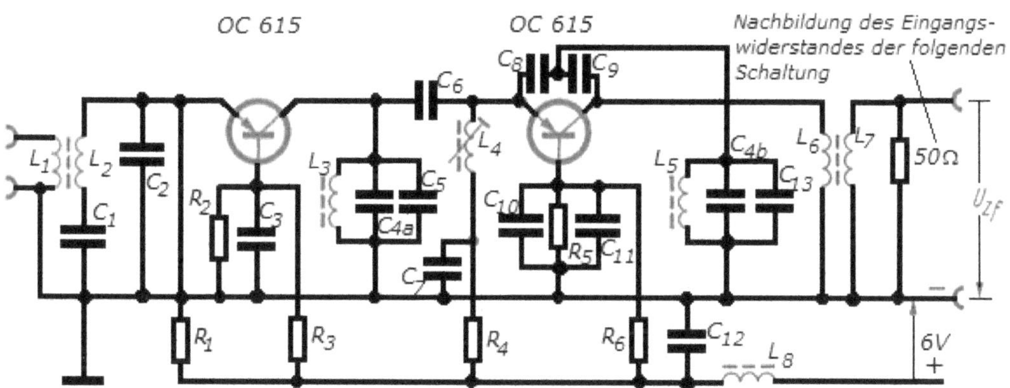

P108: *UKW-Baustein mit zwei Transistoren, 5 Seiten)*   ⇑ ***Bild 3-61*** ⇑

Die Beschreibung umfasst die Bauvorschriften für sämtliche Spulen, auch mit Abbildungen.

3.5.1 Blockschaltung, Prinzipschaltung und Schaltplan …

… am Beispiel des UKW-Tuners im Siemens-Super C 40.

Zum Schluss diese Abschnitts befassen wir uns noch einmal mit dem Kapitel *"Schaltplan – Lesen"*. Auf damit verbundene mögliche Probleme wurde auch im Abschnitt 3.3.1 hingewiesen.

In der *Funkschau Schaltungssammlung 33-40/1955* wird der UKW-Tuner des **Siemens-Super C 40** beschrieben. Dafür werden auch vereinfachte Schaltbilder gezeigt. Beginnen wir mit der **Blockschaltung** *(Bild 3-62)*, die in einer abstrakten Darstellung des Signalflusses die Funktion deutlich macht: ⇓ *Bild 3-62* ⇓

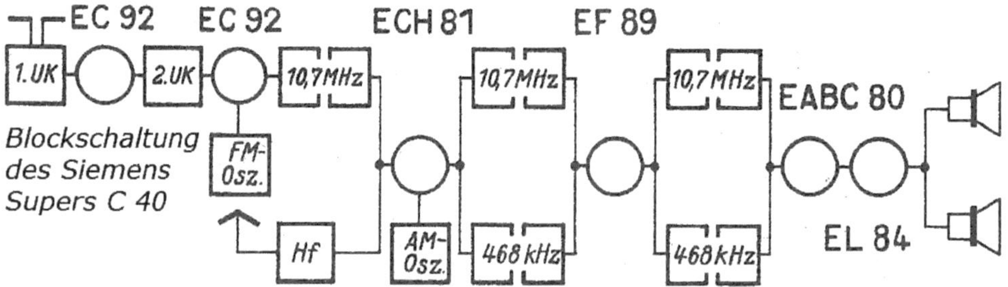

"Die Blockschaltung Bild 3-62 des 6/9-Kreissupers C 40 zeigt gegenüber dem weitverbreiteten Schaltungsaufbau mit einer Doppeltriode im UKW-Eingangsteil zwei Einzeltrioden EC 92"

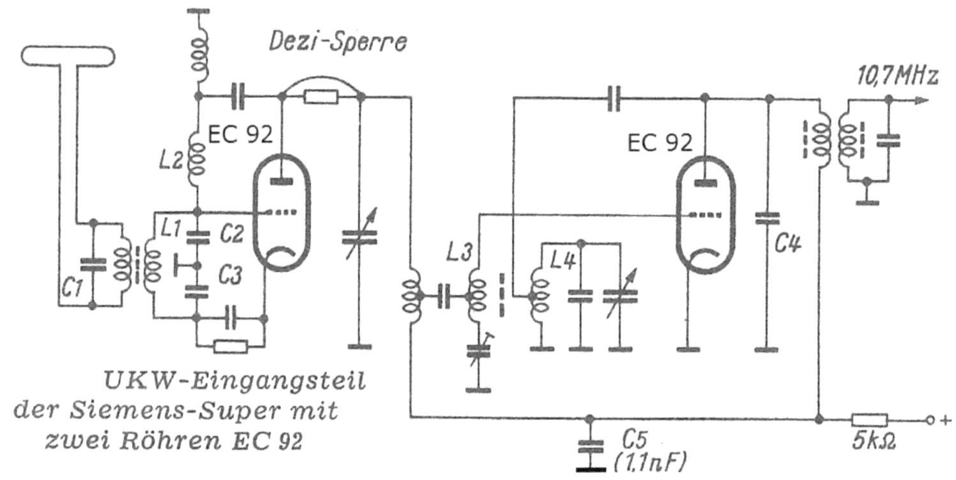

⇑ *Bild 3-63* ⇑ *gibt das Prinzip (Prinzipschaltung) dieser UKW-Eingangsschaltung wieder. Die rauscharme Eingangstriode EC 92 arbeitet in Gitterbasisschaltung. Der Erdpunkt des Eingangskreises wird jedoch nicht durch eine Spulenanzapfung, sondern durch den kapazitiven Spannungsteiler C 2/C 3 hergestellt. Störende Hf-Spannungen des Oszillators werden über diese Kondensatoren nach Masse abgeleitet. Die schädliche Gitter-/Anodenkapazität der Röhre (ca. 1,8 pF) wird durch die Parallelspule L 2 auf den Empfangsbereich abgestimmt. Ein solcher Parallelkreis stellt einen hochohmigen Widerstand dar, über den keine*

Rückkopplung erfolgen kann. Der Kathodenstrom wird über eine Fortsetzung dieser Spule zugeführt. Das RC-Glied in der Kathodenleitung erzeugt dabei die

Gittervorspannung. Der weitere Schaltungsaufbau geht aus der Blockschaltung und aus der Gesamtschaltung hervor. Zu erwähnen ist die besondere Anordnung des Baßreglers B, die in der FUNKSCHAU 1955, Heft 7, Seite 144, besprochen wurde."

⇓ *Bild 3-64* ⇓ zeigt die vollständige *(originale)* Schaltung des Tuners zum Vergleich

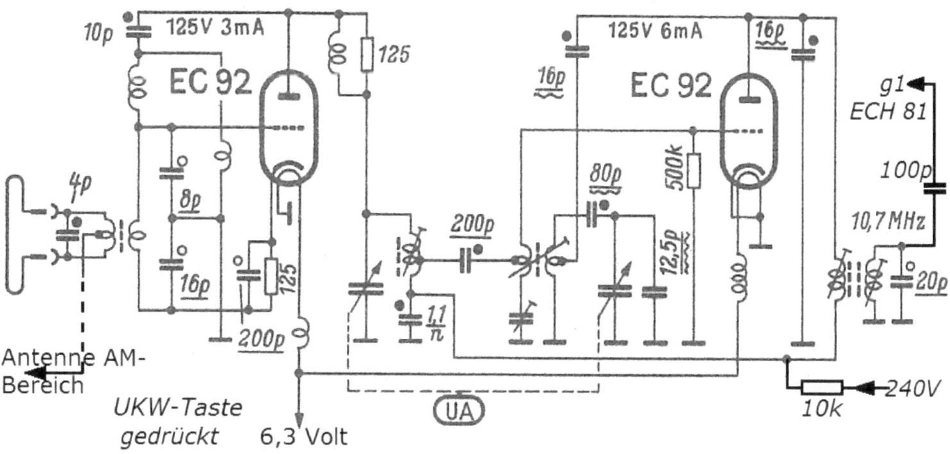

3.6 Leitungen im Hf-Bereich – Begriffe und Klärung

Bei der Besprechung von Bandfiltern haben wir gesehen, dass die Drähte zur Verbindung der nächsten Stufe die Resonanzkreise verstimmen können, bzw. deren Kapazitäten bei der Abstimmung mit berücksichtigt werden müssen.

Ganz anders sieht das bei *"Leitungen"* aus, die wir aus dem Bereich der Antennenanschlüsse im UKW-Bereich kennen. Wird die Leitung mit ihrem Wellenwiderstand **Z** abgeschlossen, der sich aus der Induktivität und der Kapazität

der Leitung errechnet, $Z = \sqrt{\dfrac{L}{C}}$ (Ω, H, F), verhält sich Z wie ein ohmscher

Widerstand, unabhängig von der Frequenz und der Leitungslänge. Siehe auch: **P33 und P64**

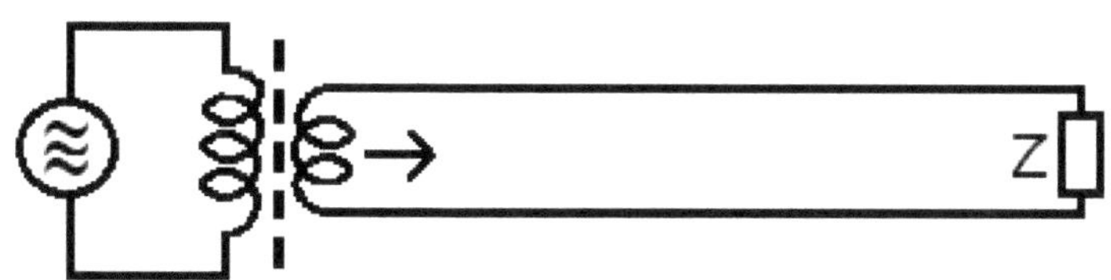

A. Grundlagen und deren Anwendung

Mathematik ist eine Bedingung aller exakten Erkenntnis. (Kant)

Sowohl im ersten *(S. 120 -123)* als auch im zweiten Band werden mathematische Ausdrücke gezeigt und angewendet. Hier wird deren Ableitung beschrieben, so dass der Leser auch eigene Strategien zur Berechnung von Schaltungsgliedern verfolgen kann. Insbesondere wird der Umgang mit den Dimensionen erläutert.

A.1 Induktive und kapazitive Widerstände

Dazu reichen zunächst die einfachen Ausdrücke zur Berechnung der Beträge der Wechselstromwiderstände:

Induktiver Widerstand: $R_L = \omega L$ $[\Omega]$ *(Ohm)* $L[H](Henry)\left[\dfrac{Volt\,sec}{Ampere}\right]$

$$\omega = 2 * \pi * f \ [1/sec] \quad \pi = 3{,}1416... \quad 2\,\pi = 6{,}28 \quad \pi^2 = 9{,}87$$

Beispiel:
f = 50 *Hz*, L= 5 *H*
$R_L = 2 * 3{,}14 * 50 * 5$
$R_L = 1{,}57$ kΩ

> *Eine Eselsbrücke: Bei einer Induktivität eilt der Strom nach, die **Spannung** ist zuerst da, also: **Volt** sec / Ampere Beim Kondensator ist der **Strom** zuerst da, also: **Ampere** sec / Volt*

Kapazitiver Widerstand: $R_C = \dfrac{1}{\omega C}$ $[\Omega]$ (Ohm) $C[F](Farad)\left[\dfrac{Ampere\,sec}{Volt}\right]$

Beispiel:
f = 1,6 MHz, C = 500 pF

$$R_c = \frac{10^9}{6{,}28 \cdot 1{,}6 \cdot 10^6 \cdot 0{,}5}\left[\frac{sec\,V}{A\,sec} = \Omega\right]$$

Es verbleiben 10^3 über dem Bruchstrich.

$R_C = 0{,}2$ kΩ s. auch **P28**

> ***Erläuterungen****:   500 pF = 0,5 nF*
> *bzw.: 0,5*$*10^{-9}$ F*
> *10^{-9} (unter dem Bruchstrich) erscheint als 10^9 über dem Bruchstrich*
> *Ergebnisse werden nur mit der Genauigkeit angegeben, mit der sie gemessen oder realisiert werden können.*

A.1.1 Die Resonanzbedingung

können wir als bekannt voraussetzen. (*s. Band 1 und Band 2*)
Induktive Widerstände werden mit zunehmender Frequenz größer, kapazitive werden dagegen kleiner. Also müssen sie sich irgendwo treffen:
Mit dieser übersichtlichen Formel können wir uns durchaus tagelang beschäftigen, wie man an den folgenden Ableitungen sehen wird. Wir lösen zunächst nach jeweils einer der unbekannten Größen

$$\omega L = \frac{1}{\omega C} \qquad (1)$$

auf:
$$L = \frac{1}{\omega^2 \cdot C} \qquad C = \frac{1}{\omega^2 \cdot L} \qquad f_{res} = \frac{1}{2\pi\sqrt{L \cdot C}} \qquad \left(\omega^2 = 4 \cdot \pi^2 \cdot f^2\right) \qquad \boxed{(2)}$$

Auf der rechten Seite der Ausdrücke bleiben jeweils zwei der möglicherweise unbekannten Größen stehen. Wir versuchen daher, L oder C zu elimenieren, *(s. Abschnitt 1.1.1)* Dazu verwenden wir 2 verschiedene Kondensatoren C_1 und C_2, die jeweils der ebenfalls unbekannten Wicklungskapazität C_L parallel liegen:

$$L = \frac{1}{\omega_1^2 \ast \left(C_L + C_1\right)} \qquad \text{und} \qquad L = \frac{1}{\omega_2^2 \ast \left(C_L + C_2\right)}$$

Weil es sich bei L um eine Konstante handelt, können wir beide Ausdrücke gleichsetzen und die ebenfalls konstanten Größen $4 \ast \pi^2$ durch Multiplikation verschwinden lassen, daraus wird:

$$\frac{1}{f_1^2 \ast C_L + f_1^2 \ast C_1} = \frac{1}{f_2^2 \ast C_L + f_2^2 \ast C_2} \qquad (3)$$

Nun isolieren wir C_L auf der linken Seite der Gleichung in zwei Schritten und kommen zum Ausdruck (5).

$$f_2^2 \ast C_L - f_1^2 \ast C_L = f_1^2 \ast C_1 - f_2^2 \ast C_2 \qquad (4)$$

$$C_L = \frac{f_1^2 \ast C_1 - f_2^2 \ast C_2}{f_2^2 - f_1^2} \qquad (5)$$

Mit dem so ermittelten Wert für C_L *(zzgl. Leitungs- und Tastkopfkapazität)* gehen wir in den Ausdruck $L = 1/(\omega^2 \ast C)$ [bzw. $L = (\omega^2 \ast C)^{-1}$)] und müssen jetzt auf die Dimensionen der gemessenen Werte achten, damit wir mit den 10er Potenzen richtig umgehen. Weil C_L in Picofarad ($pF = 10^{-12}$ Farad) angegeben wurde, erscheint 10^{12} jetzt über dem Bruchstrich, unter dem Bruchstrich steht kHz^2, daraus wird 10^6, was sich nun sehr übersichtlich kürzen lässt. Zu C_L wurde die Kapazität des Tastkopfes hinzugefügt.

$$L = \frac{1}{39,5 \ast f_{res}^2 \ast \left(C_L\right)} \qquad (6)$$

$$C_L = 165\,pF, \quad f_{res} = 4,6\ kHz$$

$$L = \frac{10^{12}}{39,4 \ast 41 \ast 10^6 \ast 165}$$

$$L = 3,75\ H$$

$$\frac{1}{f^2} = 39,5 \ast L\left(C_L + C\right) \qquad (7)$$

Gleichung (7) zeigt uns den Verlauf der nach unserer Messreihe gezeichneten Geraden, wenn wir in Gleichung (6) f^2 statt f_{res}^2 verwenden, C_L mit C ergänzen, mit f^2 multiplizieren und durch L dividieren. Wir erkennen jetzt die allgemeine Form einer Geraden ($y = mx$). Durch Zuordnung des Ausdrucks $1/f^2$ (f^{-2}) zur Ordinate können wir eine lineare Funktion zur Abbildung bringen. Weil $\lambda = c/f$ ist, können wir auch λ^2 verwenden. **(Korrektur: fres = 6,4 kHz)**

Literatur: **P10, P11, P13, P14, P15**

Mit 2 zusätzlichen Kondensatoren (C_1, C_2):   für $f_2 = 2 f_1$

A.1.2 Berechnung von Resonanzfrequenzen

$$C_L = \frac{f_1^2 C_1 - 4 f_1^2 C_2}{4 f_1^2 - f_1^2}$$

Die Ausdrücke rechts zeigen den Weg zur vereinfachten Berechnung der Resonanzfrequenzen mit einer 1 mH – Spule.

$$C_L = \frac{C_1 - 4 * C_2}{3}$$

Auf alternative Schreibweisen wurde bereits hingewiesen:

$$(f_{res} = 5 * C^{-1/2})$$

Im Abschnitt 1.4 wird auf die Vorteile der Styroflexkondensatoren hingewiesen. Wer sich bis hier hin durchgebissen hat, kann sich einen originalen SIEMEMS – Styroflexkondensator (neu, aus Lagerbestand) für Experimentierzwecke kostenfrei zusenden lassen *(15000, 22000 oder 39000 pF)*, es sind insgesamt nur 40 Stück vorhanden, aber das Leben ist nicht immer gerecht. Die Verfügbarkeit wird im Leserportal angezeigt.

$$f_{res} = \frac{1}{6,28 * \sqrt{L}} * \frac{1}{\sqrt{C}} \qquad (L = 10 * 10^{-4}) \; 1 \, mH$$

$$f_{res} = \frac{10^2}{6,28 * 3,16} * \frac{1}{\sqrt{C}} = 5 * \frac{1}{\sqrt{C}}$$

$$f_{res} = 5 * \frac{1}{\sqrt{C}} \qquad (C = 22 \, nF : 2{,}2 * 10^{-8})$$

$$f_{res} = \frac{50000}{1,483} = 33,7 \, kHz$$

Unter der Überschrift **Praktische Formeln** wurden im *Funktechnischen Arbeitsblatt Sk 02 (s. Literaturverzeichnis)* folgende Ausdrücke zusammengestellt:

$$f_{Mhz} = \frac{159}{\sqrt{L_{\mu H} \cdot C_{pF}}} \qquad L_{\mu H} = \frac{25330}{f^2{}_{MHz} \cdot C_{pF}} \qquad C_{pF} = \frac{25330}{f^2{}_{Mhz} \cdot L_{\mu H}}$$

$$f_{kHz} = \frac{5030}{\sqrt{L_{mH} \cdot C_{pF}}} \qquad L_{mH} = \frac{25,33 \cdot 10^6}{f^2{}_{kHz} \cdot C_{pF}} \qquad C_{pF} = \frac{25,33 \cdot 10^6}{f^2{}_{kHz} \cdot L_{mH}}$$

$$f_{Hz} = \frac{159}{\sqrt{L_H \cdot C_{\mu F}}} \qquad L_H = \frac{25330}{f^2{}_{Hz} \cdot C_{\mu F}} \qquad C_{\mu F} = \frac{25330}{f^2{}_{Hz} \cdot L_H}$$

---**A**

A.1.3 Phasendrehung und Scheinwiderstand von R-L-C-Gliedern

(Aus: Daten- und Tabellensammlung für Radiopraktiker, Franzis-Verlag 1961)

Baustein:	Phasendrehung	Scheinwiderstand
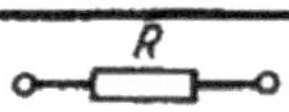 R	$\varphi = 0^0$	$Z = R$
 L	$\varphi = +90^0$	$Z = \omega L$
 L R	$tg\,\varphi = \dfrac{\omega L}{R}$	$Z = \sqrt{R^2 + \omega^2 L^2}$
 L R	$tg\,\varphi = \dfrac{R}{\omega L}$	$Z = \sqrt{\dfrac{R^2 \omega^2 L^2}{R^2 + \omega^2 L^2}}$
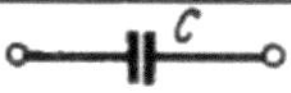 C	$\varphi = -90^0$	$Z = \dfrac{1}{\omega C}$
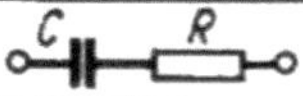 C R	$tg\,\varphi = -\dfrac{1}{\omega CR}$	$Z = \sqrt{R^2 + \dfrac{1}{\omega^2 C^2}}$
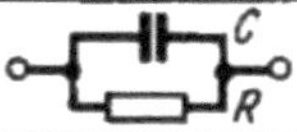 C R	$tg\,\varphi = -\omega CR$	$Z = \sqrt{\dfrac{R^2}{1+\omega^2 C^2 R^2}}$
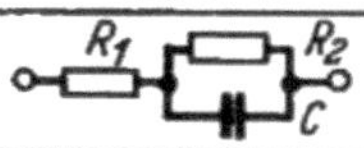 R_1 R_2 C	$-tg\,\varphi = \dfrac{\omega C R_2^2(1+\omega^2 C^2 R_2^2)}{R_1(1+\omega^2 C^2 R_2^2)+R_2}$	$Z = \sqrt{\left(R_1 + \dfrac{R_2}{1+(\omega CR_2)^2}\right)^2 + \left(\dfrac{\omega CR_2^2}{1+(\omega CR_2)^2}\right)^2}$
 L C	$\varphi = \pm 90^0$	$Z = \dfrac{\omega L}{1-\omega^2 LC}$
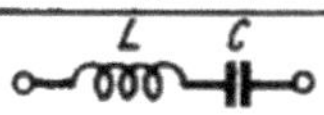 L C	$\varphi = \pm 90^0$	$Z = \omega L - \dfrac{1}{\omega C}$
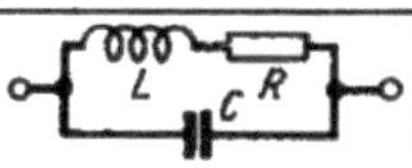 L C R	$tg\,\varphi = \dfrac{\omega\left[L(1-\omega^2 LC)-CR^2\right]}{R}$	$Z = \sqrt{\dfrac{R^2+\omega^2 L^2}{(1-\omega^2 LC)^2 + \omega^2 C^2 R^2}}$
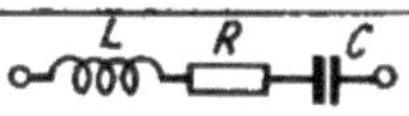 L R C	$tg\,\varphi = \dfrac{\omega L - \dfrac{1}{\omega C}}{R}$	$Z = \sqrt{R^2 + \left(\omega L - \dfrac{1}{\omega C}\right)^2}$
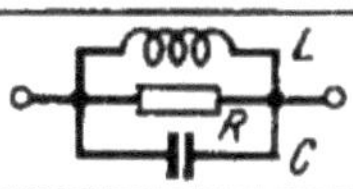 L R C	$tg\,\varphi = R\left(\dfrac{1}{\omega L} - \omega C\right)$	$Z = \sqrt{\dfrac{1}{\dfrac{1}{R^2}+\left(\omega C - \dfrac{1}{\omega L}\right)^2}}$
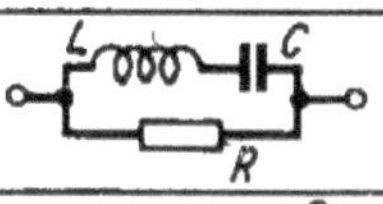 L C R	$tg\,\varphi = \dfrac{R}{\omega L - \dfrac{1}{\omega C}}$	$Z = \sqrt{\dfrac{R^2\left(\omega L - \dfrac{1}{\omega C}\right)^2}{R^2+\left(\omega L - \dfrac{1}{\omega C}\right)^2}}$
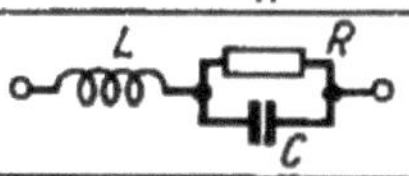 L R C	$tg\,\varphi = R\left[\omega L\left(\dfrac{1}{R^2}+\omega^2 C^2\right)-\omega C\right]$	$Z = \sqrt{\omega^2 L^2 + \dfrac{1-2\omega^2 LC}{\dfrac{1}{R^2}+\omega^2 C^2}}$
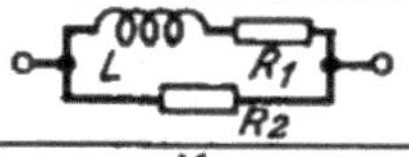 L R_1 R_2	$tg\,\varphi = \dfrac{\omega L R_2}{R_1(R_1+R_2)+\omega^2 L^2}$	$Z = R_2\sqrt{\dfrac{R_1^2+\omega^2 L^2}{(R_1+R_2)^2+\omega^2 L^2}}$
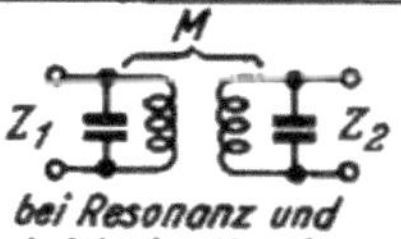 M Z_1 Z_2 bei Resonanz und kritischer Kopplung	$\varphi = \pm 180^0$	$Z = \sqrt{Z_1 \cdot Z_2}; \quad Z_1 = \dfrac{\omega^2 M^2}{Z_2}$
 L R_1 C R_2 Sonderfall: $R_1 = R_2 = \sqrt{\dfrac{L}{C}}$	$\varphi = 0$	$Z = R_1 = R_2$

A.2 Zur Darstellung in der Gauß'schen Zahlenebene:

Wir sind es gewohnt, Zahlen auf einer geraden Linie darzustellen, dem so genannten Zahlenstrahl. Ausgehend von der "0", stehen zu einer Seite die positiven, zur anderen Seite die negativen Zahlen.

Aber damit kommen wir in der Wechselstromtechnik nicht weiter, denn wir haben jetzt gegenüber den reellen Zahlen noch einen Phasenwinkel darzustellen. Wir haben es mit einer gerichteten Größe, einem so genannten Vektor zu tun, mit einem Betrag und einer Richtung. Die Darstellung erfolgt in der Gauß'schen Zahlenebene mit einem Achsenkreuz, die x-Achse zeigt den realen Anteil *(Wirkwiderstand)*, die y-Achse, in der Elektrotechnik mit dem Buchstaben "j" bezeichnet, zeigt den imaginären Anteil *(Blindwiderstände)*. Der daraus resultierende Vektor Z *(Scheinwiderstand)* kann als Zeiger bezeichnet werden, weil er – wie bei einer Uhr – von 0 bis 360^0 Grad umlaufen kann. Induktive Widerstände werden bei 90^0 (nach oben), kapazitive Widerstände entgegengesetzt nach unten gezeichnet. Der daraus resultierende Vektor wurde bis in die 1960er Jahre mit Großbuchstaben der alten deutschen Schrift *(Sütterlin)* dargestellt, jetzt werden sie mit einem Unterstrich gekennzeichnet. In gleicher Weise werden Spannungen, Ströme und **Leitwerte** dargestellt. Beispiel: $\underline{Z} = R + jX$ (s. auch **P9**).

Zum Umgang mit Leitwerten (L2)

	Widerstand R	Induktivität L	Kapazität C
$\underline{Z} = R + jX$	R	$j\omega L$	$-j\dfrac{1}{\omega C}$
R	R	0	0
X	0	ωL	$-\dfrac{1}{\omega C}$
$Z = \sqrt{R^2 + X^2}$	R	ωL	$\dfrac{1}{\omega C}$
$\varphi_Z = \arctan (X/R)$	0	$+\pi/2$	$-\pi/2$
$\underline{Y} = G + jB$	$1/R$	$-j\dfrac{1}{\omega L}$	$j\omega C$
G	$1/R$	0	0
B	0	$-\dfrac{1}{\omega L}$	ωC
$Y = \sqrt{G^2 + B^2}$	$1/R$	$\dfrac{1}{\omega L}$	ωC
$\varphi_Y = \arctan (B/G)$	0	$-\pi/2$	$+\pi/2$

A.3 Umrechnung Reihen-Parallelschaltung (Bild 30a in 30b)

Zunächst wird der Wicklungswiderstand der Spule (4,2 Ω) in einem Parallelwiderstand umgewandelt. Das geschieht mit der Formel

$$R_{par} = \frac{L}{C \cdot R_{wick}} = \frac{1,7 \cdot 10^{-3}}{0,270 \cdot 10^{-9} \cdot 4,2} = 1,5 \cdot 10^{6}\,\Omega \quad (1,5\,\text{M}\Omega)$$ Dieser Widerstand liegt

nun parallel zum Widerstand 47 kΩ, weil dieser mit dem linken Ende über den Innenwiderstand des Generators auf Masse liegt. Dazu benutzen wir die schon im Band 1 vorgestellte Formel:

$$\frac{R_1 \cdot R_2}{R_1 + R_2} = \frac{1,5 \cdot 10^6 \cdot 47 \cdot 10^3}{1500 \cdot 10^3 + 47 \cdot 10^3} = \frac{70,5 \cdot 10^9}{1,547 \cdot 10^6} = 45,5\,\text{k}\Omega$$

Der vorher berechnete Wert $R_p = \dfrac{1}{2\pi \cdot C \cdot B} = 45,34$ kΩ zeigt in Anbetracht des

umfangreichen Zahlenmaterials eine sehr gute Übereinstimmung. Die Verwendung des leicht gerundeten Wertes "45 kΩ" liegt daher im *"Grünen Bereich"*.

A.4 Quadratische Gleichung und Bandbreite

$$\frac{1}{R} = \omega_0 \cdot C - \frac{1}{\omega_0 \cdot L}$$

Die oben gezeigte Formel entwickeln wir wie folgt weiter: Die Multiplikation mit

$\omega_0 \cdot L$ ergibt: $1 = \omega_0^2 LC - \dfrac{\omega_0 \cdot L}{R}$ und die Division durch LC führt zu

$\omega_0^2 - \dfrac{\omega_0}{RC} = \dfrac{1}{LC}$. $\dfrac{1}{LC}$ ist bekanntlich gleich $= \omega_0^2$ (Resonanzfrequenz!), also

bleibt: $\omega_0^2 - \dfrac{\omega_0}{RC} = \omega_0^2$, hier ist bereits der Weg zur Quadratischen Gleichung

erkennbar, deren allgemeine Form $x^2 + \dfrac{b}{a}x + \dfrac{c}{a} = 0$ und in der Normalform

$x^2 + px + q = 0$ lautet. Zur Lösung führt nun $x_{1/2} = -\dfrac{p}{2} \pm \sqrt{\left(\dfrac{p}{2}\right)^2 - q}$

Wir erinnern uns an den binomischen Lehrsatz: $(a - b)^2 = a^2 - 2ab + b^2$ und rüsten nun mit einer so genannten Quadratischen Ergänzung: $\left(\dfrac{1}{2RC}\right)^2$ auf, die auf beiden

Seiten der Gleichung hinzugefügt wird und schreiben für die Grenzfrequenzen:

Obere Grenzfrequenz: $f_o = \dfrac{1}{2\pi}\left(\sqrt{\omega_o{}^2 + \left(\dfrac{1}{2RC}\right)^2} + \dfrac{1}{2RC}\right)$

Untere Grenzfrequenz: $f_u = \dfrac{1}{2\pi}\left(\sqrt{\omega_o{}^2 + \left(\dfrac{1}{2RC}\right)^2} - \dfrac{1}{2RC}\right)$

$$B = \dfrac{1}{2\pi \cdot RC} = 13\,\text{kHz}$$

A.5 Pythagoras und die Winkelfunktionen

Der Satz des Pythagoras beschreibt das rechtwinklige
Dreieck, mit dem wir es ja in der Wechselstromtechnik
zu tun haben: $a^2 + b^2 = c^2$
Der Buchstabe c bezeichnet die Hypotenuse, a und b die
Katheten.

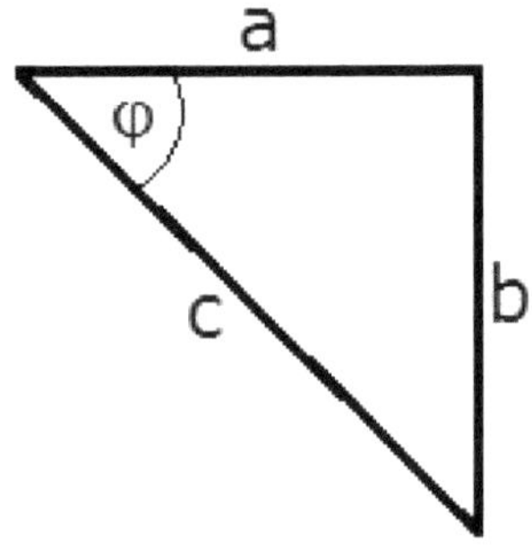

a entspricht in unserem Fall dem Gitterableitwiderstand
Rg bzw. der an diesem Widerstand liegende Wechselspannung, b bezeichnet den Koppelkondensator Ck bzw.
der anliegenden Wechselspannung. Wir können nun
diese Spannungen einfach mit dem Multimeter messen, was bei den niedrigen
Frequenzen kein Problem sein sollte. Bei c messen wir die Spannung, die dem
Koppelglied zugeführt wird, a entspricht der am Gitter liegenden Wechselspannung. Das Verhältnis a/c drückt die durch den Koppelkondensator bedingte
Reduzierung der Wechselspannung aus. Das ist, wie im Abschnitt 1.6 beschrieben,
der Faktor 0,7 im Fall Rc = Rg.

Weil uns ja die Werte R, ω und C bekannt sind, ließe sich c nach Pythagoras
berechnen. Einfacher erscheint aber die Ermittlung der Werte mit den
Winkelfunktionen, sofern wir über die benötigten Tabellen verfügen, denn
tangens φ ist b/a und cosinus φ ist a/c,

der Wert nach dem wir suchen.

**Das folgend abgebildete Nomogramm ermöglicht eine Kontrolle oder auch die
direkte Ermittlung ohne Rechenvorgänge.**

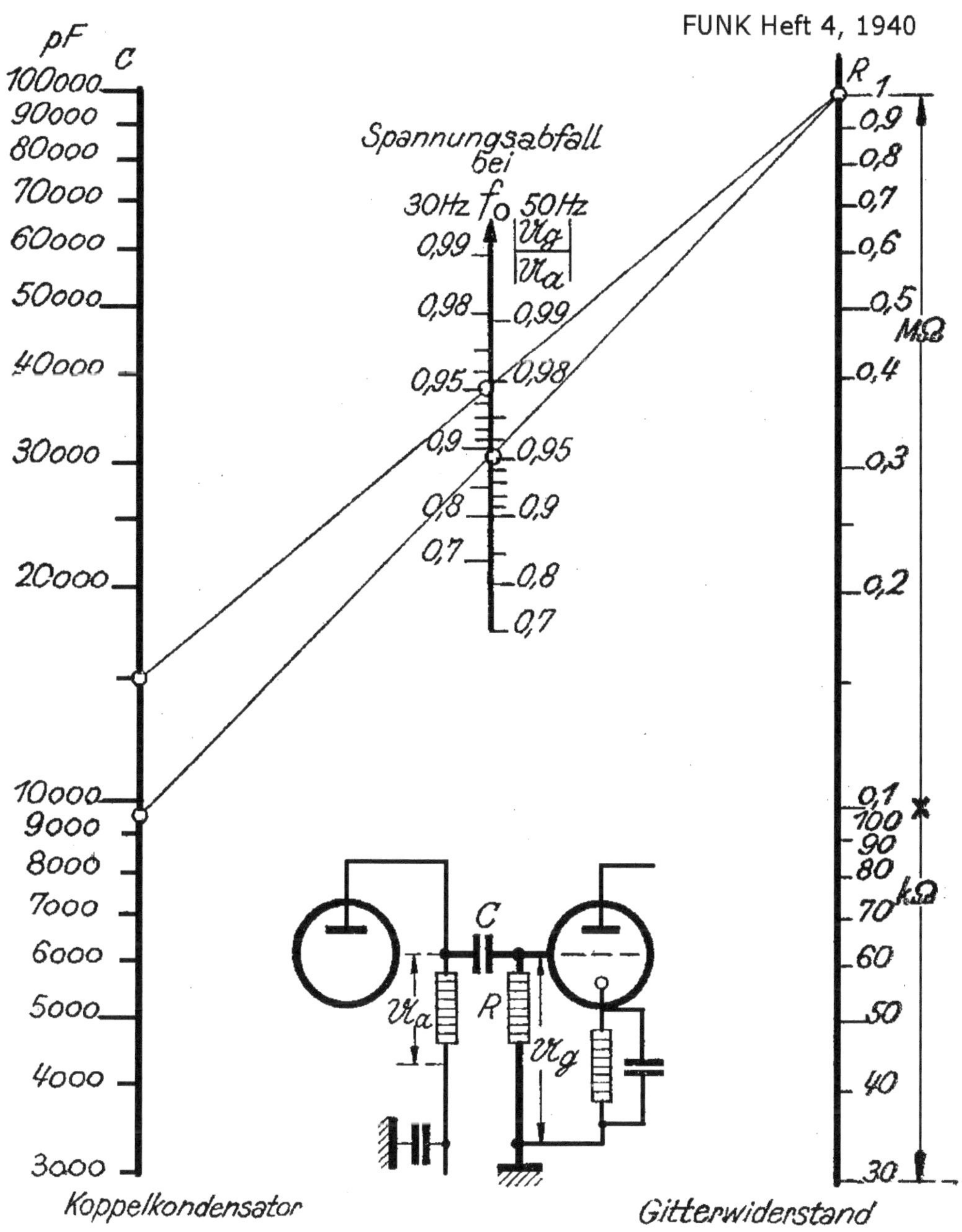

Tafel zur Bestimmung des Koppelkondensators bei
Tonfrequenzverstärkern

A.6 Der Differenzialquotient …

… begegnet uns, wenn zum Beispiel Maxima und Minima ermittelt werden.

In unserem Beispiel im Abschnitt 2.1.2-b geht es um eine maximale Leistungsübertragung. Der dafür zu bildende Differenzialquotient kann an der nebenstehenden Skizze wie folgt beschrieben werden:

An einer beliebigen *(stetigen)* Kurve betrachten wir den Abschnitt $\Delta y/\Delta x$ *(=Differenzenquotient)*, der die mittlere Steigung dieses Abschnitts beschreibt, s. auch P22)

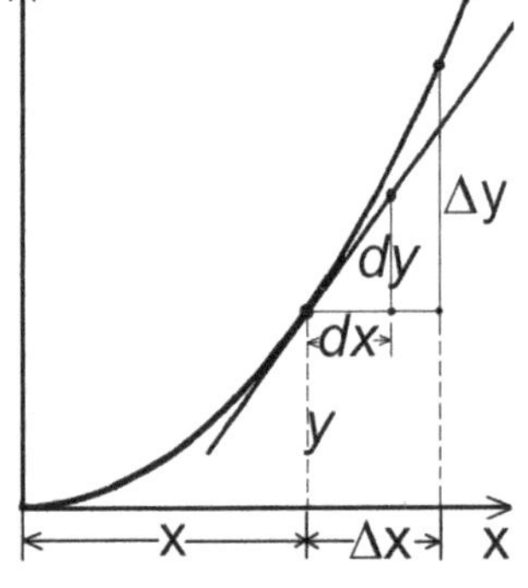

Nun lassen wir Δx, in der Folge auch Δy, unendlich klein werden ($-> 0$), man spricht nun vom Differenzialquotienten $y' = dy/dx$ *(y-Strich)*, bzw. von der *(ersten)* Ableitung des Ausdrucks. In dem verbleibenden Punkt auf der Kurve legen wir die Tangente an die Kurve, der Differenzialquotient beschreibt nun die Steigung der Tangente, bzw. der Kurve an diesem Punkt. Wir suchen das Maximum einer Kurve, das sich durch die Steigung "0" auszeichnet. Setzen wir nun den Differenzialquotienten auf "0", finden wir das gesuchte Maximum, was auch für ein Minimum gilt, denn auch hier ist die Steigung der Kurve = 0.

Zur Bildung des Differenzialquotienten folgen wir bestimmten Rechenregeln, im Fall der maximalen Leistung haben wir es mit einem Quotienten zu tun, für den die folgende, so genannte **Quotientenregel** gilt:

$$y = \frac{U}{V}: \qquad y^{I} = \frac{dy}{dx} = \frac{v \cdot \dfrac{du}{dx} - u \cdot \dfrac{dv}{dx}}{v^2}$$

A.7 Die neueren Schreibweisen bei Wechselspannungen ….

Augenblickswerte	u, i
Scheitelspannung, Scheitelstrom	u_{max}, $\hat{u}$, i_{max}, $\hat{\imath}$ (Amplitude)
Effektivspannung, Effektivstrom	u_{eff}, U, i_{eff}, I
Komplexe Darstellung (Zeiger)	$\underline{U}$, $\underline{I}$, $\quad \underline{Z}$ (Widerstand)

Bei Ablesung der Spitzenwerte U_{SS} wird die **Leistung** wie folgt berechnet:

$$P_{\sim} = U * I = \frac{U^2}{R} = \frac{\left(\dfrac{\hat{u}}{\sqrt{2}}\right)^2}{R} = \frac{\dfrac{(2 \cdot \hat{u})^2}{2}}{4 \cdot R} = \frac{(2 \cdot \hat{u})^2}{8 \cdot R} = \frac{U_{SS}^2}{8 \cdot R}$$

Beim Umgang mit modernen, für den Weltmarkt konzipierten digitalen Messgeräten wie z.B. einem Speicheroszilloskop, muss man sich auch an die international gebräuchliche (englische) Schreibweise gewöhnen. Für den Effektivwert einer Spannung steht dann zum Beispiel der Zusatz "rms" *(Vrms $\triangleq$ Root Mean Square = Quadratischer Mittelwert)*

übliche Verwendung griechischer Buchstaben

α = *alpha*	β = *beta*	γ = *gamma*	δ, Δ = *delta*	ε = *epsilon*	η = *eta*
ϑ = *theta*	λ = *lambda*	μ = *my*	ν = *ny*	ξ = *xi*	π = *pi*
ϱ = *rho*	σ, Σ = *sigma*	τ = *tau*	φ = *phi*	ψ = *psi*	ω = *omega*

Oft verwendete mathematische Zeichen:

=	gleich	~	proportional
≠	ungleich	≈	ungefähr gleich
<	kleiner als	≅	deckungsgleich
>	größer als	≡	identisch
≤	kleiner gleich	|a|	absoluter Betrag von a
≥	größer gleich	∞	unendlich
n!	n-Fakultät	%	vom Hundert
i	Imaginäre Einheit	‰	vom Tausend

Es folgt ein Auszug aus einem Aufsatz von Otto Limann **(P42)** zur Bedeutung der Mathematik in der Nachrichtentechnik:

A.8   "Von der Mathematik"

... Ein weiteres Beispiel: Setzt man in eine quadratische Gleichung für den einen veränderlichen Wert die Summe zweier verschiedener Sinusschwingungen ein, so erhält man außer verschiedenen anderen Gliedern noch zwei neue Frequenzen, nämlich die Summen- und die Differenzfrequenz der ursprünglichen Schwingungen.

In der Nachrichtentechnik werden bei der Amplitudenmodulation ebenfalls zwei Sinusschwingungen auf eine im Sonderfall quadratische Kennlinie gegeben. Im Oszillogramm ergibt sich dann der bekannte Kurvenzug, bei dem die Amplitude der Hf - Spannung im Takt der Nf-Schwingung schwankt. Die rein aus Versuchen und Erfahrungen entstandenen ersten Telefoniesender ließen den Gedanken gar nicht aufkommen, daß hierbei neue Frequenzen entstehen könnten, und mancher Praktiker sträubte sich energisch gegen die von den Mathematikern geäußerte Ansicht, daß auch hier neue Frequenzen entstehen müßten. Erst die verfeinerte Meßtechnik bewies glänzend, wie auch hier die mathematische Rechnung, wie sie vor hundert Jahren schon hätte durchgeführt werden können, genau einem Vorgang entspricht, den erst die neuzeitliche Technik schuf.

Es folgt eine einfache Übung zur Anwendung der Mathematik:

Mit Ohm und Kirchhoff im Schaltplan unterwegs

(Zum Abschnitt 2.2.4)

Die Schaltung hat, neben den negativen Vorzeichen an den Kathoden, folgende Auffälligkeiten: gleiche Anodenströme bei sehr unterschiedlichen Widerständen. Am Widerstand des linken Systems müsste eine Spannung von 400 Volt abfallen *(U = 0,8 mA x 500 kΩ)*. 80 Volt im rechten System wären plausibel, weil die an der Kathode zur Verfügung stehenden Daten den Strom von 0,8 mA bestätigen. Demnach müssten oben am rechten Ende des 5 k-Widerstandes ca. 233 Volt gemessen werden. Überprüft man mit diesem Wert das linke System der ECC 83, so kommt man auf einen Anodenstrom von ca. 0,3 mA. Der Verdacht liegt nahe, dass hier aus einer schlecht abgebildeten "0,3" eine "0,8" wurde. Es ist zu beachten, dass die Genauigkeit der zur Verfügung stehenden Zahlen auf eine Dezimalstelle beschränkt ist.

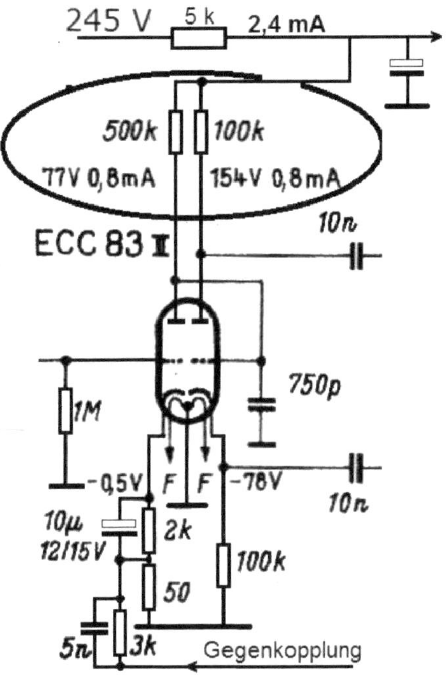

196

A.9 **Analoge und digitale Oszilloskope** im Vergleich

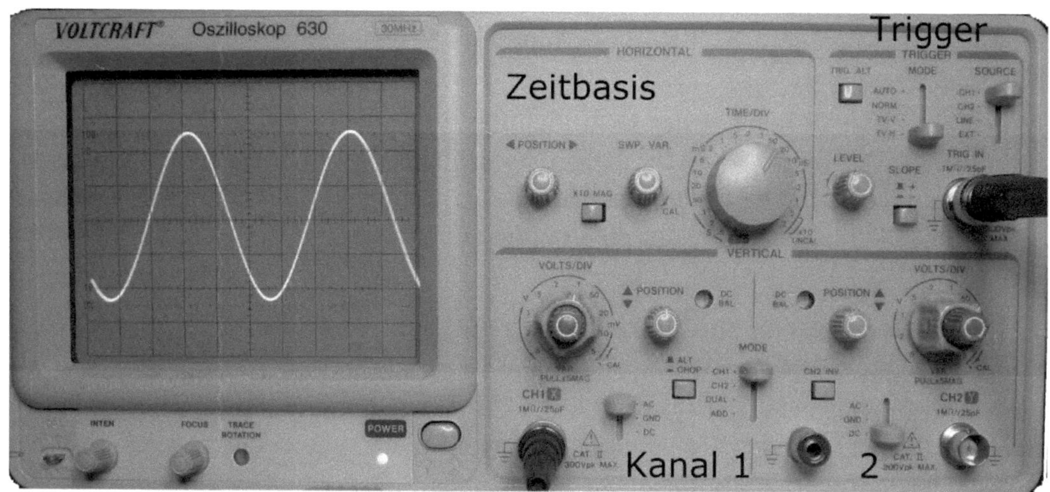

Zweistrahl–Oszilloskop – analog

Jeder Einstellknopf ist genau einer Funktion zugeordnet und entsprechend beschriftet.

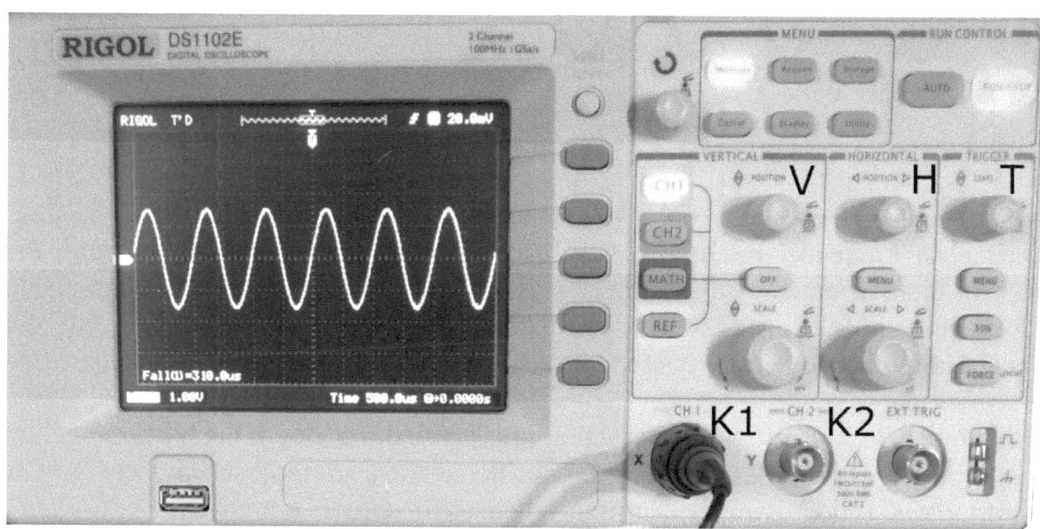

Zweistrahl–Oszilloskop – digital (Speicheroszilloskop)

Vertikal (Amplitide), **H**orizontal (Zeitbasis), **T**rigger. Die Einstellungen werden über zwei Tasten jeweils einem Kanal zugeordnet (CH1 – CH2). Beim Betätigen der Funktionstasten wird ein Menü zur Auswahl weiterer Einstellungen angeboten. Das abgebildete Gerät zählt zu den eher einfachen Ausführungen was die Funktionalität betrifft, die Bedienungsanleitung umfasst ca. 150 Seiten (DIN A4).

Das macht – bei nur gelegentlicher Nutzung des Oszilloskops – die Nutzung eines Speicheroszilloskops etwas zeitraubend. Wer ein Oszilloskop nur gelegentlich für die Signalverfolgung nutzt, kommt vermutlich mit einem analogen Gerät eher zum Ziel.

In der Speichermöglichkeit der Oszillogramme *(s. auch Abschnitt 1.3 -5)* liegt – für die im Abschnitt 2 beschriebenen Messungen – ein Vorteil des Speicheroszilloskops. Man erspart zeitraubende Wiederholungen von früheren Messungen und Bildbearbeitungen.. Für eine Bearbeitung der Bilder am PC muss das passende Dateiformat gewählt werden.

A.10 Mit der Fourieranalyse zum Klirrfaktor

Für den erfahrenen Amateur gibt es weitere interessante Funktionen, zum Beispiel die Spektrumanalyse. Das Bild zeigt links das Ausgangssignal mit geringem Pegel. Rechts daneben wird das Signal größer. Obwohl noch keine Verzerrungen sichtbar werden, zeigt die Spektrumanalyse beginnende Oberwellen *(Harmonische)*. Es handelt sich um die zweite und dritte Harmonische mit der doppelten und der

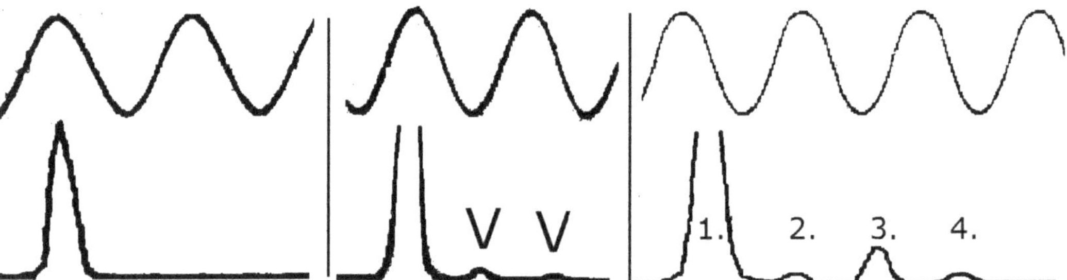

dreifachen Frequenz. Rechts im Bild erkennt man bereits eine Begrenzung, die sich in einer leichten Abflachung der Sinusform zeigt, also auf die beginnende Übersteuerung hinweist. Das ist eine beginnende Rechteckform, weshalb nun die dritte Harmonische bereits überwiegt *(Rechteckimpulse haben nur ungradzahlige Harmonische)*.

Für eine praxisorientierte überschlägige Ermittlung des Klirrfaktors achtet man einfach darauf, dass die Amplitude der dritten Harmonischen nicht größer wird, als die der zweiten Harmonischen. Mit dieser einfachen *"optischen"* Messung lässt sich der Klirrfaktor im gesamten Übertragungsbereich bei verschiedenen Frequenzen vergleichen.

Die Fourieranalyse findet man im Handbuch des Oszilloskops unter *"FFT" (Fast Fourier Transformation, Siehe auch* **P3***)*.

Auf das Arbeiten mit Rechteckimpulsen bei der Signalverfolgung wurde bereits im zweiten Band hingewiesen. Der Oberwellengehalt eines Rechteckpulses mit dem

Tastverhältnis 1:1 *(s. Band 2, S. 65)* wird wie folgt beschrieben:

$$f(\omega t) = \sin\omega t + 1/3\sin3\omega t + 1/5\,\sin5\omega t + \ldots$$

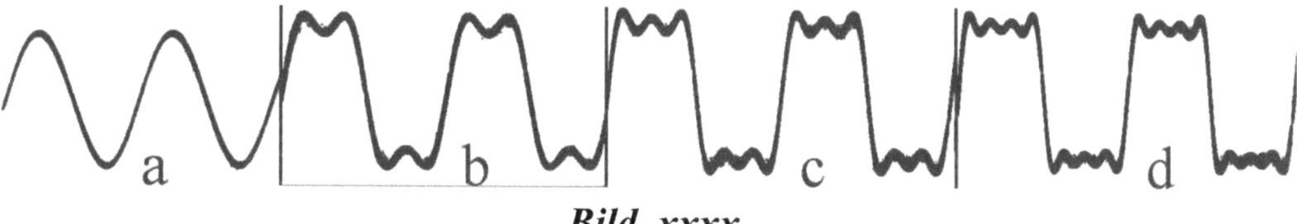

Bild xxxx

a) $\sin x$

b) $\sin x + \dfrac{1}{3}\sin 3x$

c) $\sin x + \dfrac{1}{3}\sin 3x + \dfrac{1}{5}\sin 5x$

d) $\sin x + \dfrac{1}{3}\sin 3x + \dfrac{1}{5}\sin 5x + \dfrac{1}{7}\sin 7x \ \ldots$

*Darstellung aus dem
Leserseminar 2/2017*

Mit der Eignung eines Rechteckpulses zur Darstellung des Frequenzbereiches einer Nf- Verstärkerstufe befasst sich die Anlage **P28**.

Die Oberwellen eines Pulses mit der Frequenz 1 MHz lassen sich auch bei Einspeisung über die Antenne im UKW-Bereich noch nachweisen.

Um sich nun auf eine Messung des Klirrfaktors *(s. S. 90)* mit der Spektrumanalyse am Speicheroszilloskop vorzubereiten, kann man zur Übung diesen Rechteckpuls untersuchen, man kennt ja das Ergebnis. Denn wir haben schon im ersten Teil dieses Buches gelesen, dass man einzelnen Messergebnissen bzw. erstmals durchgeführten Messungen niemals vertrauen darf.

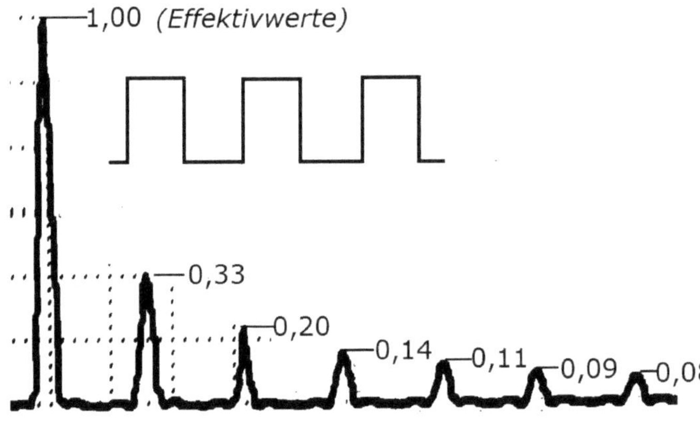

Bild xx vermittelt die Genauigkeit der Analyse, der Bestimmung des Klirrfaktors steht nicht mehr im Wege.

$$k = \sqrt{\frac{U_2^2 + U_3^2 + U_4^2}{U_1^2 + U_2^2 + U_3^2 + U_4^2}}$$

Wie in den ersten Abschnitten dargelegt, müssen Rechenwege vor ihrer Anwendung geprüft werden.

Für den fortgeschrittenen Amateur ist zweifellos ein digitales Speicheroszilloskop die bessere Wahl. Wie das Rechenbeispiel zeigt, hat man mit der Anschaffung eines geeigneten Speicheroszilloskops auch einen Spektrumanalyzer und eine Klirrfaktormessbrücke zur Verfügung. Hier kam ein RIGOL DS 1102E zur Anwendung *(Preis 2017: 340,- €)*.

Bei der praktischen Anwendung wird man bald feststellen, dass bei der Verwendung von drei Harmonischen *(f1 – f3)* bei der Berechnung des Klirrfaktors eine für unsere Zwecke ausreichende Genauigkeit erreicht wird. Im Telefunken Laborbuch (L8) findet sich der Hinweis *"Nf-Verstärkerdaten und ihre Messung"*, dass bei Klirrfaktoren <10% der Eintrag des Effektivwertes nur der ersten Harmonischen im Nenner *(ohne Potenz und Wurzel)* ausreichend sein kann.

Literaturverzeichnis – weiterführende Literatur

L1: Taschenbuch der Mathematik (5. Aufl.), I.N. Bronstein, K.A. Semendjajew, G. Musiol, H. Mühlig / Verlag Harri Deutsch

L2: Taschenbuch der Elektrotechnik (7. Aufl. 2006), Kories / Schmidt-Walter, Verlag Harri Deutsch

L3: Grundlagen der Elektrotechnik (11. Aufl. 1961), Franz Moeller, B. G. Teubner Verlagsgesellschaft / Stuttgart

L4: Hochfrequenztechnik I: Elektromagnetische Schwingungskreise, Leitungen und Antennen (6. Aufl. 1957), Josef Kammerloher, C.F. Winter'sche Verlagshandlung / Füssen

L5: Hochfrequenztechnik II: Elektronenröhren und Verstärker (7. Aufl. 1958), Josef Kammerloher, C.F. Winter'sche Verlagshandlung / Füssen

L6: Elektronenröhren und ihre Schaltungen (3. Aufl. 1961), Martin Kulp / Vandenhoeck & Ruprecht, Göttingen

L7: Telefunken Laborbuch Band 1 (5. Ausgabe 1962), Telefunken GmbH

L8: Telefunken Laborbuch Band 2 (2. Ausgabe 1962), Telefunken GmbH

L9: Telefunken Laborbuch Band 3 (1. Ausgabe 1964), Telefunken GmbH

L10: Telefunken Laborbuch Band 4 (1. Ausgabe 1967), Telefunken GmbH

L11: Elektronisches Jahrbuch für den Funkamateur 1970, Karl-Heinz Schubert, Deutscher Militärverlag / Berlin (DDR)

L12: Handbuch für Hochfrequenz-und Elektro-Techniker (1949), Curt Rint, Verlag für Radio-Foto-Kinotechnik GMBH

L13: Elektronik, 3. Teil: Nachrichtenelektronik: Rundfunk- und Fernsehelektronik, Verlag Europa-Lehrmittel

L14: Röhren-Handbuch (1955), Ludwig Ratheiser, Franzis Verlag München

L15: Elektrische Nachrichtentechnik (1968), Heinrich Schröder, Verlag für Radio-Foto-Kinotechnik GMBH

L16: F. Kohlrausch (1930): Lehrbuch der praktischen Physik, B.G. Teubner

L17: Dr. E. von Lommel (1929): Lehrbuch der Experimentalphysik, Barth

Fachbuchreihe **Der praktische Funkamateur**, Militärverlag der DDR

FUNK, Weidmannsche Verlagsbuchhandlung / Berlin SW 68, Jahrgänge 1939, 1940, 1941, 1943/44 *(letzte Ausgabe)*

FUNKSCHAU, Franzis Verlag, Jahrgänge 1950 bis 1962

PDF-Dateien zum Herunterladen

Die pdf-Dateien können durch „Anklicken" heruntergeladen werden, wenn man die folgenden Links *(einmalig)* in das Adressfeld des Navigators eingibt:

Kurzfassung, nur jeweils die erste Zeile:

http://www.50er-radios.de/PDF-Sammlung-kurz.pdf

ausführlich, wie folgend abgedruckt:

http://www.50er-radios.de/PDF-Sammlung-lang.pdf

Funktechnische Arbeitsblätter

(FUNKSCHAU)

P1 Phasenmessung mit Lissajous-Figuren − Mv 01, *(4 Seiten)* FS 5/1960
S. auch Band 2, Abschnitt 4.2.1

P2 Bestimmung des Frequenzverhältnisses (und Phasenwinkels) zweier Spannungen mit Lissajous-Figuren − MV 02, *(4 Seiten)* FS 9/1960
S. auch Band 2, Abschnitt 4.2.2

P3 Darstellung periodischer Funktionen durch Fouriersche Reihen − Mth 31, *(12 Seiten)* FS 18/1957
Untersuchung / Darstellung des Oberwellengehalts, s. auch Anhang A.7

P4 Fachausdrücke − Ausg. 2 1962 *(20 Seiten)* FS 10/1962
Aus der amerikanischen und englischen Radioliteratur

P5 Belastung von Widerständen-Fehlanpassung − Wi 02, *(2 Seiten)* FS 3/1952
Nomogramme zur Ermittlung der Leistungsaufnahme von Widerständen und des Leistungsverlustes bei Fehlanpassung

P6 Amplituden- und Frequenzmodulation − Mo 11, *(6 Seiten)* FS 8/1952
Allgemeine Beschreibung und Darstellung der Modulationsprodukte und der erforderlichen Übertragungsbandbreite

P7 Bemessung von R/C Koppelgliedern − Fi 21, *(7 Seiten)* FS 1/1953
S. Abschnitt 1.6 und Anhang A4, Schaltungsbeispiele und Berechnungen

P7a Bestimmung des Koppelkondensators − ein Nomogramm *(1 Seite aus: FUNK 4-1940) Im Beitrag P7 wird auf dieses Nomogramm als Ursprung hingewiesen.*

P8 Amplituden- und Phasengang von RC-gekoppelten Verstärkern − Vs 61, *(6 Seiten)* FS 1/1953 *Schaltbilder und Berechnungsbeispiele*

P9 Komplexe Zahlen − Mth 41, *(9 Seiten)* FS 17/1953
Ersetzt das Mathematikbuch

P10 Wechselstrom-Zweipole − We 01, *(4 Seiten)* FS 20/1953

*Berechnung und Darstellung von Wirk- und Blindwiderständen in Reihen-
und Parallelschaltung*

P11 Reihenschaltung - Parallelschaltung − UF 11, *(2 Seiten)* FS 1/1954
*Umwandlung von Reihen- in Parallelschaltungen und Parallel- in
Reihenschaltungen*

P12 Frequenzänderung absolut und prozentual − Sk 03, *(6 Seiten)* FS 09/1956
Darstellung und Berechnung der Bandbreite, Dämpfung und Verstimmung

P13 Kapazitiver Blindwiderstand − Kp 01, *(2 Seiten)* FS 6/1958
Darstellung und Berechnung

P14 Induktiver Blindwiderstand − Ind 01, *(2 Seiten)* FS 24/1957
Darstellung und Berechnung

P15 Induktivitätsformeln − Ind 21/22, *(4 Seiten)* FS 22/1957
Für ein- und mehrlagige Zylinderspulen

P16 Die Elektronenröhre als regelbare Induktivität und Kapazität − Ag 31,
(7 Seiten)   FS 13/1958 *Schaltbilder, Berechnung, Anwendungen
Grundschaltungen, Ersatzschaltungen, Formeln und Anwendungen*

P17 Leitwerts- und Widerstandsdiagramm   − Mth 85 *(HL 13)*, *(8 Seiten)* FS
14/1955 *Grafische Lösung von Transformationsaufgaben, ausführlich mit
mathematischem Anhang*

P18 Plattenschnitt von Drehkondensatoren   − Ko 31, *(4 Seiten)* 13/1962
Berechnung und Bedeutung

P19 Resonanzfrequenz von Schwingungskreisen − Sk 02, *(3 Seiten)*
FS 02/1954 *Praktische Formeln, Beispiele und ein Nomogramm zur
schnellen Ermittlung der Resonanzfrequenzen*

P20 Röhrengekoppelte Resonanzkreise, Rundfunkbandfilter − *Sk 41, (16
Seiten)* FS 9/1954 *Ausführliche Beschreibung und Darstellung der
Kopplungsarten, der Ermittlung der Bandbreite, der Verstimmung und
Dämpfung*

P21 Der Katodenverstärker − Vs 72, *(6 Seiten)* FS 14/1952
*Prinzipschaltung, Wirkungsweise und Grundformeln, Darstellung im
Kennlinienfeld und Rechenhilfen*

P22 Der Differenzialquotient *Teil 1* − Mth 33, *(6 Seiten)* FS 5/1956
Ersetzt das Mathematikbuch

P23 Die Mischung im Überlagerungsempfänger   − SP 81, *(12 Seiten)*
FS 11/1953 *Mischverfahren, Mischröhren und Mischschaltungen*

P24 Die Anpassung − C5/1, *(14 Seiten)* FS 20/1988
*Begriffe, Schaltungen und Berechnungen zur Anpassung und
Leistungsverstärkung*

P25   Die Rückwirkung über die Gitter-Anoden-Kapazität − Vs 83, *(9 Seiten)*
FS 20/1953 *Prinzipschaltungen, mathematische und grafische Darstellungen, Maßnahmen (Neutralisation)*

P26   Leistung und Leistungsverstärkung − Vs 01, *(6 Seiten)* FS 3/1960
Definitionen, Messung, grafische Darstellung und Rechenwege

P27   Diskriminatorschaltungen − Gl 21, *(12 Seiten)* FS 19/1951
Begriffe, Schaltungen, Berechnung und Dimensionierung

P28   Ladung und Entladung von Kondensatoren − Ko 01, *(2,5 Seiten)*
FS 20 1957   *Zeitkonstante, Grenzfrequenz, Nomogramm, Übertragung
eines   Rechteckimpulses*

P29   Die e-Funktion in der Nachrichtentechnik − Mth 11, *(4 Seiten)* FS 20/1952
Erklärung und Relevanz in der Nachrichtentechnik

Diverse Fachaufsätze

(FUNKSCHAU)

P30   Über den Selbstbau von Geräten − FS 3/1959, *(1 Seite)*
Eine eher philosophische Betrachtung

P31   Jenseits von Hi Fi − FS 24/1957, *(4 Seiten)*
Der Leser wird auf das Hi-Fi-Zeitalter vorbereitet.

P32   Die Neutralisation − FS 18/1961, *(6 Seiten)*
*Hier geht es um die Kompensation von schaltungsbedingten
Rückkopplungen.*

P33   Hochfrequenzleitungen − FS 13-17/1954 *(16 Seiten)*
*Eine 5-teilige Abhandlung über das interessanteste Gebiet der
Hochfrequenztechnik.*

P34   Warum nur ein Vorkreis im AM-Eingang ? − FS 14/1956, *(4 Seiten)*
Ein Streitgespräch.

P35   FM-Demodulatoren − FS 19,20/1962, *(8,5 Seiten)*
Eine 2-teilige Abhandlung über Theorie und Praxis.

P36   Die Berechnung von Drosseln, Netztransformatoren und Nf-Übertragern
 − FS 1-5, 7/1958, *(17 Seiten)*
 Ein 6-teiliges umfassendes Standardwerk zum Thema.

P37   Klang- das ist mehr Psychologie als Technik − FS 13/1956, *(2,5 S.)*
Tasten oder Drehknopf – zur Kaufentscheidung gehört mehr

P38   Berechnung ohmscher Anpassungs- und Dämpfungsglieder − FS 24/1959,
(2 Seiten)
Einfache Darstellung und Berechnung von L, T- und H- Gliedern

P39   Vorverstärker für magnetische Tonabnehmer − FS 14/1955, *(2,5 Seiten)*

Einige Schaltungsbeispiele zum Thema

P40 Schaltungen zur Klangbeeinflussung – FS 10/1962, *(9 Seiten)*
Für den jungen Funktechniker: Siehe auch P41

P41 Niederfrequenz-Entzerrer – FS 21/1962, *(4 Seiten)*
Induktivitäten und Kapazitäten bewirken lineare Verzerrungen. Diese werden durch Klangregelnetzwerke individuell (subjektiv) „entzerrt".

P42 Bemessung von Tonfrequenzfiltern   – FS 22/1958, *(1,5 Seiten)*
Einfache Schaltungsbeispiele und deren Berechnung

P43 Schirmgitter-Gegenkopplung – FS 3/1955, *(3 Seiten)*
Entzerrung und Brummkompenstion

P44 Wiedergegebene Musik … garantiert echt – FS 5/1956, *(1 Seite)*
Eine Kritik zum Thema

P45 Rückkopplung im Nf-Verstärker, – FS 15/1957, *(3,5 Seiten)*
Ein interessanter Beitrag von Dr. A. Renardy

P46 Ein zusätzliches Bassregister (Bauanleitung), – FS 16/1956, *(1,5 Seiten)*
In der norwegischen Fachliteratur gefunden und geprüft

P47 Nf-Spektrum über 15 kHz hinaus ausweiten? – FS 7/1958, *(1 Seite)*
Das Thema wird zur Diskussion gestellt

P48 Der Raumklang beginnt im Nf-Teil – FS 12/1955, *(3,5 Seiten)*
Philips Capella – das Gerät mit dem Zweikanal-Verstärker

P49 Raumklanggeräte setzen sich durch – FS 19/54, *(1,5 Seiten)*
Eine Kritik von Otto Limann

P50 Raumklangeffekt durch elektrische Phasenverschiebung – FS 22/1954, *(1,5 Seiten)*
Nf-Teil des Empfängers Continental-Imperial 519 W-3-D-Stereo

P51 Studioqualität im Heimempfänger Funkschau 13/1955, *(2,5 Seiten)*
Diskussion des Zweikanal-Empfängers

P52 Die Schallwiedergabe hängt auch vom Wohnraum ab – FS 24/1955, *(2,5 Seiten) Unter Berücksichtigung der Wohnzimmergrößen in den 50ern*

P53 Hi Fi muss man hören – FS 20/195, *(1 Seite)*
Was ist Hi-Fi wirklich? Ein kritischer Beitrag

P54 Die Phasenumkehrstufe für den Gegentaktverstärker   – FS 1/62, *(3,5 Seiten)   Schaltungsbeispiele "für den jungen Funktechniker"*

P55 Die Spule an Wechselspannung FS 22/1956, *(4 Seiten)*
Aus der Reihe "für den jungen Funktechniker" von Dr. Ing. F. Bergtold

P56 Dioden und Gleichrichter – Teil 3 FS 20/1959, *(3 Seiten)*
Aus der Reihe "für den jungen Funktechniker"

P57 Abgleich von UKW-Eingangsteilen in der Serienfertigung – FS 22/56, *(2,5 Seiten)*

Eine Beschreibung des Abgleichs mit Schaltbild und Oszillogrammen

P58 Die Durchbildung des UKW-Eingangsteiles – FS 14/1955, *(3 Seiten)*
Beschreibungen anhand von 5 verschiedenen UKW-Bausteinen

P59 Von der Mathematik – FS 4/1954, *(1 Seite)*
Eine Würdigung der Mathematik von O. Limann

P60 Breitband-RC-Verstärker (Teil 1) FS 13/1959,   *(7 Seiten)*
Physikalische Grundlagen und Rechnerische Auswertung

P61 Breitband-RC-Verstärker (Teil 2) – FS 14/59 *(13 Seiten)*
Ein- und mehrstufige Verstärker

P62 Die Bemessung des Ratiodetektors FS 15/1956, *(3,5 Seiten)*
Beschreibung, Berechnungen und Schaltskizzen

P63 RC-Hoch- und Tiefpassfilter – Funkschau 14/1957, *(3 Seiten)*
Darstellung von RC-Gliedern im Nf-Bereic

P64 Wellenwiderstand von Paralleldraht- und konzentrischen Leitungen –
FS 4/1961 *(4 Seiten),)   Darstellung und Berechnung*

(Der praktische Funkamateur)

P70 Schwingungskreise – Band 21, *(4 Seiten)*
Darstellung und Berechnung

P71 Der Wechselstromkreis - Grundbegriffe und Wechselstromwiderstände –
Band 21, *(7,5 Seiten)   Darstellung und Berechnung*

P72 Die Schwingkreisdaten von Empfangs- und Oszillatorkreis eines
Überlagerungsempfängers   – Band 52, *(3 Seiten)*
Darstellung und Berechnung

P73 Leistungsverstärker – Band 52,   *(4 Seiten)*
Darstellung und Berechnung

P74 Messungen an Induktivitäten und an Schwingkreisen – Band 11, *(4 Seiten)*
Darstellung und Berechnung

P75 Drosseln und Transformatoren – Band 9, *(7 Seiten)*
Darstellung und Berechnung

P76 Triode-Endpentode ECL 82 – Band 13, *(1,5 Seiten)*
Anwendungsbeispiel

P77 Steile HF-Pentode EF 80 – Band 13,   *(1,5 Seiten)*
Anwendungsbeispiel

P78 Brumm- und klingarme NF-Pentode EF 86 – Band 13, *(2 Seiten)*
Anwendungsbeispiel

P79 Endpentode EL 84 – Band 13, *(2,5 Seiten)*
Anwendungsbeispiel

P80 Endpentode EL 95 – Band 13 *(1 Seite)*

Anwendungsbeispiel

P81   FM-Super für Wechselstrom − Band 13, *(1 Seite)*
Schaltbild und: *Beschreibung*

P82   HiFi-Verstärker für Wechselstrom − Band 13, *(1 Seite)*
Schaltbild

P83   Abstimmanzeigeröhre EM84 − Band 13, *(1 Seite)*
Anwendungsbeispiel

P84   Reihenschaltung von R, L und C − Band 43, *(4 Seiten)*
Darstellung und Berechnung

P85   Der Transformator − Band 43, *(4 Seiten)*
Darstellung und Berechnung

P86   Die Triode, die Tetrode und die Pentode − Band 69,   *(9 Seiten)*
Berechnung und Kennlinien

P87   Verstärker für kleine Leistungen − Band 25,   *(7 Seiten)*
Beschreibungen und Anwendungsbeispiele

P88   Der Ausgangsübertrager − Band 25, *(3,5 Seiten)*
Beschreibung

P89   Allgemeine Hinweise für den Selbstbau von NF-Verstärkern   − Band 25,
(2,5 Seiten)
Praktische Hinweise, insbesondere zu den Masseverbindungen

P90   Die Stromversorgung der Verstärker − Band 25, *(4,5 Seiten)*
Darstellung und Berechnung

P91   Wie kontrolliert man den richtigen Abgleich von Schwingkreisen? − Band
47, *(0,5 S.)*   *Ganz einfach, ohne Messinstrumente*

P92   Signalverfolger-Einrichtung für die Reparaturwerkstatt − Band 40,
(3 Seiten)   *Wie früher, ohne Oszilloskop und Signalgenerator*

(FUNK)

P93   Rechnerische Grundlagen der Wechselstromtechnik − FUNK 2/1939 *(8,5
Seiten)*   *Mit Vektoren und komplexen Zahlen*

P94   Die Begriffe des elektrischen Schwingkreises − FUNK 4/1941 *(3,5 Seiten)*
Mit vereinfachten Berechnungen

P95   Aus Theorie und Praxis der Gegenkopplung − FUNK 4/1940 *(13 Seiten)*
Eine ausführliche Abhandlung des Themas

P96   Buchbesprechung: Kammerloher, Hochfrequenztechnik I − FUNK 21/1939
(1,5 Seiten)   *Ein Klassiker der Fachliteratur*

Die letzte Ausgabe der Zeitschrift FUNK erschien − kriegsbedingt − 1944.

(Sonstige)

P97 Anodenverstärker mit Kathodenwiderstand – *(8 Seiten)*
aus: *Elektronenröhren und ihre Schaltungen 1961 von Martin Kulp* –
Seiten 205 -213

P98 Lautsprecher für Hi-Fi-Wiedergabe (RadioPraktikerBücherei 85) *(9 Seiten)*
Aus: Hi-Fi-Schaltungs- und Baubuch

P99 Neutralisationsschaltungen – Telefunken Laborbuch Band 1, *(5,5 Seiten)*
Sicherheit gegen Selbsterregung sowie Stabilität in Hf- und Zf-Stufen –
siehe auch P32

P100 Zf-Bandfilter *(Telefunken Laborbuch Band 1) (4 Seiten)*

P101 Ratiodetektor (Verhältnisgleichrichter) mit Röhrendioden *(3 Seiten)*
Telefunken Laborbuch Band 1 *(1962)*

P102 Ratiodetektor mit Germanium-Dioden
Telefunken Laborbuch Band 1 (1962)

P103 UKW-Baustein mit zwei Transistoren, *(Auszug: 4 Seiten)*
Telefunken Laborbuch Band 2

P104 Einkanal-Nf-Verstärker mit der ECL 86, *(5 Seiten),*
Beschreibung, Schaltbild und Stückliste, Telefunken Laborbuch Band 3

P105 Anzeigeröhre EM87, *(2 Seiten)*
Telefunken-Laborbuch Band 3

P106 Anzeigeröhre EAM 86 und Anwendungsbeispiele, *(6 Seiten)*
Telefunken-Laborbuch Band 3

P107 Inhaltsverzeichnis Telefunken – Laborbuch Band 1 (blau) , 2. Ausgabe

P108 Inhaltsverzeichnis Telefunken Laborbuch Band 2 (rot), 5. Ausgabe

P109 Inhaltsverzeichnis Telefunken Laborbuch Band 3 (grün), 1. Ausgabe

(Schaltpläne, Vorschläge und Bauanleitungen)

P110 Verzeichnis der FUNKSCHAU-Schaltungssammlung 1951-1955 *(2 S.)*

P111 Billiger Hi-Fi-Verstärker mit Eintakt-Endstufe – Funkschau 14/1956 *(2,5 S.)*
3 Watt-Verstärker mit zwei Röhren (EF 86 und EL 84)

P112 Kleine Hi-Fi-Anlage für den Heimgebrauch – Funkschau 10/1957 *(6 S.)*
5 Watt-Verstärker mit zwei Röhren (EF 40 und EL 12 oder EL 34)und
Steuerverstärker (EF 40 und ECC 83)

P113 Hi-Fi-Qualitätsverstärker – Funkschau 3/1955 *(4 Seiten)*
Dreistufiger Nf-Verstärker mit 10-Watt-Gegentaktendstufe

P114 Hochwertiger 6-W-Verstärker mit kleinen Abmessungen   *(3Seiten)*
Ausgangsleistung: 6 W – Frequenzbereich 20...16 000 Hz

P115 Ein vielseitiger Stereoverstärker *(4 Seiten)*

Verwendung als 2-kanaliger Stereo- oder einkanaliger
Gegentaktverstärker

P116 Acht-Röhren-AM/FM-Superhet zum Selbstbau *(3 Seiten)*
Ein Empfänger nach neuzeitlichen (1955) Konstruktions-Grundsätzen

P117 Der FUNKSCHAU-Lautsprecher *(3,5 Seiten)*
Eindrucksvolle Klangverbesserung mit einfachen Mitteln

P118 Eckenlautsprecher mit 3D *(1 Seite)*
Fortsetzung zu P117

P119 UKW-Super für Hi-Fi Anlagen- Funkschau 8/59 *(3 Seiten)*
Ein UKW-super für Hi-Fi-Anlagen

P120 Telefunken-UKW-Super Caprice *(2 Seiten)*
Einer der ersten Geräte mit "gedruckter" Schaltung

P121 Rundfunkempfänger Telefunken Caprice 1051 *(2 Seiten)*
Aus der FUNKSCHAU-Schaltungssammlung 1959/12

P122 Ultralinear-Schaltung im Graetz Belcanto *(1 Seite)*
Der Vorteil einer frequenzneutralen Gegenkopplung

P123 Blaupunkt Salerno – Ein ausgefeiltes Raumklangsystem – *(4,5 Seiten)*
Funkschau-Prüfbericht

P124 Nordmende-Parsifal – Ein neuer Stereo-Empfänger *(3,5 Seiten)*
Hohe Leistung mit wenig Aufwand in der unteren bis mittleren Preisklasse

P125 Ausgefeilte Nf-Technik im Saba-Meersburg W5-3D – *(5 Seiten)*
Eine detaillierte Beschreibung der Technik

P126 Ein neuartiger Phonosuper – Braun Sk 4 – *(3 Seiten)*
Es geht auch ganz einfach – s. auch Abschnitt 2.1.3 und Band 2 – S. 150

P127 Blaupunkt Granada 20300 – Gerätebericht – *(3 Seiten)*
Ein neuer Standardsuper

P128 Niederfrequenzverstärker – kritisch betrachtet – *(7 Seiten)*
Ein Beispiel für preisgünstige Geräte

P129 Nordmende-Coriolan 57 – 8/11-Kreissuper mit Klangregister – *(2 Seiten)*
Aus Funkschau-Schaltungssammlung 1956/15

P130 Prüfbericht: Siemens Schatulle H42, Funkschau 6/1955, *(2 Seiten)*
Ein Empfänger mit besonderer Note

P131 Niederfrequenzteil einer Hi-Fi-Truhe - Funkschau 13/1956, *(3 Seiten)*
Ein 5-stufiger Verstärker mit 15 Watt Sprechleistung

P132 Biennophone Celerina   FS 15/1961 *(3 Seiten)*
Ein Schweizer Qualitäts-Rundfunkempfänger

P133 Ein Stereo-Verstärker mit katodengekoppelten Endstufen *(6 Seiten)*
Eine Bauanleitung

P134 Die Schaltungstechnik des Wunschklang-Registers *(2,5 Seiten)* 13/56

S. auch Abschnitt 2.3.7

P135 Brummbeseitigung und Erdverbindungen bei Nf-Verstärkern *(2 Seiten)*
Die richtige Verlegung der Null-Leitungen

P136 Die Röhre ECC 808 in einem Stereo-Vorverstärker *(3 Seiten)*
Eine Bauanleitung mit Stückliste (Telefunken Laborbuch Band 4)

P137 UKW-Teil mit Doppeltriode ECC85 *(2 Seiten A4)*
Schaltplan, Beschreibung und Stückliste (Telefunken Laborbuch Band 1)

P138 Graetz − Canzonetta 515 − Funkschau 16/1957, *(2,5 Seiten)*
Detaillierte Beschreibung eines preiswerten, aber leistungsstarken Radios

P139 Der Ausbau des Ratiofilters, *Radios der 50er Jahre Band 2 (2 Seiten)*
Schaltbild und Beschreibung des Ratiofilters aus dem Freiburg Automatic 7

P140 AM/FM-Super mit nur drei Röhren, Funkschau 16/1958 *(1 Seite)*
Schaltbild und Beschreibung des Grundig-Super 87

P141 Stereo-Kanal-Zusatzverstärker, Funkschau 14/1959 *(1,5 Seiten)*
Funkschau-Schaltungssammlung, Schaltbild und Beschreibung

P142 Eine einfache Methode zur Dynamikregelung *FUNK 11/12/1943, (2 S.)*
Mit einer Glühlampe im Sekundärkreis des Ausgangstransformators

P143 Dynamikregelung mit der Glühlampenbrücke *(1 Seite)*
Prinzip einer Dynamikexpansion oder −kompression

P144 Exakte Abstimmanzeige beim Verhältnisdetektor
*Zusatz zum Verhältnisdetektor zur exakten Abstimmanzeige −Funkschau
14/1957, (1 Seite)*

P145 Empfindlicher UKW-Einbausuperhet Funkschau 12-55 *(1,5 Seiten)*
UKW-Einbausuper W 5100 (Super-Radio, Hamburg

P146 Meßpraxis bei Spulen und Kondensatoren Elektronisches Jahrbuch 1970,
(6,5 Seiten)   Messen mit einfachen Mitteln – ohne Messgeräte

P147 Grundig-Stereo-Steuergerät 6199 Funkschau 23/1960 *(3 Seiten)*
*Spitzen-Empfangsgerät mit UKW-Tasten und Hochleistungs-Stereo-
Gegentaktverstärker*

P148 Stereo-Decoder (Bauanleitung), Telefunken Laborbuch Band 4 *(3 Seiten)*
Bauanleitung mit Schaltplan und Stückliste

P149 Datenblatt ECL 86
(https://datasheetspdf.com/pdf/789218/TeleFunKen/ECL86/1)

(Aus: Funkschau Schaltungssammlung 1951/52 bis 1955)

P200 Ein Verzeichnis der Schaltungssammlung

P230 Funkschau Schaltungssammlung 25-32/1954 *(10 Seiten)*
Nora-Dux, Nora-Paganini, Nordmende-Othello, Nordmende-Rigoletto,

Opta- Rheingold 4054 W, Philips-Philetta 54, Philips-Saturn 54

P236 Funkschau Schaltungssammlung 1-8/1955   *(11 Seiten)* 3/1955
*AEG 3047 WD, Blaupunkt Riviera, Blaupunkt Nizza, Braun 555 UKW,
Continental-   Imperial 349 W-3DR, Emud Rex, Graetz Melodia*

P237 Funkschau Schaltungssammlung 9-16/1955   *(11 Seiten)*
*Graetz-Sinfonia 4R, Grundig 3043 W/ 3 D, Grundig 5040 W/ 3 D, Kaiser
W 1145, Körting 420 W, Krefft W 557* (Korrektur! ~~558~~)

P238 Funkschau Schaltungssammlung 17-24/1955   *(10 Seiten)*
*Krefft W 558, Loewe-Opta Meteor 558 W, Loewe-Opta Venus 560 W, Metz
209 / 3D WF, Metz 405 / 3 D WF, Nora-Csardas W 1349, Nordmende
Carmen 55-3 DE Nordmende-Othello 55-3 DR*

P239 Funkschau Schaltungssammlung 25-32/1955
*Opta-Rheingold 5055 W, Philips-Jupiter 543 A, Saba-Schwarzwald W5-
3D, Schaub   Westminster, Lorenz-Goldsuper W 25, Südfunk- Diamant W
810 K*

P240 Funkschau Schaltungssammlung 33-40/1955
*Siemens M 47, Siemens C 40, Tekade W 488, Telefunken-Jubilate 55,
Telefunken-Concertino TS, Tonfunk W 331, Wega-Prominent*

Die Gerätebeschreibungen von 1951 bis 1955 und von 1956 bis 1962 befinden
sich im Besitz des Verfassers und können auf Wunsch hochgeladen werden
(jeweils ein Stück). Deren Auflistung findet man im Leserportal.

Die pdf-Beiträge sind im Radiomuseum (www.radiomuseum.org) gespeichert und
können auch direkt dort gefunden werden: → Literaturfinder → Buchtitel /
Zeitschrift → pdf. *(Bei Büchern muss evtl. die Auflage berücksichtigt werden).*
Eine Suchfunktion steht bisher nicht zur Verfügung.
Die Titel der Bücher und Zeitschriften sind im Verzeichnis angegebenen.

150 Beiträge mit mehr als 600 Seiten

Radios der 50er Jahre
Band 1 *(2003)* ISBN: 978-3-8330-0357-8
Band 2 *(2014)* ISBN: 978-3-7357-3484-6

Die GFGF e.V. entstand 1978. Die Art und Weise, sich mit der Funkgeschichte zu befassen, ist unterschiedlich: Man kann als Funkhistoriker arbeiten, alte Rundfunk- Funk- oder Fernsehgeräte sammeln, Interesse an Elektronenröhren haben, als handwerklicher Restaurator tätig sein usw. Die GFGF e.V. hat über 2000 Mitglieder, vor allem natürlich aus Deutschland, aber auch aus allen angrenzenden europäischen Ländern und auch aus Übersee. Die GFGF hat Kontakte zu gleichartigen Interessengemeinschaften anderer Länder, zu Museen und anderen öffentlichen Einrichtungen. Mitglieder erhalten die monatliche Vereinszeitschrift, die **Funkgeschichte**.   www.gfgf.org

Zahlreiche Daten für **300.000 antike Radios** und **2.114.100 Bilder** von historischen Radios und Röhren sind systematisch und dynamisch gespeichert - inkl. 798 387 ausdruckbare Schaltpläne und 236 431 Sammlerpreise für historische Radios etc. Dazu sind 69 155 Röhren inkl. den wichtigsten frühen Halbleiter beschrieben. (Stand 16.Jun.2018). Lesen Sie im Radioforum über Röhren, Röhrengeräte - aber auch über den ersten Transistor, das erste Transistorradio oder über Transistoren und Transistorradios allgemein.
Wir sind mehr als 17 105 Mitglieder aus 90 Ländern.
Umfassende technische Informationen und Schaltbilder von mehr als 225 000 Radios findet man im **virtuellen Radiomuseum**. Hier sind auch Ihre Beiträge gefragt und willkommen.
295.000 Radios 2.057.000 Seiten im Literaturfinder !!!!!!!!